21世纪交通版高等学校教材
机场工程系列教材

U0269671

机场道面施工与维护

彭余华　廖志高　主编

人民交通出版社股份有限公司
China Communications Press Co.,Ltd.

内 容 提 要

本书为21世纪交通版高等学校教材、机场工程系列教材之一。全书内容共分十章,依次为绪论、道面集料的生产、基层施工、水泥混凝土道面施工、沥青道面施工、道面分区与调查、道面损坏状况评价、道面结构性能测试与评价、道面功能性能测试与评价、道面维护技术等。

本教材可作为机场工程、交通工程、道路与铁道工程等专业本科和硕士研究生的教学用书,也可供机场道面及道路工程设计、施工、管理与研究人员参考。

图书在版编目(CIP)数据

机场道面施工与维护 / 彭余华,廖志高主编. —北京:
人民交通出版社股份有限公司, 2015.8
21世纪交通版高等学校教材 机场工程系列教材
ISBN 978-7-114-12452-5

Ⅰ. ①机… Ⅱ. ①彭… ②廖… Ⅲ. ①飞机跑道—路面施工—高等学校—教材②飞机跑道—路面—维修—高等学校—教材 Ⅳ. ①V351.11

中国版本图书馆CIP数据核字(2015)第196982号

21世纪交通版高等学校教材
机 场 工 程 系 列 教 材
书　　名:**机场道面施工与维护**
著 作 者:彭余华　廖志高
责任编辑:丁润铎　任雪莲　周　凯
出版发行:人民交通出版社股份有限公司
地　　址:(100011)北京市朝阳区安定门外外馆斜街3号
网　　址:http://www.ccpress.com.cn
销售电话:(010)59757973
总 经 销:人民交通出版社股份有限公司发行部
经　　销:各地新华书店
印　　刷:北京虎彩文化传播有限公司
开　　本:787×1092　1/16
印　　张:16.5
字　　数:381千
版　　次:2015年8月　第1版
印　　次:2023年7月　第3次印刷
书　　号:ISBN 978-7-114-12452-5
定　　价:45.00元
(有印刷、装订质量问题的图书由本公司负责调换)

前　　言

　　机场作为航空运输和城市的重要基础设施，是综合交通运输体系的重要组成部分。经过几十年的建设和发展，我国民用运输机场体系已经初具规模，为保证我国航空运输持续快速健康协调发展，促进社会进步和对外开放，以及完善国家综合交通体系等，发挥了重要作用。21世纪初是我国社会经济发展的重要时期，同时也是我国民用航空从紧张和制约状况实现全面改善的关键时期，民用机场基础设施的建设仍是今后一项重要而艰巨的任务。

　　当今世界，科学技术发展突飞猛进，我国民用机场、公路等行业发展取得了令人瞩目的成就。随着我国民用机场数量及航空业务量的不断增加，对机场道面施工、维护质量也提出了更高的要求。本书紧密结合现行民用机场技术规范，充分吸收机场、公路行业相关最新技术成果，体现了目前国内外在机场场道施工与维护方面的新理念、新技术、新方法。本书注重在基本原理、分析思路和技术方法等方面的论述，力求内容的理论性与实践性、系统性与先进性及可读性与可操作性并重。

　　全书共分十章，依次为绪论、道面集料的生产、基层施工、水泥混凝土道面施工、沥青道面施工、道面分区与调查、道面损坏状况评价、道面结构性能测试与评价、道面功能性能测试与评价、道面维护技术。本书可作为机场工程、交通工程、道路与铁道工程等专业本科和硕士研究生的教学用书，也可供机场道面及道路工程设计、施工、管理与研究人员参考。

　　本书由长安大学机场工程系彭余华教授、中国民用航空局民航专业工程质量监督总站廖志高高级工程师主编。参加编写的有：彭余华、廖志高编写第一～五章，沈照庆、谢晓莉编写第六、九章，张驰编写第七、八、十章。全书由彭余华、廖志高负责统稿。在本书编写过程中，长安大学硕士研究生梁增洁、肖沙沙、庄宝利、胡顺峰等参与了大量的文稿整理工作，并得到了中国民用航空局民航专业工程质量监督总站、中国航空港建设第九工程总队、广东省机场管理集团有限公司、上海华东民航机场建设监理有限公司等单位的大力支持。

　　本书在编写过程中，参考了有关标准、规范、教材和论著，在此谨向有关编著者表示衷心的感谢！

　　由于编者水平有限，书中难免有不妥之处，请读者批评指正。

编　者

2014 年 12 月

目　　录

第一章 绪 论

第一节 机场道面发展状况

机场道面是供飞机起飞、着陆滑跑以及进行飞行前准备和维护保养的场地。从 1903 年美国的莱特兄弟实现人类第一次用重于空气的飞行器进行动力飞行以来,人类的航空事业得到了迅猛的发展。世界上出现的第一个机场位于美国的卡罗莱纳州的基帝·霍克附近的一片海滩上,莱特兄弟发明的飞机就是从这里起飞的。

在飞机出现的初期,并没有专门修筑的机场道面,而是利用平坦的地面、广场或练兵场进行起飞和着陆。我国第一个机场是 1910 年在北京南苑的练兵场内开辟的。当时的飞机在侧风下起降能力差,机场道面多被建成方形或圆形,以保证飞机在任何风向时都能起降。为了提高土质道面的承载能力,并减少扬尘的影响,机场上种植了草皮,这种机场道面直到目前还在一些初级航校和农用机场中使用。

随着飞机质量和胎压的不断增大,以及应对全天候飞行的要求,原有的机场道面已不能满足飞机的使用要求。即使铺种草皮并有完好排水设施的土道面,由于在雨季常常不能使用,而被逐渐淘汰。20 世纪 30 年代初期出现了用石料铺筑的机场道面,也有用结合料处治的道面。20 世纪 40 年代,喷气式飞机投入使用,其发动机喷出的高温、高速气流,扩散到道面上的温度约为 150℃,速度可达 60m/s 左右,土质、草皮和一般的砂石道面已不适用,于是采用沥青混凝土和水泥混凝土修建的高级道面迅速增加。为适应喷气式飞机发展的需要,美国在第二次世界大战期间,先后修建了 300 多座水泥混凝土道面的机场。

第二次世界大战以后,飞机的总质量和轮胎压力增大更快。军用歼击机的总质量由 20 世纪 50 年代的 5~6t,提高到现代的 20t,轮胎压力由 0.7~0.8MPa 增大到 1.5MPa。大型运输机的总质量更大,美国的 C—5 和 B747 型飞机的总质量在 350t 以上,轮胎压力达到 1.3MPa 以上。这些飞机对道面提出了更高的要求:不仅要求机场道面有足够的承载能力,而且要求道面表面平整度要好,滑行平稳舒适,表面较粗糙,易于飞机制动,以防止雨天飘滑,发生危险。国内外许多大型机场都相继修筑了坚固耐用的机场道面,有的机场还修筑了多条跑道,以适应不断增加的起落架次。如巴黎奥利机场、北京首都国际机场有 3 条跑道,纽约肯尼迪机场有 4 条跑道,芝加哥奥黑尔机场有 7 条跑道。这些机场道面都是以水泥混凝土和沥青混凝土为主。有的跑道两端采用水泥混凝土道面,中间用沥青混凝土,称为混合式道面。大型机场在高级道面一侧要设置土质道面,以备飞机起落架故障时迫降使用。表 1-1 为国际民航组织(ICAO)1980 年的统计资料,它包括 147 个成员国的 1 038 个机场,1 718 条跑道的道面分类情况。由表中数据可以看出,水泥混凝土和沥青混凝土道面约占 88%。根据国际民航组织 1999 年的调查数据,使用沥青混凝土跑道的占 62.6%,欧洲沥青路面协会于 2003 年对机场道面状况进行了统计,涉及的 362 个机场中使用沥青混凝土道面的占 62.4%。

国际民航组织(ICAO)机场道面类型统计表　　　　　　　　表 1-1

道面类型	水泥混凝土	沥青混凝土	沥青及水泥混凝土	碎石	草皮或土	红土	珊瑚	砂	砖	有孔钢板
数量(条)	433	823	253	21	134	22	9	19	2	2
百分比(%)	25.2	47.9	14.7	1.2	7.8	1.3	0.5	1.1	0.15	0.15

运输机场是国家综合交通基础设施的重要组成部分,是民航最重要的基础设施。"十二五"时期,我国民航发展迎来新的历史机遇期,民航大众化、多样化趋势明显,快速增长仍是阶段性基本特征。根据民用机场布局规划的指导思想、目标和原则,依据已形成的机场布局,结合区域经济社会发展实际和民航区域管理体制现状,我国重点培育国际枢纽、区域中心和门户机场,完善干线机场功能,适度增加支线机场布点,构筑规模适当、结构合理、功能完善的北方(华北、东北)、华东、中南、西南、西北五大区域机场群。上述布局规划实施后,全国省会城市(自治区首府、直辖市)、主要开放城市、重要旅游地区、交通不便地区以及重要军事要地均有机场连接,形成功能完善的枢纽、干线、支线机场网络体系,大、中、小层次清晰的机场结构,航空运输整体发展能力和国际竞争力显著增强;机场与铁路、公路、水运以及相关城市交通等交通方式的衔接更加紧密,与城市发展更加协调,与军航发展相互促进,共同构成现代综合交通运输体系。至 2020 年,我国布局规划民用机场总数将达 244 个。

截至 2014 年,我国(不包括港澳台地区)共有颁证民用航空机场 202 个,其中定期航班通航机场 200 个,定期航班通航城市 198 个。年旅客吞吐量达到 100 万人次以上的通航机场有 64 个,年旅客吞吐量达到 1 000 万人次以上的有 24 个。年货邮吞吐量达到 10 000t 以上的有 50 个。2014 年全国民航完成旅客运输量 83 153.3 万人次,旅客周转量 560.34 亿 t 公里,比上年分别增长 10.2% 和 11.7%。2014 年中国旅客吞吐量排名前十的机场跑道概况如表 1-2 所示。

2014 年中国十大机场旅客吞吐量及跑道概况　　　　　　　　表 1-2

机场名称	旅客吞吐量(万人)				现有跑道(条)	跑道等级
	名次	2014 年	2013 年	比上年同期增减(%)		
北京/首都国际机场	1	8 612.83	8 371.235 5	2.89	3	两条 4E 级,一条 4F 级
广州/白云国际机场	2	5 478.28	5 245.026 2	4.45	3	一条 4E 级,两条 4F 级
上海/浦东国际机场	3	5 166.18	4 718.984 9	9.48	3	一条 4E 级,两条 4F 级
上海/虹桥国际机场	4	3 796.02	3 559.964 3	6.63	2	两条 4E 级
成都/双流国际机场	5	3 750.7609	3 344.461 8	12.15	2	一条 4E 级,一条 4F 级
深圳/宝安国际机场	6	3 627.25	3 226.845 7	12.41	2	一条 4E 级,一条 4F 级
昆明/长水国际机场	7	3 229.8	2 968.829 7	8.79	2	一条 4E 级,一条 4F 级
重庆/江北国际机场	8	2 926.44	2 527.203 9	15.80	2	两条 4E 级
西安/咸阳国际机场	9	2 926.02	2 604.467 3	12.35	2	一条 4E 级,一条 4F 级
杭州/萧山国际机场	10	2 552.6	2 211.410 3	15.43	2	一条 4E 级,一条 4F 级

机场道面施工质量直接影响飞机在道面上运行的安全性,因此全面掌握道面施工技术十分重要。而且,道面在使用过程中,受飞机荷载和自然环境等因素的影响,将逐渐产生各种病害,危及飞行安全,当机场跑道道面功能下降至不能满足正常使用要求时,就需要进行维护。

随着我国民航事业的飞速发展,为了使飞行区适应飞机起降架次的不断增长、机场运行航班密度的增加和运行时间的延长,在机场道面的使用过程中,需要定期对道面进行检查、检测和维护,以延长道面的使用寿命,提高飞行的安全性。

例如,厦门高崎国际机场在使用过程中通过对场道进行定期的维护保证了其使用质量。该机场于1994年二期工程扩建时对原水泥混凝土道面进行了沥青混凝土加铺;2000年进行道面喷洒乳化沥青的封层保护;2004年委托专业机构对跑道道面病害进行了全面的检查、统计、分析与试验,对跑道道面约6 000m长的裂缝进行了开槽灌缝处理;2005年对联络道和快滑道进行了大修处理;2008年实施了二次加铺工程;2011年又委托专业机构对道面病害区进行了检测与分析,从而保证了机场道面良好的使用性能。

我国《民用机场飞行区场地维护手册》(WM-CA—2000—8)和《民用机场飞行区场地维护技术指南》(AC-140-CA—2010—3)对飞行区场地维护材料、工艺、机具等方面进行了详细介绍,提供了各项维护工作的推荐方法和操作细则,规定了与机场维护有关的职责。机场应结合其实际情况合理安排并定期开展机场场道的日常维护工作,应根据道面病害类型选择恰当有效的处治方法;宜在损坏程度轻微时采取合理措施,防止病害进一步发展。

近年来,我国民用机场积极借鉴了国外机场及国内公路行业成功应用的道面维护新技术。这些技术主要有:沥青道面预防性养护技术、沥青道面现场热再生技术、水泥混凝土道面表层处理技术和水泥混凝土道面应急性抢修技术。机场道面维护新技术的推广应用,对改善跑道的使用性能,延长跑道的使用寿命,降低跑道的养护费用,保证飞行安全等方面均具有重要意义。

第二节 飞行区等级指标与场道组成

飞行区指供飞机起飞、着陆、滑行和停放使用的场地,包括跑道、停止道、净空道升降带、跑道端安全区、滑行道、机坪以及机场周边对障碍物有限制要求的区域。

一、飞行区等级指标

国际民航组织于1982年7月改用两个指标划分飞行区等级。机场飞行区应按指标I和指标II进行分级,机场飞行区指标I和指标II应按拟使用该飞行区的飞机的特性确定。飞行区指标I按拟使用该飞行区跑道的各类飞机中最长的基准飞行场地长度,分为1、2、3、4四个等级;飞行区指标II按拟使用该飞行区跑道的各类飞机中的最大翼展或最大主起落架外轮外侧边的间距,分为A、B、C、D、E、F六个等级,两者中取其较高要求的等级。具体方法如表1-3所示。

飞行区等级指标   表1-3

飞行区指标 I	飞机基准飞行场地长度(m)	飞行区指标 II	翼展(m)	主起落架外轮外侧边间距(m)
1	<800	A	<15	<4.5
2	800~1 200(不含)	B	15~24(不含)	4.5~6(不含)
3	1 200~1 800(不含)	C	24~36(不含)	6~9(不含)
4	≥1 800	D	36~52(不含)	9~14(不含)
		E	52~65(不含)	9~14(不含)
		F	65~80(不含)	14~16(不含)

我国民航业界过去按航程远近、飞机最大起飞质量和一个起落架上的质量将机场分为四个等级,从1986年开始采用国际民航组织的机场等级划分方法。我国军用机场按使用飞机的类型进行机场分级,将机场分为一、二、三、四级,如表1-4所示。

军 用 机 场 分 级 　表1-4

级　别	一级	二级	三级	四级
飞行场地适用机型	初级教练机; 小型运输机	歼(强)击机; 轻型轰炸机; 歼击轰炸机; 中型运输机	中型轰炸机; 大型运输机	重型轰炸机; 特大型运输机

二、场道的组成

1.跑道体系
（1）跑道

跑道体系包括:跑道(结构道面)、道肩、净空道、停止道、跑道安全带、防吹坪等,见图1-1。其中,跑道安全带可分为升降带、跑道端安全区两部分。

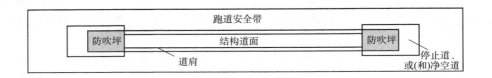

图1-1　跑道体系各组成部分示意图

广义的跑道概念是指跑道体系,狭义的跑道概念是指全强度跑道或称之为结构道面,是陆地机场内供飞机起飞和着陆使用的特定长方形场地。跑道宽度由飞机主起落架外轮缘之间的距离、飞机起飞和着陆时对跑道中心线的横向偏离度,以及必要的附加安全宽度三部分组成。跑道宽度应不小于表1-5中的规定值。跑道的长度应满足使用该跑道的主要设计机型的运行要求,按预测航程计算的起飞质量、高程、天气状况(包括风的状况和机场基准温度等)、跑道特性(如跑道坡度、湿度和表面摩阻特性等)、地形限制条件等因素进行计算,选择最长的跑道长度。跑道强度应能满足使用该跑道的飞机的运行要求。

跑 道 宽 度 （m） 　表1-5

飞行区指标 I	飞行区指标 II					
	A	B	C	D	E	F
1	18	18	23	—	—	—
2	23	23	30	—	—	—
3	30	30	30	45	—	—
4	—	—	45	45	45	60

注:飞行区指标 I 为1或2的精密进近跑道的宽度应不小于30m。

（2）道肩

道肩指与跑道、滑行道、机坪道面相接的经过整备作为道面与邻近土面之间过渡用的场地,其作用为抵御飞机喷气气流的吹蚀,防止松散材料吸入喷气发动机内,减少飞机偶然滑出跑道时受损的危险性;承受偶然通行的车辆荷载以及作为承载维护设备和应急设备的场地和通道。

跑道道面两侧道肩的最小宽度应为1.5m,对于飞行区等级指标Ⅱ为D、E的跑道,其跑道及道肩的总宽度应不小于60m。对飞行区指标Ⅱ为F的跑道应设跑道道肩,其跑道加道肩的总宽度应不小于75m。跑道道肩与跑道相接处的表面应齐平,道肩横坡应不大于2.5%。跑道道肩的强度和结构,应确保飞机偶然滑出跑道时不致造成飞机的结构损坏,并能承受偶然通行的车辆荷载。跑道道肩表面,应能防止被飞机气流吹蚀。

（3）停止道、净空道

是否设置停止道,应根据跑道端外地区的物理特性和飞机的运行性能要求等因素确定。设置停止道时,停止道宽度应同与之相接的跑道与道肩总宽度相一致。停止道的强度,应能确保当飞机中断起飞时不致引起飞机结构损坏。停止道的表面摩阻特性,应等于或高于相邻跑道的表面摩阻特性。

净空道指经过修整的、使飞机可以在其上空初始爬升到规定高度的特定长方形场地或水面。净空道的起点应位于可用起飞滑跑距离的末端,其长度应不大于可用起飞滑跑距离的一半,宽度应自跑道中线延长线向两侧延伸不少于75m,在跑道中心延长线两侧对称分布。净空道中心线两侧各22.5m范围内的坡度、变坡应与跑道的相一致,但允许孤立的凹地(如横穿净空道的排水明沟)存在,其他地面不允许超出1.25%的升坡。净空道上不应设有对空中的飞机安全有危害的设备或装置。因航行需要在净空道地面上设置的设备或装置应满足易折要求,安装高度应尽可能低。

（4）升降带

升降带指飞行区中跑道和停止道(如设置)中线及其延长线两侧的特定场地,用以减少飞机冲出跑道时遭受损坏的危险,并保障飞机在起飞或着陆过程中在其上空安全飞行。位于升降带上可能对飞机构成危险的物体,应视为障碍物并尽可能将其移除。跑道及任何与之相连接的停止道应包含在升降带内。与跑道、道肩或停止道相接部分的升降带表面应与跑道、道肩或停止道相齐平,不得高于跑道、道肩或停止道边缘,并且不宜低于跑道、道肩或停止道边缘30mm以上。升降带平整范围内的土面应有适当的强度,确保当飞机偶然滑出跑道时对飞机的危害最小。

（5）跑道端安全区

跑道端安全区指对称于跑道中线延长线、与升降带端相接的特定地区,用以减少飞机在跑道外过早接地或冲出跑道时遭受损坏的危险,同时使冲出跑道的飞机能够减速、提前接地的飞机能够继续进近或着陆。在升降带两端,应提供跑道端安全区,以免着陆飞机冲出跑道或过早接地。

跑道端安全区应自升降带端向外延伸至少90m。飞行区指标Ⅰ为3或4的跑道端安全区宜自升降带端向外延伸至少240m;飞行区指标Ⅰ为1或2的跑道端安全区宜自升降带端向外延伸至少120m。跑道端安全区的宽度,应至少等于与其相邻的跑道宽度的2倍,条件许可时应不小于与其相邻的升降带平整部分的宽度。设置跑道端安全区时,应考虑提供足够长度,以保证抑制由于极有可能出现的各种不利运行因素的组合所导致的冲出跑道或着陆时接地过早的飞机。跑道端安全区的坡度,应使该地区的任何部分不突出进近面或起飞爬升面,安全区的纵向变坡应尽可能平缓,避免急剧的变坡或反坡,纵坡降坡应不大于5%,横坡亦应不大于5%。位于跑道端安全区内可能对飞机构成危险的物体应被视为障碍物,并尽可能移除。跑道端安全区应进行平整,其强度应确保飞机过早接地或冲出跑道时对飞机的危害最小,并能承受救援和消防车辆在其上通行。

(6)防吹坪

防吹坪指紧邻跑道端部、用以降低飞机喷气尾流或螺旋桨洗流对地面侵蚀的场地。不设停止道的跑道端应设防吹坪。防吹坪自跑道端至少向外延伸60m,其宽度等于跑道道面和道肩的总宽度。防吹坪表面应与其相连的跑道表面齐平,结构应能承受飞机气流的吹蚀。防吹坪表面的颜色宜与跑道表面颜色有显著差别。防吹坪的坡度应与升降带坡度相同。

2.滑行道体系

滑行道是在陆地机场设置供飞机滑行并将机场的一部分与其他部分连接的规定通道,包括:机坪滑行通道(机坪上仅供进入机位用的滑行道)、机坪滑行道(位于机坪的滑行道,供飞机穿越机坪使用)、快速出口滑行道(以锐角与跑道连接,供着陆飞机较快脱离跑道使用的滑行道)。为使飞机运行安全、高效,应根据需要设置各种滑行道。为加快飞机进、出跑道,应设置足够的入口和出口滑行道,当交通密度较高时,应考虑设置快速出口滑行道。根据滑行道的作用和位置,滑行道分为入口滑行道、出口滑行道、平行滑行道、快速出口滑行道、联络滑行道、机坪滑行道等。

滑行道直线段的道面宽度依据飞机主起落架外轮缘间距,以及主起落架外轮缘与滑行道面边缘之间的最小净距(即飞机轮迹的最大允许横向偏离)决定。为了防止松散材料(石子或其他东西)被吸入喷气发动机内和防止滑行道两侧地面被蚀,飞行区指标Ⅱ为C、D、E和F的滑行道两侧应设对称的道肩。为减少飞机偶尔滑出滑行道时受到损坏的危险性,应在滑行道外设置安全区。滑行带内除了必要的助航设备之外,不得有危害飞机滑行的障碍物。滑行带与滑行道道面或道肩相接处,靠近滑行道的区域应整平。

滑行道的强度至少应等于它所服务的跑道的强度,并适当考虑滑行道同其所服务的跑道相比,要承受更大的交通密度和因飞机滑行缓慢及停留而产生更高应力的因素。滑行道道面应具有适当的摩阻特性,除快速出口滑行道外,其他滑行道道面平均纹理深度应不小于0.4mm。滑行道表面应平整。

滑行道在和跑道端的接口附近有等待区,等待区地面上设有标志线,这个区域是为了飞机在进入跑道前等待许可指令。等待区与跑道端线应保持一定的距离,以防止等待飞机的任何部分进入跑道,成为运行的障碍物或产生无线电干扰。

3.机坪

机坪是指机场内供飞机上下旅客、装卸货物或邮件、加油、停放或维修使用的特定场地。停(维修)机坪的布置,除应考虑维修设备的不同要求外,还要考虑飞机试车时气流的吹袭影响,它可能对停放、滑行的飞机、地面设备和人员造成威胁。机坪道面表面应平整,其强度应能承受使用该机坪的各种机型的荷载。机坪的坡度应能防止其表面积水,并尽可能平坦。机坪中机位区的坡度应不大于1%,宜为0.4%~0.8%。机坪宜设置道肩,道肩表面应与其相邻的机坪道面齐平,机坪上停放或滑行的飞机的外侧发动机应位于道肩范围之内。

第三节　机场道面构造与分类

一、机场道面构造

飞机机轮荷载和自然因素对道面结构的影响随着道面深度的增加而逐渐减弱。因此,对道面材料的强度、刚度和稳定性的要求也随道面深度的增加而逐渐降低。为适应这一特点,降低工程造价的方法是,道面采用多层结构,即上层采用高级材料,下层采用低级材料。道面的结构层次如图1-2所示。按使用要求、承受的荷载大小、土基支承条件和自然因素影响程度的不同,在土基顶面采用不同规格和要求的材料分别铺设垫层、基层和面层等结构层次。

图1-2　水泥混凝土道面结构层次

1. 面层

机场道面的面层是直接同飞机机轮和大气环境相接触的层次,它既要承受机轮荷载的竖向压力、水平力和冲击力的作用,又受到降水的侵蚀作用和温度变化的影响。面层的作用是为飞机起飞、降落和滑行提供良好的表面条件,同时把机轮荷载传递和扩散到基层中去。因此,同基层和垫层相比,面层应具有较高的结构强度、刚度、耐磨、不透水和温度稳定性,并且表面还应具有良好的平整度和粗糙度,以保证飞机起飞、着陆和滑行的舒适性和安全性。

组成道面面层的材料主要有:

(1)水泥混凝土。这类道面具有较高的强度和刚度,可用于跑道、滑行道、联络道和各种停机坪的面层。

(2)沥青类材料。这类材料包括沥青混凝土、沥青碎石、沥青贯入式和沥青表面处治等。沥青道面表面平整,滑行平稳舒适,可用于跑道、滑行道、联络道。沥青混合料由于不耐航油的侵蚀,一般不用于停机坪的面层。沥青碎石和沥青贯入式用作面层时,因空隙多、易透水,通常应加封层。沥青表面处治一般不能单独作为面层,主要作为封层的摩擦层,以改善道面表面的性能。

(3)土类材料,如泥结(砾)碎石道面,各种结合料处治的土道面、草皮道面等。这类道面只能供轻型飞机使用,兼作大型飞机和军用飞机的紧急着陆场,或野战机场道面,使用品质较差。

2. 基层

基层是面层和土基或垫层之间的结构层,是道面结构中的重要层次,主要承受面层传来的机轮荷载垂直压力,并把它扩散分布到下面的层次中去。基层受自然因素的影响不如面层强烈,但必须有足够的水稳性和抗冻性。用作基层的材料主要有:各种结合料(如石灰、水泥或沥青等)处治的稳定土或碎(砾)混合料;各种工业废渣混合料,如高炉熔渣(水淬渣)、煤渣或粉煤灰等与石灰组成的混合料或外掺碎石或土的混合料(二灰土、二灰石)等;各种碎(砾)石混合料或天然砂砾;片石、块石或卵石等;碾压混凝土或贫水泥混凝土等。

3. 垫层

垫层是介于基层和土基之间的层次,其主要作用是改善土基的温度和湿度状况,以保证面层和基层的强度稳定性、水稳定性和温度稳定性;继续扩散由基层传下来的荷载,以减少土基产生的变形。垫层并不是必须设置的结构层次,通常是在土基水、温状况不良时设置。

对垫层材料的要求是:强度不一定高,但其水稳性和抗冻性要好。常用的垫层材料,一类是由松散的颗粒材料,如砂、砾石、炉渣等组成的透水性垫层;另一类是石灰土、水泥土或炉渣土等稳定土垫层。

4. 压实土基

压实土基是道面结构的最下层,承受全部上层结构的自重和机轮荷载。土基的平整性和压实质量在很大程度上决定着整个道面结构的稳定性,因此,无论是填方还是挖方区域土基均应按要求予以严格压实。对于特殊土质还应采取相应的技术措施,以免在机轮荷载和自然因素的长期作用下,土基会产生过量的变形和各种病害,从而加速道面结构的损坏。

二、机场道面分类

1. 按道面构成材料分类

(1)水泥混凝土道面

水泥混凝土道面是指由水泥、水、粗集料(石子)、细集料(砂)按预先设计的比例掺配,并在必要时加入适量外加剂、掺加料或其他改性材料等,经拌和均匀铺筑而成的道面。该类道面具有强度高、使用品质好、应用广泛的优点;但完工后需较长时间的养护期,不能立即开放交通,且养护维修难度大,耗时长。对于道面维修作业实施不停航施工时,水泥混凝土道面很少采用(不影响飞机起降、滑行、停放等区域除外)。

(2)沥青道面

沥青道面是指用沥青材料作结合料,与粗集料、细集料、矿粉以及外加剂,在一定温度下拌和均匀、经摊铺碾压成型后形成的道面。这类道面平整性好,飞机滑行平稳舒适,强度高,能够满足各种飞机的使用要求,铺筑后不需要养护期,可以立即投入使用。由于现代飞机绝大多数采用的是喷气式发动机,飞机在道面上滑行时,会喷出300℃以上的高温高速气流。水泥混凝土材料可以承受500℃的高温而不致发生破坏,因此,飞机的尾喷气流对水泥混凝土道面不会产生影响。但沥青道面由于沥青材料的温度敏感性,在温度超过60℃时,就会发软,影响沥青道面的强度,若飞机的尾喷气流作用时间较长则对沥青道面会产生影响,故跑道端部和机坪很少采用沥青道面。由于飞机发动机停止工作后,油管内一部分油料会散落到道面上,在停机坪上沥青道面也会受到航油的侵蚀,导致沥青被溶解,混合料散碎,进而形成坑洞,使沥青道面破坏。

(3)砂石道面

砂石道面是指在碾压平整的土基上,铺筑砂石类材料,经过充分压实而成的道面。这种道面因其承载能力低,晴天易扬尘,雨天泥泞致使飞机无法飞行,故目前应用较少。

(4)土道面

土道面是指以碾压密实的平整土质表面作为道面的面层,供飞机起落滑跑之用。这种道面造价低,施工简便,主要用于轻型飞机起降的机场。军用机场的应急跑道通常为土质道面。大型机场的土跑道是紧急情况下飞机迫降用的。土道面通常种植草皮,以提高其承载能力。

（5）水上机场

水上机场即供水上飞机使用的机场。飞机利用水面进行起飞、着陆、滑行，以及进行飞行前的准备工作和维护保养。水上机场应具有符合要求的飞行水域、码头和入水坡道，其"道面"由水面构成。

（6）冰上机场

冰上机场即利用表面平整而坚硬的冰层作为机场道面，供飞机起飞、着陆、滑行和维护保养之用。河湖冰上机场通常建在能结成坚冰而表面平整的浅水区（水深 2~4m）；海洋冰上机场应尽量设在利于结成平整冰面的海湾或狭长浅湾内。气温在 -10℃ 以下时，淡水冰层厚 50cm 左右可供 2.5t 以下的轻型飞机使用；冰层厚 150cm 时，可供 100t 以下的飞机使用。

2. 按道面力学特性分类

（1）刚性道面

刚性道面包括水泥混凝土道面和钢筋水泥混凝土道面等。这类道面结构的面层强度高、整体性好、刚度大，能把飞机机轮荷载分布到较大的土基面积上。由于水泥混凝土具有较高的抗压强度，荷载引起的弯压应力比抗压强度低得多。当荷载引起的弯拉应力超过水泥混凝土的抗弯拉强度，板将产生断裂，导致道面结构的破坏。道面板的强度用水泥混凝土的弯拉强度来表示。对于道面板的弯拉应力，广泛采用弹性地基上薄板理论进行计算。进行道面板设计时，刚性道面在飞机机轮荷载作用下引起的弯拉应力应小于或等于水泥混凝土的弯拉强度。

（2）柔性道面

柔性道面包括沥青道面、砂石道面、土道面等。柔性道面在机轮荷载的作用下表现出相当大的形变性，各层材料弯曲抗拉强度均较小，抵抗弯拉变形的能力弱，因此，只能把机轮压力传布到较小的面积上，各层材料主要在受压状态下工作。轮载作用下柔性道面弯沉值（变形）的大小，反映了柔性道面的整体强度。当荷载作用下产生的弯沉值超过容许弯沉值时，柔性道面就会发生损坏。同时，当荷载引起面层的弯拉应力和基层（当基层为整体性基层时）的弯拉应力超过其抗弯拉强度时，同样也会引起道面的破坏。对于机场沥青道面，飞机荷载引起的弯拉应力往往是引起道面破坏的主要原因。因此，在进行机场沥青道面设计时，基层和面层要有足够的强度来抵抗飞机荷载引起的弯拉应力。

对于柔性道面的弯沉、应力计算采用的是弹性层状体系理论。柔性道面结构是由不同材料组成的弹性体系，上面各层具有一定的厚度，且各层材料的力学性质可以用不同的弹性模量来表示，最下一层的土基可视为弹性半空间体。弹性层状体系可以分为弹性双层体系、弹性三层和弹性多层体系，用于计算不同组成的道面结构。

（3）半刚性道面

半刚性道面是介于刚性和柔性之间的一种道面。这种道面在使用初期变形较大，表现出柔性道面的特征；而在使用后期其强度和刚度会随着时间的增长而不断地增大，其最终的抗弯拉强度和变形（回弹模量）接近于刚性道面，故称之为半刚性道面。如用石灰或水泥稳定土、石灰或水泥处治碎（砾）石，以及各种含有水硬性结合料的工业废渣做成的道面均属于半刚性道面。

3. 按施工方式分类

（1）现场铺筑道面

现场铺筑道面是指将拌和均匀的道面材料经现场铺筑而成的道面。水泥混凝土道面、沥青道面以及各种砂石道面、结合料处治的土道面等都属于现场铺筑道面。

(2)装配式道面

装配式道面的面层不是在现场施工的,而是在工厂预制,运抵现场后装配而成的。这类道面包括水泥混凝土砌块、预应力钢筋混凝土预制板、钢板和玻璃钢道面等。

第四节　机场道面受力特性与使用要求

一、机场道面受力特性

机场道面的作用是保证飞机在地面的正常活动,包括飞机在机场道面上停放、滑行、起飞、着陆、转弯和制动等。随着飞机在道面上运动状态的变化,作用在道面上的荷载也在不断变化。飞机停放、滑行、着陆时会对道面产生垂直压力;滑行、转弯和制动时飞机机轮与道面之间的摩擦力引起水平荷载;机轮经过道面不平整处因颠簸也会引起水平荷载等。

飞机在道面上的活动会对道面产生不同影响。一方面,随着飞机滑行速度的增加,机翼产生的升力使机轮对道面的压力减小;另一方面,当机轮通过道面不平整处时将产生冲击作用。冲击作用增大了飞机荷载对道面的作用效果。冲击作用的大小与道面的平整状况及飞机运动速度有关,道面越不平整,冲击作用越大。

由于道面各部分的几何形状和尺寸的不同,以及飞机在道面上各地段的运动状态的不同,机场道面各地段承受飞机荷载的状况是不一样的。机场道面结构体系裸露在自然环境中,经受着持续变化的自然环境温度和湿度的影响,使得道面的材料性质和状态发生相应的改变。例如,温度和湿度的变化引起道面材料和土基土的强度和刚度的增加或减小。

1.滑行道

起飞时,飞机经过滑行道而到达跑道端部;着陆时,飞机经过滑行道到达停机坪。由于滑行道宽度小,机轮几乎沿着同一轨迹滑行,如同水在渠道中流动一样,这种滑行称为渠化交通。渠化交通使滑行道上机轮荷载的重复作用次数大大增加。另外,飞机在滑行道上的滑行速度一般为 $20\sim30km/h$,此时飞机机翼产生的升力很小,而驶过道面不平整处又会对道面产生冲击作用。

2.跑道

在跑道的纵向上,跑道端部和中部的受载条件是不一样的。在跑道端部,飞机从慢速滑行到停止,对准跑道后提高发动机的转速,以发挥它的全推力并进入起飞状态。此时,跑道不仅承受垂直荷载,而且还承受较大的水平荷载,会在道面结构中产生较大的剪切应力。由于跑道端部飞机滑行速度比滑行道小,冲击作用也小,并且跑道比滑行道宽,一般不会形成渠化交通。因此,跑道端部的受载条件要比滑行道好一些。对于飞机着陆的冲击作用,一般按正常着陆重力考虑。此时飞机的速度很大,机翼产生的升力也很大,它抵消了飞机大部分重力,使其对道面产生的荷载较小,冲击力不大。

在跑道中部,无论是起飞或着陆,飞机都以较高的速度通过。此时,机翼的升力较大,抵消了飞机部分重力,减少了机轮对道面的作用。同时,高速滑行通过的飞机对某一断面的作用是短暂的,道面还来不及产生完全变形,飞机就通过了。

在跑道的横向上，飞机在跑道上起飞、降落时其轮迹的分布是各不相同的。影响机轮痕迹横向分布规律的主要因素有飞机的类型、主起落架的数量、主起落架的间距及机轮数量、轮胎宽度等。当主起落架数量少、间距小，主轮数量少、轮胎宽度小时，则轮迹的横向分布就比较集中（跑道横断面中部出现的概率大）。反之，轮迹的横向分布就很不集中（跑道横断面中部出现的概率偏小）。对轮迹的横向分布实测资料进行统计分析表明，跑道上飞机运行的横向偏离值的概率分布服从正态分布。

3. 停机坪

停机坪是供飞机停放、维护保养、加油、装卸货物的场所。由于飞机长时间的停放和满载起飞的滑进滑出，其受载条件与跑道端部相近。

总之，滑行道受载条件最差，所要求的道面厚度最大；跑道中部受载条件最好，所要求的道面厚度最小；跑道端部和停机坪介于上述两者之间，道面厚度中等。

二、机场道面使用要求

修建机场道面是为规定型号的飞机提供安全、快速、适用、舒适的道面结构。机场道面是机场内的主要工程项目，其质量直接影响飞行安全和使用品质。机场道面承受着飞机机轮荷载、高温高速喷气流，以及冷热、干湿、冻融等自然因素的作用，为了保证飞机在任何气候条件下都能执行任务，满足使用要求，机场道面必须具有良好的使用性能。

1. 强度和刚度

飞机在道面上滑行或停放，不仅把竖向压力传给道面，还会把水平荷载传给道面。此外，道面内的温度变化也会引起温度应力。在这些外力的作用下，道面结构内会产生拉应力、压应力和剪应力。如果道面结构整体或某一组成部分的强度或抗变形能力不足以抵抗这些应力时，道面就会出现断裂、沉陷、波浪或车辙，使道面使用性能下降。因此，道面结构整体及其各组成部分，应具备同机轮荷载和温度荷载相适应的强度。为此，要正确分析机轮荷载和温度荷载作用下道面结构的应力状况，研究道面结构的强度形成的机理，从而设计和修建出经久耐用的机场道面结构。

刚度是指道面结构抵抗变形的能力。道面的整体或某组成部分的刚度不足，即便是强度足够，也会在机轮荷载作用下产生过大的变形，使道面出现波浪、轮辙、沉陷等不平整现象，影响飞行滑行的平稳性，或者促使道面结构出现断裂现象，缩短道面的使用寿命。因此，不仅要研究道面结构的应力和强度之间的关系，还要分析其荷载和变形的关系，使整个道面结构及各个部分的变形量控制在允许范围内。

2. 气候稳定性

机场道面暴露在自然环境中，受各种自然因素（温度、湿度等）的影响，道面结构的性能会发生变化。例如，沥青道面在夏季高温季节可能会变软、泛油，出现轮辙和拥包；在冬季低温时又可能因收缩受到约束出现开裂，这将影响道面的使用品质和使用寿命。同样，水泥混凝土道面在水的作用下会出现唧泥或板底脱空，进而造成板的断裂，这些都给其结构设计和材料组成设计带来复杂性。为此，在进行机场道面设计时，要充分调查和分析机场周围的环境条件（温度和湿度）、水文地质条件，研究建筑材料的性能同温度和湿度的关系，在此基础上选取合适的设计参数和结构组合，设计出在当地气候条件下具有足够稳定性的道面结构。

3. 平整度

飞机在不平整的道面上滑行时,会产生附加的振动作用,这不仅会造成飞机的颠簸,影响驾驶的平稳(严重时会影响仪表的判读)和乘客的舒适,而且飞机的附加振动作用会对道面施加冲击力,从而加速道面的损坏。同时,附加振动作用会加剧飞机部件的磨损,危及飞行安全。因此,机场道面表面的平整度应符合相关要求,以保证飞机以一定的速度滑行时,不致产生严重的冲击和振动,保证飞行安全和减少乘客不适感。

机场道面的平整度与整个道面结构面层材料的强度和抗变形能力有关。强度和抗变形能力差的道面结构和面层材料,经受不住轮载和自然因素的反复作用,易于出现开裂、沉陷和轮辙等损坏现象,使道面不平整。同时,平整的道面要靠先进的施工设备、精细的施工工艺、严格的施工质量控制以及经常和及时的养护来实现。

4. 表面粗糙度

机场道面要求表面平整,且应具有一定的表面粗糙度。光滑的表面使机轮与道面间缺乏足够的附着力,导致飞机着陆时制动距离过长,可能会冲出跑道;尤其是在湿跑道上滑行时,飞机容易产生水上漂滑而失去控制。1986年,美国宇航局的统计表明,35%的飞机操纵事故可能与道面的摩擦系数有关。在这些事故中有28%发生在冰雪情况下,42%发生滑水现象,这两种情况下的道面表面的摩擦系数可能都小于0.1;其余30%的事故发生在湿跑道上,其摩擦系数可能在0.1~0.2之间。实践表明,飞机在湿跑道上滑跑,道面摩擦系数小于0.2时非常危险。

为了保证道面的抗滑性,各国都对机场道面的摩擦系数及表面纹理深度作了具体的规定,这必须在道面设计和施工中加以保证。

5. 耐久性

机场道面在其使用年限内,受到轮载和气候长期、反复作用,道面结构的整体或某一组成部分逐渐会出现疲劳损坏和塑性变形累积。若耐久性不足,道面使用较短的时间后就需要修复或改建,既干扰正常飞行,又造成投资的浪费。为此,设计和修建的机场道面结构,应使其在使用寿命年限内,具有较高的抗疲劳和抗塑性变形能力。

6. 经济性

道面设计在满足各种技术要求的前提下,应考虑使总费用最低。仅仅考虑减少初期修建费用,通常会引起日后维修和因维修而造成飞行中断带来的经济损失,总费用不一定最低。要把初期修建费用和维修费用及使用费用等综合考虑,选择一个最优方案。这就要求机场道面的设计和施工人员进行充分调查论证,多方案比较,以达到降低工程造价、节省投资的目的。

7. 表面洁净

机场道面的表面应洁净,无砂石和混凝土碎块等杂物,以免起、降时,带起砂石、杂物打坏飞机蒙皮或被吸入发动机,而危及飞行安全。因此,加强道面的维护、及时清扫道面显得十分重要。

第五节　课程内容与依据

一、课程的内容

"机场道面施工与维护"是研究道面各结构层施工工艺及质量管理,道面状况、性能测试与评价,道面维护技术的一门课程。它是机场工程专业的一门技术基础课,与"土质学与土力学"、"路基路面工程"、"道路工程材料"等课程有紧密的联系。

机场道面施工内容,包括道面集料的生产、基层施工、沥青道面施工和水泥混凝土道面施工,涉及原材料的品质要求、材料组成设计、施工设备与工艺、成品质量检测方法与技术标准等。机场道面维护内容,包括道面资料管理与道面调查、道面损坏状况评价、道面结构性能测试与评价、道面功能性能测试与评价、道面病害成因与维护技术等。其中,道面损坏状况评价,主要介绍水泥混凝土道面和沥青道面的损坏鉴别及计量标准,以及常见道面损坏状况检测和评价方法;道面结构性能测试与评价主要介绍结构性能测试方法、道面结构的反演分析、道面结构性能评价、道面等级号评定方法与强度通报以及水泥道面脱空判别方法;道面功能性能测试与评价,主要介绍道面抗滑性能、平整度、排水性能测试与评价;道面病害成因与维护技术,包括道面日常性检查与维护、道面病害成因分析、水泥混凝土道面和沥青道面以及基层养护维修技术、道面剩余寿命预估、沥青道面不停航施工管理等。

二、课程依据

本书参照最新国家和行业标准、规范和规程,充分吸收先进的实践经验,概括和归纳了机场道面施工与维护中的关键内容,对场道施工过程及后期评价维护过程中的各个方面作了详细的介绍和说明。

本书参照的技术标准、规范和规程如下:

《民用机场飞行区技术标准》(MH 5001—2013)

《民用机场飞行区工程竣工验收质量检验评定标准》(MH 5007—2000)

《机场跑道摩擦系数测试车使用技术规范》(MH/T 6032—2003)

《民用机场飞行区水泥混凝土道面面层施工技术规范》(MH 5006—2002)

《民用机场沥青混凝土道面施工技术规范》(MH 5011—1999)

《民用机场水泥混凝土道面设计规范》(MH/T 5004—2010)

《民用机场沥青混凝土道面设计规范》(MH 5010—1999)

《民用机场飞行区土(石)方与道面基础施工技术规范》(MH 5014—2002)

《民用机场道面评价管理技术规范》(MH/T 5024—2009)

《民用机场飞行区场地维护技术指南》(AC-140-CA-2010-3)

《民用机场飞行区场地维护手册》(WM-CA-2000-8)

《公路路面基层施工技术规范》(JTJ 034—2000)

《公路水泥混凝土路面施工技术规范》(JTG F30—2003)

《公路水泥混凝土路面施工技术细则》(JTG/T F30—2014)

《公路沥青路面施工技术规范》(JTG F40—2004)

《公路工程水泥及水泥混凝土试验规程》(JTG E30—2005)

《公路工程沥青及沥青混合料试验规程》(JTG E20—2011)

《公路工程无机结合料稳定材料试验规程》(JTG E51—2009)

第二章　道面集料的生产

道面集料,主要包括基层用集料、沥青面层用集料及水泥混凝土用集料等。规格和品质满足技术要求的集料对道面结构的施工质量至关重要,而集料破碎与筛分设备的选型、组合及其生产工艺是保证集料质量的关键。

第一节　集料破碎设备

集料的破碎是指通过机械方式将石料体积缩小的过程。集料破碎的过程中,大块石料在外力作用下,克服内部分子间的内聚力,碎裂成小块碎石。集料的破碎过程主要包括冲击、研磨、剪切、压缩,以及石料间剧烈碰撞等。

集料的破碎主要通过破碎机来实现。破碎机按工作原理和结构特征的不同主要分为:颚式破碎机、圆锥破碎机、锤式破碎机、反击式破碎机四种类型。

一、颚式破碎机

颚式破碎机的工作部分是由固定颚板和可动颚板组成。当可动颚板周期性摆动,并靠近固定颚板时,对破碎空腔中的石料产生挤压作用,使集料颗粒由大变小,进而将石料破碎。破碎的石料逐渐下落,直至从排料口排出。由于固定颚板和可动颚板上的破碎板表面具有锯齿状牙齿,因此,对石料也产生劈碎和折碎作用。颚式破碎机的外部形状和破碎作用过程,如图2-1和图2-2所示。

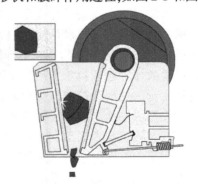

图2-1　颚式破碎机外部形状图　　　　图2-2　颚式破碎机作用过程图

颚式破碎机工作部分的运动形式是往复运动,在回程过程中,不能参与破碎,所以其工作特点是间歇式的。颚式破碎机主要用于对各种矿石与大块坚硬石料进行粗碎和中碎加工,即"头破"。

颚式破碎机的主要优点是破碎腔深且无死区,提高了进料能力与产量;结构简单、工作可靠、维修方便;破碎比大,产品粒度均匀。但其生产出的成品石料针片状含量较大,不能直接应用于机场和公路沥青路面用集料。

颚式破碎机的主要型号有:PE400×600、PE600×900、PE750×1060、PE900×1200 等。其中 PE600×900 的含义是指颚式破碎机的进料口尺寸为 600mm(长)×900mm(宽)。

二、圆锥破碎机

圆锥破碎机的破碎部件是由两个不同心的圆锥体组成,固定的外圆锥和可动的内圆锥组成破碎腔。内圆锥以一定的偏心半径绕外圆锥中心线作偏心运动,石块在两锥体之间受挤压、折断而破碎。圆锥破碎机的各部分结构,如图 2-3 所示。

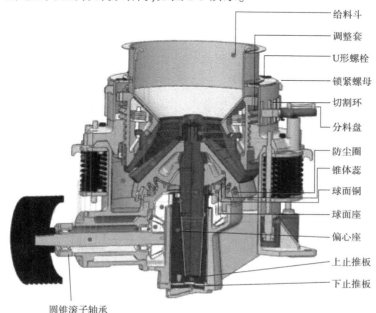

图 2-3　圆锥破碎机各部分结构图

圆锥破碎机的工作原理是石料在动锥离开定锥衬板一侧的瞬间,落入破碎腔,在动锥冲向定锥时石料第一次破碎。当动锥再次离开定锥时,石料就落入第二次破碎的位置。以此方式,石料经过几次下落和破碎后排出机外,完成破碎过程。

圆锥破碎机利用动锥的偏心运动将石料压碎,同时,由于动锥与定锥的切向相向运动,石料也要受到碾磨作用。因此,圆锥式破碎机的工作特点是连续性的,且破碎与排料作业是同时进行的,其作用过程如图 2-4 所示。

圆锥破碎机适用于破碎中等和中等以上硬度的各种矿石和岩石。圆锥破碎机具有碎石力大、生产效率高、处理量高、运作成本低、调整方便、使用经济、碎石产品粒度均匀等优点。

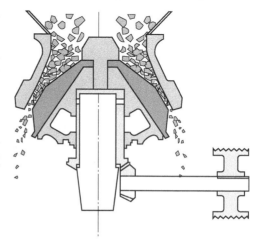

图 2-4　圆锥破碎机作用过程图

三、锤式破碎机

锤式破碎机的工作部分,主要是由锤头、破碎板和转子组成。其组成结构,如图 2-5 所示。锤式破碎机工作时,在转子高速旋转过程中,利用转子上的锤头将石料击碎,其工作特点也是连续的。它主要用于对各种矿石与大块物料进行中碎和细碎加工。

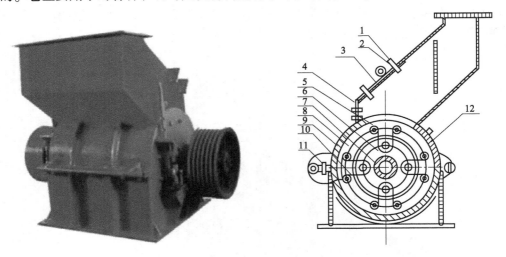

图 2-5　锤式破碎机外部及结构示意图

1-六角螺母;2-六角螺栓;3-大平板;4-小平板;5-穿销轴;6-甩盘;7-射套;8-弯护板;9-后方护板;10-击锤;11-筛板;12-前方护板

锤式破碎机的工作原理是石料受到高速回转的锤头的冲击而破碎,破碎了的石料高速冲向架体内挡板、筛条,与此同时,物料相互撞击,遭到多次破碎,小于筛条之间隙的物料,从间隙中排出;个别较大的物料,在筛条上再次经锤头的冲击、研磨、挤压而破碎,最后物料被锤头从间隙中挤出。锤式破碎机的内部结构图,如图 2-6 所示。

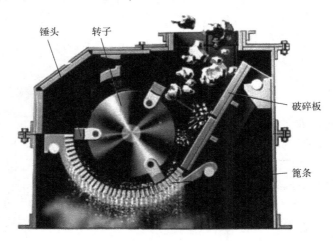

图 2-6　锤式破碎机内部结构图

锤式破碎机的优点是结构简单,破碎比大,生产效率高,可作干、湿两种形式破碎。其缺点主要是对锤体磨耗大,生产出的成品石料的针片状含量较大。

四、反击式破碎机

反击式破碎机的外部形式,如图 2-7 所示。反击式破碎机的主要工作部分是反击板和转子,如图 2-8 所示。

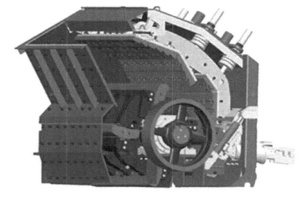

图 2-7　反击式破碎机外部图　　　　　　　　图 2-8　反击式破碎内部作用图

在反击式破碎机中,石料受到高速旋转的转子的作用,获得较大的速度,撞击到反击板而被击碎。因此,反击式破碎机的工作特点是连续性的,主要用于集料的粗碎、中碎和细碎,通过冲击能来破碎石料,对石料进行二次加工,即"二破、三破"。

反击式破碎机的工作原理是转子在高速旋转,物料进入板锤作用区时,与转子上的板锤撞击破碎,后被抛向反击装置再次被破碎,然后又从反击衬板上弹回板锤作用区重新破碎,此过程重复进行直到物料被破碎至所需粒度,由出料口排出。

对于反击式破碎机,可以通过调整反击架与转子之间的间隙来改变集料出料粒度和集料形状。

反击式破碎机的主要型号有:PF1010、PF1210、PF1214、PF1315 等,其中 PF1315 表示反击式破碎机的转子大小是 1 300mm × 1 500mm。

第二节　集料筛分设备

一、概述

从采石场开采出来的或经过破碎的石料,是以各种大小不同的颗粒混合在一起的。在使用石料前,需要将其分成粒度相近的几种级别。石料通过筛面的筛孔分级称为筛分。

二、筛分机的分类

筛分机按其作用特性可分为固定筛和活动筛两种。

1. 固定筛

固定筛在使用时安装成一定的倾角,使石料在其自身重力的垂直分力作用下,克服筛面的摩擦阻力,并在筛面上移动分级。固定筛主要用于预先的粗筛,在石料进入破碎机或下级筛分机前筛出超粒径的大石料。

2.活动筛

活动筛按传动方式的不同又分为圆筒旋转筛和振动筛等。振动筛又可按工作部分运动特性分为偏心半振动筛、惯性振动筛、共振筛等。

振动筛是依靠机械或电磁的方法使筛面发生振动的筛分机械。按照振动筛的工作原理和结构不同,振动筛可分为偏心振动筛、惯性振动筛和电磁振动筛三种。

偏心振动筛又称为半振动筛,它是靠偏心轴的转动使筛箱产生振动的。惯性振动筛是靠固定在其中部的带偏心块的惯性振动器驱动而使筛箱产生振动的。电磁振动筛主要通过电磁激振器或振动电机来完成筛网的振动。

不同振动筛的区别主要表现在筛网倾角、筛网面积、筛网层数的不同。常见的振动筛分机,如图 2-9 所示。

三、筛分作业

利用筛子将不同粒径的混合物按粒度大小进行分级的作业称为筛分作业。根据筛分作业在碎石生产中的作用不同,筛分作业可有以下两种工作类型。

1.辅助筛分

辅助筛分在整个生产中起到辅助破碎的作用。通常有两种形式:第一种是预先筛分形式,即在石料进入破碎机之前,把细小的颗粒分离出来,使其不经过这一段的破碎,而直接进入下一道加工工序。第二种是检查筛分形式,这种形式通常设在破碎作业之后,对破碎产品进行筛分检查,把合格的产品及时分离出来,把不合格的产品再进行破碎加工或将其废弃。检查筛分有时也用于粗碎之前,阻止太大的石块进入破碎机,以保证破碎生产的顺利进行。

2.选择筛分

碎石生产中的选择筛分主要用于对产品按粒度进行分级。选择筛分,一般设置在破碎作业之后,也可用于除去杂质的作业,如石料的脱泥、脱水等。

选择筛分的作业顺序有以下两种:

(1)由粗到细筛分。这种筛分顺序可将筛面按粗细重叠,筛子结构紧凑。同时,筛孔尺寸大的筛面布置在上面,不易磨损。其缺点是最细的颗粒必须穿过所有的筛面,增加了在粗级产品中夹杂细颗粒的机会。

(2)由细到粗筛分。这种筛分顺序将筛面并列排布,便于出料,并能减少细料夹杂。但是,采用这种筛分顺序时,机械的结构尺寸较大,并且由于所有的物料都先通过细孔筛面,加快了细孔筛的破损。

现代筛分工艺中,大都采用由粗到细的筛分顺序。

四、筛面构造

筛面是筛分机械的基本组成部分,其上有许多一定形状和一定尺寸的筛孔。常用的筛面是由直径为 3～16mm 的钢丝或钢筋编成或焊成。筛孔的形状呈方形、矩形或长方形。

振动方孔筛的主要型号有 1854、2160、2466 等,其中 1854 表示筛面规格为 1 800mm × 5 400mm。方孔筛的优点是开孔率高、质量轻、制造方便;缺点是使用寿命较短。通常,为了提高方孔筛的使用寿命,钢丝的材料应采用弹簧钢或不锈钢,如图 2-10 所示。

图 2-9 振动筛分机

图 2-10 筛面

五、集料分级

破碎的石料应具有良好的级配要求,以满足设计要求的配合比。生产石料时,要根据设计的级配范围来确定所需石料的规格加以生产。《公路沥青路面施工技术规范》(JTG F40—2004)对生产和使用过程中粗集料、机制砂和石屑的粒径规格作了规定,以便于对集料进行分级,如表 2-1 和表 2-2 所示。

沥青混合料用粗集料规格 表 2-1

规格名称	公称粒径(mm)	通过下列筛孔(mm)的质量百分率(%)												
		106	75	63	53	37.5	31.5	26.5	19.0	13.2	9.5	4.75	2.36	0.6
S1	40~75	100	90~100	—	—	0~15	—	0~5						
S2	40~60		100	90~100	—	0~15	—	0~5						
S3	30~60		100	90~100	—	—	0~15	—	0~5					
S4	25~50			100	90~100	—	—	0~15	—	0~5				
S5	20~40				100	90~100	—	—	0~15	—	0~5			
S6	15~30					100	90~100	—	—	0~15	—	0~5		
S7	10~30					100	90~100	—	—	0~15	0~5			
S8	10~25						100	90~100	—	0~15	—	0~5		
S9	10~20							100	90~100	—	0~15	0~5		
S10	10~15								100	90~100	0~15	0~5		
S11	5~15								100	90~100	40~70	0~15	0~5	
S12	5~10									100	90~100	0~15	0~5	
S13	3~10									100	90~100	40~70	0~20	0~5
S14	3~5										100	90~100	0~15	0~3

沥青混合料用机制砂或石屑规格 表 2-2

规格	公称粒径(mm)	水洗法通过各筛孔(mm)的质量百分率(%)							
		9.5	4.75	2.36	1.18	0.6	0.3	0.15	0.075
S15	0~5	100	90~100	60~90	40~75	20~55	7~40	2~20	0~10
S16	0~3	—	100	80~100	50~80	25~60	8~45	0~25	0~15

六、筛分工艺

在集料加工过程中,进入喂料机的是岩口开炸出的片石或块石,块石粒径不宜小于 10cm,

其中可能含有一定量的泥土,在颚式破碎机和圆锥破碎机之间加入筛孔为50mm的振动筛,将绝大多数的泥土及杂质筛除,使进入圆锥破碎机的块石洁净。将储料仓装在颚式破碎机和圆锥破碎机、圆锥破碎机和反击式破碎机之间,当生产流程后段发生机械故障时,前段仍可继续生产,可提高集料产量,也能保证供应给碎石机的石料均衡,成品料颗粒形状、级配稳定。

在圆锥破碎机和储料仓间安装振筛机,对从圆锥破碎机破碎出来的碎石进行筛分,选30~50mm的碎石进入反击式破碎机进行破碎。若碎石规格过大,会降低反击式破碎机的生产效率;若过小,会使集料不经过反击式破碎机而直接进入,导致31.5mm以下颗粒含量过多,集料针片状颗粒含量增大。

图2-11 振动筛分料图

集料振动筛的规格可根据需要选择,实践经验表明,采用3mm、6mm、11mm、16mm、22mm和29mm筛孔组成的套筛对集料进行振动筛分,获得的集料与沥青混合料生产所需不同规格集料有较好的相关性,可使集料利用率大大提高。

施工现场的整个振动筛分料情况,如图2-11所示。

第三节　集料的生产工艺

一、集料生产的流程

集料的生产,主要由(料仓)给料机经过初级破碎、次级破碎、筛分,最后形成成品。具体生产流程,如图2-12所示。

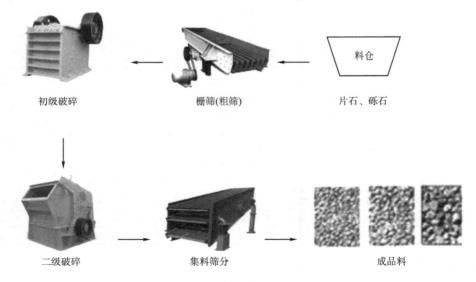

初级破碎　　　　　　　栅筛(粗筛)　　　　　　　片石、砾石

二级破碎　　　　　　　集料筛分　　　　　　　成品料

图2-12 集料生产流程图

二、集料的生产

1. 石料粗筛（栅筛）

石料的粗筛是在石料破碎前进行的，是石料的第一级筛分。通常利用栅筛来筛除石料中含有的杂质（筛去石料中的 50～80mm 的细料）。栅筛是指设置在振动喂料机之前，通过结构本身的高频振动，对进入头破的泥土、细粉料、杂质等进行筛选、过滤，减少粉尘含量和泥块杂质。常用栅筛的间距为 80～100mm，长度为 100～150cm。

2. 石料的一级破碎——粗碎

石料的一级破碎，通常采用颚式破碎机先进行粗碎。破碎的结果是石料达到可由其他破碎机加工的尺寸。

3. 第二次筛分

经过粗碎的石料颗粒，要进行第二次筛分，筛去 0～5mm 的粒料。这是因为小于 5mm 的石屑属于比较软弱的石料，且其中还夹带一定数量的杂质，易对集料的使用产生不利影响。因此，需布置合理的筛网顺序，将其剔除。

4. 石料的二级破碎——细碎

石料的二级破碎是石料生产的关键环节。由调速振动喂料机（或调速带式给料机）供料至二级破碎。调速喂料机可根据不同产品要求，调节材料的供应量。一般情况下，二级破碎常采用反击式破碎机。破碎机在挤满给料条件下，使连续粒级给料颗粒之间空隙率最小，从而使破碎得到具有更好形状的颗粒。

从表面粗糙度和集料的棱角量方面比较，锤式、反击式破碎机破碎出的石料形状过圆且表面光滑。在沥青道面中，圆形且表面光滑的沥青混合料因碾压后相互嵌挤锁结，具有较小的内摩阻力且抗剪强度较小；对面层而言，圆形石料棱角少，抗滑性较差。采用层压破碎机理的圆锥式破碎机细碎出的集料符合道面面层用集料的要求。

5. 第三次筛分

石料的第三次筛分主要是利用振动筛分机筛分出各种规格集料，将超粒径石料返回二级破碎，再进行加工处理。二级破碎、三级筛分是集料加工中常用的石料作业方法。

通常情况下，经过上面的三次筛分和二次破碎，所得到的成品石料能够满足使用的要求。对于仍然存在的超级粒径和对石料加工要求高的工程可能要进行三级破碎，即重复上述过程，直到满足要求。

集料生产中，在反击式破碎和振筛机皮带出口处安装除尘设备，可获得洁净的集料，减少碎石生产厂的污染。振动筛机筛分后，使大于规定尺寸的集料再进入反击式破碎机中破碎，直到满足要求的尺寸为止。二级或三级破碎后的集料需用振动筛进行筛分，对不同规格的集料分别储存，对堆放集料的地面应作硬化处理，设置防雨棚，减少污染和雨淋。施工现场三级破碎工艺图，如图 2-13 所示。

三、集料的生产控制技术

集料的生产控制，在整个集料的生产和使用过程中起着至关重要的作用，主要通过以下三个方面进行。

1. 料场的选择

料场,一般选择在距离施工场地不远、岩石的工程性质较好且地形较为平坦的地区。工程上常用的几种集料的岩石为石灰岩、玄武岩、辉绿岩、安山岩、花岗岩、砂岩。

应选择专业的爆破人员进行碎石的采集,碎石场要有专人看管。采集的碎石处理要遵循以下原则:①分区堆放;②清除杂质;③防止淋雨。

图 2-13   三级破碎工艺图

2. 设备的选择

根据工程的需要,选择合适的碎石破碎设备。在几种不同型号破碎设备联合使用时,注意破碎机使用的先后顺序,防止因设备的使用不当而造成机械的损坏和碎石质量的下降。破碎机在进行破碎时,要根据石料颗粒的大小和料斗的容积来选择碎石的数量。严格控制破碎机转子的转速,保证破碎出碎石的质量。

在进行筛分作业时,一般采用振动筛分机。根据集料的级配要求,选择合适的筛孔尺寸进行组合。筛分过程中要严格控制振动筛分机的振动频率、筛面倾角、筛面的大小、筛网的次序,从而提高筛分质量。

3. 工艺及其他

(1)料场的规划

料场应规划合理,不同粒径集料场地要划分明确,集料堆放整齐,防止出现"串料"现象。集料堆积覆盖要求对成品粗集料应配备相应面积的覆盖布(宜采用质量良好、使用寿命较长的篷布)。

各规格材料应用隔墙或料槽分隔开,整齐堆放在坚硬、清洁的场地,隔墙高度不小于1.5m;料场应有良好的排水结构,保证雨水不滞留在堆放场地;细料应在已硬化的场地上采用罩棚或苫盖措施,防止因雨淋造成的含水率变化不稳定现象;料堆应设置标示牌,标明石料规格、种类、产地、收料人等内容;场区内无不合格材料,无多余或杂乱无章的堆积物。

(2)除尘

料场的杂质主要是灰尘。工程上常采用的除尘方式有:布袋式除尘、旋风式除尘、静电式除尘、水洗法除尘。四种除尘方式的除尘设备,如图 2-14 ~ 图 2-17 所示。

　　除尘设备的主要作用是减少集料成品料中的粉尘含量。粉尘主要是指小于 0.075mm 部分。不同的施工项目,根据对施工质量的不同控制应采用不同的除尘设备,来提高生产集料的质量。通常情况下,在集料加工中常采用旋风式除尘工艺,既能解决碎石生产场地的扬尘问题,又可解决细集料中 0.075mm 的通过率问题。旋风式除尘工艺是在碎石生产设备及振动筛上安装引风管,在调试生产中及时调整风速,检查 0.075mm 细集料的通过率,调整风速直到 0.075mm 细集料通过率满足规范要求为止。通过旋风式除尘工艺生产的细集料级配良好,可配制出性能优良的沥青混合料。

图 2-14　布袋式除尘设备

图 2-15　旋风式除尘设备

图 2-16　静电式除尘设备

图 2-17　水洗法除尘设备

第三章 基 层 施 工

第一节 机场道面基层技术要求

一、道面基层作用

机场道面基层是指设在道面面层以下,主要承受由面层传递下来的飞机荷载,并将荷载分布到垫层或土基上的结构层。通常情况下,当采用不同材料分层修筑基层时,称最下层为底基层。

机场道面基层主要有以下作用:

(1)提高道面结构承载力,改善面层的受力条件。

(2)改善土基的受力状态,延缓土基的累积塑性变形,从而使面层获得均匀、稳定的支承,保证道面的使用寿命。

(3)缓和水及温度变化对土基的影响,通过设置基层可以减小机轮荷载对土基的压力,隔断或减轻水对土基的作用,改善道面的水及温度状况,控制和抵抗土基不均匀冻胀的不利影响。

(4)为铺筑面层提供平整、坚固的作业面,从而改善施工条件。

二、基层的技术要求

基层、底基层,应具有足够的刚度和稳定性,在冰冻地区还应具有良好的抗冻性。

基层、底基层,应根据飞行区指标、当地建筑材料及气候条件、施工工艺等选择合理的材料。基层宜采用水泥、石灰、粉煤灰等稳定粒料类半刚性基层,或碾压水泥混凝土、沥青碎石等。底基层宜选用水泥或石灰粉煤灰或石灰稳定各类粒料或土类半刚性层、级配碎石等。

《民用机场水泥混凝土道面设计规范》(MH/T 5004—2010)中规定:飞行区指标Ⅱ为 A、B 时,基层厚度不应小于 150mm;飞行区指标Ⅱ为 C、D、E、F 时,基层总厚度不宜小于 300mm。厚度大于或等于 300mm 的基层,可分为两层或两层以上。

《民用机场沥青混凝土道面设计规范》(MH 5010—1999)规定的基层、底基层各种材料的技术要求如表 3-1 所示。

基层、底基层材料技术要求 表 3-1

层 位	材 料 组 成	技 术 要 求
基层	沥青碎石	击实 50 次的马歇尔稳定度≥5kN
	碾压水泥混凝土	7d 饱水无侧限抗压强度≥15MPa
	水泥稳定粒料类	7d 饱水无侧限抗压强度≥4.0MPa
	石灰粉煤灰稳定粒料类	7d 饱水无侧限抗压强度≥1.2MPa

层　位	材料组成	技术要求
底基层	水泥稳定类	7d 饱水无侧限抗压强度≥2.0MPa
	石灰粉煤灰稳定类	7d 饱水无侧限抗压强度≥0.8MPa
	石灰稳定类	7d 饱水无侧限抗压强度≥0.8MPa
	级配碎石、砾石	CBR≥80%,通过0.4mm筛孔部分的塑性指数<4
	天然砂砾石	CBR≥80%,通过0.4mm筛孔部分的塑性指数<6

三、道面基层分类

1. 按材料组成分类

道面基层按照材料组成可分为粒料类、无机结合料稳定类和有机结合料稳定类。

粒料类基层,主要包括级配碎石、级配砾石基层等,其整体强度取决于颗粒之间的嵌锁和摩阻作用。

在经过粉碎的或原状松散的土中,掺入适量的无机结合料(包括水泥、石灰或工业废渣等)和水,经拌和得到的混合料再经压实和养生后,其抗压强度符合规定的要求的材料,以此修筑的基层称为无机结合料稳定类基层。无机结合料稳定类材料,具有稳定性好、抗冻性好、结构自成板体等特点,广泛用于修筑基层和底基层,主要包括水泥稳定类、石灰稳定类和石灰工业废渣类等材料。

有机结合料稳定类基层主要指以沥青为胶结材料,由粗集料、细集料、沥青或外加剂形成的一种复合材料修筑的基层,如沥青稳定碎石基层(ATB)等。

2. 按受力特性分类

道面基层按照材料受力特性可分为刚性基层、半刚性基层和柔性基层三类。

(1)刚性基层

刚性基层总体刚度大,抗弯拉强度高,具有较高的弹性模量,呈现出较大的刚度。在荷载作用下,基层处于板体工作状态,竖向弯沉小,主要依靠抗弯拉强度承受荷载。因为结构本身刚度大,抗弯拉强度高,所以土基承受的单位压力较小。常见的刚性基层包括贫混凝土基层、碾压混凝土基层、水泥混凝土基层及连续配筋水泥混凝土基层等。

(2)半刚性基层

半刚性基层前期一般具有柔性基层的性质,强度和刚度随时间推移均有较大幅度增长,但是最终强度和刚度仍远小于刚性基层。因此这种基层被称为半刚性基层。常见的半刚性基层包括水泥稳定粒料基层、石灰稳定类基层和石灰工业废渣类基层等。

研究和工程实践表明,集料在混合料中的分布状态与材料性能有密切关系。半刚性基层按其混合料结构状态分为骨架密实型、骨架空隙型、悬浮密实型和均匀密实型四种结构类型。均匀密实型主要指无机结合料稳定细粒土,如石灰土、水泥土、二灰土等。

划分悬浮密实、骨架密实和骨架空隙三种类型时,首先应明确混合料中粗集料与细集料的分界尺寸。从强度、变形及稳定性方面而言,以筛孔尺寸为4.75mm作为粗、细集料的分界尺寸比较合理。判断这三种结构类型,主要是根据粗集料经压实后,粗颗粒间空隙体积与压实后起填充作用的细料体积之间的关系。悬浮密实型混合料中细料的压实体积大于粗集料形成的空隙体积,即粗集料在压实混合料中处于"悬浮状态";骨架密实型混合料中细料的压实体积应"临界"于粗集料形成的空隙体积,粗集料在压实混合料中有一定的"骨架作用";骨架空隙型混合料中细料的压实体积小于粗集料形成的空隙体积,压实混合料中形成"骨架"的粗集料之间存在一定的空隙,如图3-1所示。

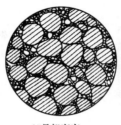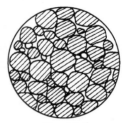

a)悬浮密实　　　　　　　　b)骨架密实　　　　　　　　c)骨架空隙

图3-1　半刚性基层混合料结构状态

大量室内试验表明:①在水泥用量、养生条件相同时,骨架密实型水泥稳定碎石的抗压强度、抗压回弹模量略大于悬浮密实型,而骨架空隙型最小;②劈裂强度、抗折强度和抗折回弹模量的规律为悬浮密实型水泥稳定碎石最大,骨架密实型次之,骨架空隙型最小;③在 +55 ～ −15℃范围内,骨架密实型水泥稳定碎石的平均温缩系数、平均干缩系数小于悬浮密实型水泥稳定碎石,骨架空隙型水泥稳定碎石的两种收缩系数最小;④当强度相当时,抗冲刷能力的排序为骨架空隙型水泥稳定碎石好于骨架密实型,悬浮密实型最差。

(3)柔性基层

柔性基层总体刚度较小,在荷载作用下会产生较大的竖向弯沉。因为其结构本身的抗弯拉强度较低,所以土基承受较大的单位压力。此类基层主要依靠抗压强度和抗剪强度承受荷载作用。常见的柔性基层,包括有机结合料稳定类(沥青碎石、沥青贯入式等)和粒料类(级配碎石、级配砾石等)。

第二节　水泥稳定类基层

一、概述

在经过粉碎的或原状松散的土(包括各种粗、中和细粒土)中,掺入适量的水泥和水,按照技术要求经拌和、摊铺,在最佳含水率时压实及养护成型,其抗压强度符合规定要求,以此修筑的基层称为水泥稳定类基层。

水泥稳定类基层,具有良好的整体性、足够的力学强度、抗水性和耐冻性,其初期强度较高,且随龄期增长而增长,广泛应用于机场跑道、滑行道、联络道、停机坪的基层和底基层。

二、强度形成原理

使用水泥稳定土的过程中,水泥、土和水之间发生多种复杂的物理化学作用,从而使土的性能发生明显的变化。

1.水泥水化作用

在水泥稳定土中,首先发生的是水泥自身的水化反应,从而产生具有胶结能力的水化产物,这是水泥稳定土强度的主要来源。其反应简式如下。

硅酸三钙: $2C_3S + 6H_2O \rightarrow C_3S_2H_3 + 3CH$

硅酸二钙: $2C_2S + 4H_2O \rightarrow C_3S_2H_3 + CH$

铝酸三钙: $C_3A + 6H_2O \rightarrow C_3AH_6$

铁铝酸四钙: $C_4AF + 7H_2O \rightarrow C_4AFH_7$

水泥水化生成的水化产物,在土的孔隙中相互交织搭接,将土颗粒包覆连接起来,使土逐渐丧失原有的塑性特征,并且随着水化产物的增加,混合料也逐渐坚固起来。

2. 离子交换作用

土中的黏土颗粒由于颗粒细小、比表面积大,因而具有较高的活性。当黏土颗粒与水接触时,黏土颗粒表面通常带有一定量的负电荷,在黏土颗粒周围形成了一个电场,这层带负电荷的离子就称为电位离子。带负电的黏土颗粒表面,吸引周围溶液中的正离子,如 K^+、Na^+ 等,而在颗粒表面形成双电层结构。这些与电位离子电荷相反的离子就称为反离子。

在硅酸盐水泥中,硅酸三钙和硅酸二钙占主要部分,其水化后所生成的 $Ca(OH)_2$ 所占比例较高,可达水化产物的 25%。大量的 $Ca(OH)_2$ 溶于水后,在土中形成一个富含 Ca^{2+} 的碱性溶液环境。当溶液中富含 Ca^{2+} 时,因为 Ca^{2+} 的电价高于 K^+、Na^+ 等离子,因此与电位离子的吸引力较强,从而取代 K^+、Na^+ 成为反离子,同时 Ca^{2+} 也因双电层电位的降低,速度加快。因而使电动电位减小、双电层的厚度减薄,使黏土颗粒之间的距离减小,相互靠拢,导致土的凝聚,从而改变土的塑性,使土具有一定的强度和稳定性。这种作用称为离子交换作用。

3. 化学激发作用

Ca^{2+} 的存在,不仅影响黏土颗粒表面双电层的结构,而且在这种碱性溶液环境下,土本身的化学性质也将发生变化。

土体矿物组成中含有大量的硅氧四面体和铝氧八面体。通常情况下,这些矿物具有比较高的稳定性,但当黏土颗粒周围介质的 pH 值增加到一定程度时,黏土矿物中的部分 SiO_2 和 Al_2O_3 的活性将被激发出来,与溶液中的 Ca^{2+} 反应生成新的矿物,主要是硅酸钙和铝酸钙系列,如 $4CaO \cdot 5SiO_2 \cdot 5H_2O$、$4CaO \cdot Al_2O_3 \cdot 19H_2O$、$3CaO \cdot Al_2O_3 \cdot 16H_2O$ 和 $CaO \cdot Al_2O_3 \cdot 10H_2O$ 等。这些矿物的组成和结构与水泥水化产物有很多类似之处,同样具有胶凝能力。生成的这些胶结物质包裹在黏土颗粒的表面,与水泥水化产物一起将黏土颗粒凝结成一个整体。因此 $Ca(OH)_2$ 对黏土矿物的激发作用进一步提高了水泥稳定土的强度和水稳定性。

4. 碳酸化作用

水泥水化生成的 $Ca(OH)_2$ 除了可与黏土矿物发生化学反应外,还可以进一步与空气中的 CO_2 发生碳化反应并生成碳酸钙结晶。其反应如下:

$$Ca(OH)_2 + CO_2 + nH_2O = CaCO_3 + (n+1)H_2O$$

碳酸钙生成过程中产生体积膨胀,也可以对土的基体起到填充和加固作用;只是这种作用相对比较弱,并且反应过程缓慢。

三、影响强度的因素

1. 土质

土的类别和性质是影响水泥稳定土强度的重要因素,各类砂砾土、砂土、粉土和黏性土均可用水泥稳定,但稳定效果不同。试验和生产实践证明:用水泥稳定级配良好的碎(砾)石和砂砾效果最好,不但强度高,而且水泥用量少;其次是砂性土,再次是粉性土和黏性土。重黏土难于粉碎和拌和,不宜单独用水泥稳定,因此一般要求土的塑性指数不大于17。

2. 水泥的成分和剂量

各类水泥均可用于稳定土。但试验研究证明,水泥的矿物成分和分散度对其稳定效果有明显影响。在水泥硬化条件类似、矿物成分相同时,随着水泥分散度的增加,其活性和硬化能力也有所增大,水泥土的强度也大大提高。水泥稳定土的强度随水泥剂量的增加而增长,但是过多的水泥用量,虽能增加强度,但在经济上却不一定合理,效果上不一定显著,而且会由于刚性过大容易开裂。

3. 含水率

含水率对水泥稳定土强度影响很大。当含水率不足时,水泥不能在混合料中完全水化和水解,不能发挥水泥对土的稳定作用,影响强度的形成。同时,含水率小,达不到最佳含水率,也影响水泥稳定土的压实度。因此,使含水率达到最佳含水率的同时,还应满足水泥完全水化和水解作用的需要。

水泥正常水化所需水量约为水泥重量的20%,对于砂性土,完全水化达到最高强度的含水率较最佳密度的含水率略小,黏性土反之。

4. 施工工艺及养护条件

水泥、土和水拌和均匀,且在最佳含水率下充分压实,使之干密度最大,其强度和稳定性较高。水泥土从开始加水拌和到完成压实的延续时间应尽可能短,一般在6h以内。若时间过长,则水泥凝结,碾压时不但达不到压实度要求,而且也会破坏已结硬水泥的胶凝作用,反而会使水泥稳定土的强度下降。当水泥终凝时间达不到规定要求时,可以使用一定剂量的缓凝剂,缓凝剂的品种和用量应根据试验确定。

水泥稳定土需湿法养生,以满足水泥水化形成强度的要求。养生温度愈高,强度增长的愈快。因此,要保证水泥稳定土养生的温度和湿度条件。

四、材料要求

1. 水泥

(1)普通硅酸盐水泥、矿渣硅酸盐水泥和火山灰质硅酸盐水泥,均可用于水泥稳定土。

(2)水泥强度等级宜采用32.5,不应使用快硬水泥及早强水泥,宜选用初凝时间在3h以上和终凝时间在6h以上的水泥。

(3)禁止使用已受潮变质的水泥。

(4)使用水泥稳定中粒土和粗粒土时,水泥剂量不宜超过6%。

2. 水

各类饮用水均可用于水泥稳定土施工,如遇可疑水源应进行试验鉴定。

3. 土(集料)

(1)凡能被粉碎的土都可用水泥稳定。宜做水泥稳定类基层的材料有:石渣、石屑、砂砾、碎石土和砾石土等。

(2)按照《民用机场飞行区土(石)方与道面基础施工技术规范》(MH 5014—2002)规定:

水泥稳定类材料做底基层,最大粒径不应大于 37.5mm,其颗粒组成应符合表 3-2 规定的级配范围。宜选用均匀系数大于 10、塑性指数小于 12 的土。

(3)水泥稳定类材料做上基层时,最大粒径不应超过 31.5mm,其颗粒组成应符合表 3-2 规定的级配范围。

水泥稳定类材料的颗粒组成范围 表 3-2

项目	通过质量百分率（%）部位	底基层	基层
筛分尺寸（mm）	37.5	100	
	31.5	90~100	100
	26.5		90~100
	19	67~90	72~89
	9.5	45~68	47~67
	4.75	29~50	29~49
	2.36	18~38	17~35
	0.6	8~22	8~22
	0.075	0~7	0~7
液限（%）		—	<28
塑性指数		<12	<9

注:集料中 0.5mm 以下细粒土有塑性指数时,小于 0.075mm 颗粒含量不应超过 5%;细粒土无塑性指数时,小于 0.075mm 颗粒含量不应超过 7%。

(4)水泥稳定碎石或砾石的压碎值应不大于 30%。

《公路沥青路面设计规范》(JTG D50—2006)规定,悬浮密实型水泥稳定类基层集料的最大粒径不应大于 31.5mm,底基层集料的最大粒径不应大于 37.5mm,集料级配范围宜符合表 3-3 的要求;骨架密实型水泥稳定类基层集料的最大粒径不应大于 31.5mm,集料级配范围宜符合表 3-4 的要求。

悬浮密实型水泥稳定类集料级配 表 3-3

层位	通过下列方孔筛（mm）的质量百分率（%）							
	37.5	31.5	19	9.5	4.75	2.36	0.6	0.075
基层		100	90~100	60~80	29~49	15~32	6~20	0~5
底基层	100	93~100	75~90	50~70	29~50	15~35	6~20	0~5

骨架密实型水泥稳定类集料级配 表 3-4

层位	通过下列方孔筛（mm）的质量百分率（%）						
	31.5	19	9.5	4.75	2.36	0.6	0.075
基层	100	68~86	38~58	22~32	16~28	8~15	0~3

五、混合料组成设计

1.强度和压实度标准

当铺筑水泥混凝土道面基层时,水泥稳定土 7d 浸水抗压强度和基层压实度应符合《民用机场水泥混凝土道面设计规范》(MH/T 5004—2010)的规定,见表3-5和表3-6。

基层7d浸水抗压强度　　　　　　　　　　　　　表3-5

层　次	飞行区指标Ⅱ	基 层 材 料	技 术 要 求
上基层	A、B、C、D	水泥稳定粒料	7d浸水抗压强度不小于3MPa
	E、F	水泥稳定粒料	7d浸水抗压强度不小于4MPa
下基层	C、D	水泥稳定粒料	7d浸水抗压强度不小于2MPa
	E、F	水泥稳定粒料	7d浸水抗压强度不小于2.5MPa

注:基层的周边应比混凝土板的边缘宽出不小于500mm。

基层材料混合料压实标准要求　　　　　　　　　　表3-6

材 料 类 别	压实度(%)	
	飞行区指标Ⅱ	
	A、B	C、D、E、F
级配碎、砾石	96	98
未筛分碎石、天然砾石	96	98
水泥或石灰稳定细粒土	93	96
石灰、粉煤灰稳定细粒土	93	96
石灰稳定中、粗粒土(含石灰稳定、碎石土)	96	98
水泥稳定中、粗粒土(含水泥稳定碎石、碎石土、石渣、石屑、砂砾、砂砾土)	96	98
石灰、粉煤灰稳定中、粗粒土	96	98
水泥、石灰、粉煤灰稳定中、粗粒土	96	98

注:1.表中压实度系数是按《公路土工试验规程》(JTG E40—2007)中重型击实试验法求得的最大干密度的百分数。

　2.下基层压实度可低于表中规定值1%。

当铺筑沥青道面基层时,基层、底基层的各种材料强度和压实度应符合《民用机场沥青混凝土道面设计规范》(MH 5010—1999)中的规定,见表3-7和表3-8。

基层、底基层材料技术要求　　　　　　　　　　表3-7

层　位	材料组成	技 术 要 求
基层	水泥稳定粒料类	7d饱水无侧限抗压强度≥4.0MPa
底基层	水泥稳定类	7d饱水无侧限抗压强度≥2.0MPa

基层、底基层材料的压实要求　　　　　　　　　　表3-8

材 料 类 别	压实度(不小于,%)	
	基层	底基层
水泥稳定中、粗粒料类	98	97
水泥稳定细粒料类	—	96

注:表中压实度是按《公路土工试验规程》(JTG E40—2007)中重型击实试验法求得的最大干密度的百分数。

　2.设计步骤

　(1)原材料质量应符合相关技术规范要求,混合料的级配应符合表3-2的规定。

（2）制备同一种土样、不同水泥剂量的混合料，一般按以下水泥剂量配置。

①做基层时

中粒土和粗粒土：3.0%，3.5%，4.0%，4.5%，5.0%。

塑性指数小于 12 的土：5%，7%，8%，9%，11%。

其他细粒土：8%，10%，12%，14%，16%。

②做底基层时

中粒土和粗粒土：3.0%，3.5%，4.0%，4.5%，5.0%。

塑性指数小于 12 的土：4%，5%，6%，7%，8%。

其他细粒土：6%，8%，9%，10%，12%。

（3）通过击实或振动成型试验，确定各种混合料的最佳含水率和最大干（压实）密度。

（4）按规定达到的密实度分别计算不同水泥剂量的试件应有的干密度，即

试件的干密度 = 击实试验所得最大干密度 × 现场要求密实度

（5）按最佳含水率和计算所得干密度制备强度试验的试件。试件在规定养生温度下保湿养生 6d、浸水 24h 后，进行无侧限抗压强度试验。计算试验结果的平均值和偏差系数，偏差系数范围为 10% ~ 15%；若大于此值，应重做试验。根据达到要求的强度标准选择水泥用量，在此剂量下，试件室内试验结果的平均抗压强度 $\overline{R}$ 应符合式（3-1）的要求：

$$\overline{R} \geqslant \frac{R_d}{1 - Z_a C_v} \tag{3-1}$$

式中：R_d——设计抗压强度；

C_v——试验结果的偏差系数（以小数计）；

Z_a——标准正态分布表中随保证率（或置信度 a）而变的系数，取保证率 95%，即 Z_a = 1.645。

具体试验方法与过程依据《公路工程无机结合料稳定材料试验规程》（JTG E51—2009）的相关规定执行。

考虑施工质量的变异性，工地实际采用的水泥剂量应比室内试验确定的剂量多 0.5%。

六、水泥稳定粒料施工

1. 一般施工过程

（1）混合料拌和

①厂拌设备

水泥稳定粒料厂拌设备是专门用于拌制各种以水硬性材料为结合剂的稳定混合料的搅拌机组，见图 3-2。混合料的拌制是在固定场地集中进行，具有材料级配准确、拌和均匀、节省材料、便于计算机自动控制等优点，广泛应用于机场和道路的水泥稳定粒料的生产。

水泥稳定粒料厂拌设备，一般由配料机组、集料输送机构、结合料配给系统、搅拌器、供水系统、成品料仓、操纵控制系统等组成，其结构组成见图 3-3。其基本工作原理为：通过装载机将各种选定的物料分别装入配料斗，经带式给料机计量后送至带式集料机；同时，粉料仓中的稳定剂（水泥、石灰等）粉料由螺旋输送机输入计量料斗，经粉料给料机计量后送至带式集料机；上述材料由集料机送至搅拌机。在搅拌机物料口处的上方设有液体喷头，根据各种物料的

含水率情况,由供水系统喷洒适量的水拌和。拌和后的混合料经带式上料机送至混合料存仓暂时储存。存仓底部的液压控制斗门开启时,将混合料卸入自卸车,运往施工现场。

图 3-2　水泥稳定土搅拌站

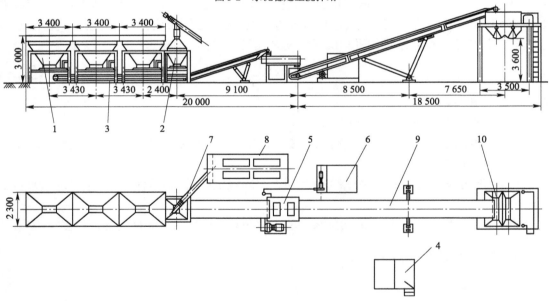

图 3-3　稳定土厂拌设备结构组成(尺寸单位:mm)

1-料斗;2-粉料配料机;3-配料机;4-电气控制柜;5-搅拌机;6-供水系统;7-螺旋输送机;8-粉料仓;9-成品料皮带机;10-成品料储仓

②混合料拌和要求

a. 在正式拌制混合料之前,应先调试所有设备,使混合料的颗粒组成和含水率达到规定的要求。

b. 土块最大尺寸不得大于 15mm。

c. 拌和混合料的用水量应根据集料和混合料含水率的大小及时调整,含水率宜略大于最佳值,使混合料运到现场摊铺后碾压时的含水率不小于最佳值。

d. 严格控制混合料的拌和时间,保证混合料拌和均匀。

(2)混合料运输

①水泥稳定土混合料运输,宜采用自卸机动车,并以最短时间运到摊铺现场,运输的时间一般要限制在30min内。

②混合料从搅拌站运至摊铺现场时应保持水分,必要时应对运料车辆加盖,减少水分损失。

③运输道路路况应良好,避免运料车剧烈颠簸,致使混合料出现离析现象。

(3)混合料摊铺

①摊铺设备

《民用机场飞行区土(石)方与道面基础施工技术规范》(MH 5014—2002)规定,混合料摊铺,应采用履带式沥青混凝土摊铺机或稳定土摊铺机,见图3-4。混合料由自卸车直接从摊铺机前部倒入料斗,刮板输送机将混合料输送至摊铺室,螺旋布料器将混合料横向均匀摊开,自动找平系统保证摊铺机在工作过程中使摊铺面按照预定的形状和厚度成型,最后由熨平装置将混合料摊铺并进行初步压实。

图3-4　履带式沥青混合料摊铺机

②基本要求

a. 将混合料运到现场后,应采用摊铺机摊铺混合料,摊铺机宜连续摊铺。

b. 在摊铺机后面应设专人消除粗细集料离析现象,见图3-5。

图3-5　摊铺过程

c. 基础分两层施工时,在铺筑上层前应在下层顶面先洒水湿润。

d. 混合料每层摊铺厚度,应根据碾压机具体类型确定。用 12～15t 三轮压路机碾压时,每层的压实厚度不应超过 15cm;用 18～20t 三轮压路机和振动压路机碾压时,每层的压实厚度不应超过 20cm;采用能量大的振动压路机碾压时,经过试验可适当增加每层的压实厚度。当应分层铺筑时,每层最小压实厚度为 10cm。

e. 用摊铺机摊铺混合料时,不宜中断,如因故中断时间超过 2h,应设置横向接缝。设置横向接缝时,摊铺机应驶离混合料末端;人工将末端含水率合适的混合料修整整齐,紧靠混合料处放置与压实厚度相同的方木,整平紧靠方木处的混合料,方木另一侧应支撑牢固,以防碾压时将方木移动,用压路机将混合料碾压密实。在重新摊铺混合料之前,将固定物及方木移去,并将四周清理干净。摊铺机返回到已压实层的末端,重新开始摊铺下一段的混合料。

f. 宜采用多台摊铺机前后相距 5～8m 并排同步向前推进摊铺混合料,以减少纵向接缝数量。在纵向接缝处,必须垂直相接,严禁斜面搭接。纵缝的设置,在前一幅摊铺时,靠中央的一侧用方木或钢模板做支撑,支撑高度与稳定土层的压实厚度相同。养护结束后,在摊铺另一幅之前,拆除支撑。

(4)混合料碾压

①当混合料的含水率达到最佳含水率时,应立即用轻型两轮压路机并配合 12t 以上压路机在结构层全宽内进行碾压。碾压时应重叠 1/2 轮宽,后轮应超过两段的接缝处。后轮压完道面全宽时为 1 遍,一般需压 6～8 遍,直到达到要求的密实度为止。

②碾压过程中,水泥稳定土的表面应始终保持湿润,如水分蒸发过快,应及时补洒适量的水分。

③碾压过程中,如有"弹簧"、松散、起皮等现象,应采取有效措施处理,达到质量要求。

④压路机的碾压速度,前两遍以 1.5～1.7km/h 为宜,以后逐渐增加到 2.0～2.5km/h。

⑤为保证稳定土层表面不受损坏,严禁压路机在已完成的或正在碾压的地段上掉头或紧急制动。

⑥水泥稳定土施工时,严禁用薄层贴补法进行找平。

⑦水泥稳定土,应尽可能缩短从加水拌和至碾压终了的延迟时间,延迟时间不应超过 2h;宜在水泥初凝前并应在试验确定的延迟时间内完成碾压,达到要求的密实度;碾压结束之前,其纵横坡度应符合设计要求。

⑧水泥稳定粒料混合料的压实质量,应符合表 3-6、表 3-8 的规定。

2. 冬、雨季施工

(1)水泥稳定土结构层施工期的日最低气温应在 5℃ 以上。在冰冻地区,应在第一次重冰冻(−3～−5℃)到来之前半个月至一个月完成施工。

(2)水泥稳定土在雨季施工时,应注意天气变化,降雨时应停止施工,对已经摊铺的混合料应尽快碾压密实。

(3)雨季施工时,应采取措施保护水泥和集料,防止雨淋。

(4)应根据集料和混合料含水率的大小,及时调整搅拌时混合料的用水量。

3. 养护及交通管制

(1)水泥稳定土底基层分层施工时,如上层水泥稳定土采用中型振动压路机碾压,则下层水泥稳定土碾压完后,宜养护 7d 后再铺筑上层水泥稳定土。

（2）每一施工段碾压完成并经检查密实度合格后,应立即开始养护,基础养护期不应少于7d。

（3）养护宜采取湿法养护,如无纺布、麻布袋、纱等。在整个养护期间应保持潮湿状态,不应忽干忽湿。在干旱缺水地区也可采用不透水薄膜、乳化沥青养护,见图3-6。

图3-6 养护

（4）养护结束后,应将覆盖物清除干净。

（5）养护期间,应限制重型车辆在基层上行驶。

（6）养护期后,如临时在基层上开放交通作为通道时,应采取保护措施。

第三节 石灰稳定类基层

一、概述

在粉碎的土或原状松散的土(包括各种粗、中、细粒土)中,掺入适量的石灰和水,按照一定技术要求,经拌和在最佳含水率下摊铺、压实及养生,其抗压强度符合规定的要求的基层称为石灰稳定类基层。

石灰稳定土按照土中颗粒的粒径大小和组成不同,分为石灰稳定粗粒土、石灰稳定中粒土和石灰稳定细粒土。石灰稳定类材料强度相对较低,且遇水后表层软化、抗水冲刷能力差、干缩性和温缩性较大。

我国《民用机场飞行区土(石)方与道面基础施工技术规范》(MH 5014—2002)中规定:石灰稳定土只适用于机场飞行区道面工程的底基层,并只能使用石灰稳定粗粒土和石灰稳定中粒土。

二、强度形成原理

在土中掺入适量的石灰,并在最佳含水率下拌匀压实,使石灰与土发生一系列的物理、化学作用,从而使土的性质发生根本的变化。

1. 离子交换作用

土的微小颗粒具有一定的胶体性质,一般都带有负电荷,表面吸附着一定数量的钠、氢、钾等低价阳离子(Na^+、H^+、K^+)。石灰是一种强电解质,在土中加入石灰和水后,石灰在溶液中电离出来的钙离子(Ca^{2+})与土中的钠、钾离子发生离子交换作用,原来的钠(钾)土变成钙土;土颗粒表面所吸附的离子由一价变成二价,减少了土颗粒表面吸附水膜的厚度,使土粒相互之间更为接近,分子引力随之增加,许多单个土粒聚成小团粒,组成一个稳定结构。

2. 结晶作用

在石灰土中，只有一部分熟石灰 $Ca(OH)_2$ 进行离子交换作用，绝大部分饱和的 $Ca(OH)_2$ 自行结晶。熟石灰与水作用生成熟石灰结晶网格，其化学反应式为：

$$Ca(OH)_2 + nH_2O \rightarrow Ca(OH)_2 \cdot nH_2O$$

3. 火山灰作用

熟石灰中游离的 Ca^{2+} 与土中的活性氧化硅 SiO_2 和氧化铝 Al_2O_3 作用生成含水的硅酸钙和铝酸钙的化学反应就是火山灰作用，反应式为：

$$xCa(OH)_2 + SiO_2 + nH_2O \rightarrow xCaO \cdot SiO_2(n+1)H_2O$$

$$xCa(OH)_2 + Al_2O_3 + nH_2O \rightarrow xCaO \cdot Al_2O_3(n+1)H_2O$$

上述形成的熟石灰结晶网格和含水的硅酸钙和铝酸钙结晶都是胶凝物质，具有水硬性并能在固体和液体两相环境下发生硬化。这些胶凝物质在土微粒团外围形成一层稳定的保护膜，填充颗粒空隙，使颗粒间产生结合料，减少颗粒间的空隙和透水性，同时提高密实度。

火山灰作用是石灰土获得强度和水稳定性的基本原因，但是这种作用比较缓慢。

4. 碳酸化作用

土中的 $Ca(OH)_2$ 与空气中的二氧化碳作用，其化学反应式为：

$$Ca(OH)_2 + CO_2 \rightarrow CaCO_3 + H_2O$$

$CaCO_3$ 是坚硬的结晶体，它和其生成的复杂盐类把土粒胶结起来，从而提高了土的强度和整体性。

由于石灰与土发生了一系列的相互作用，从而使土的性质发生根本的改变。在初期，主要表现为土的结团、塑性降低、最佳含水率增加和最大密实度减小等，后期主要表现为结晶结构的形成，从而提高其板体性、强度和稳定性。

在石灰稳定集料中，粒状集料颗粒与石灰或石灰土构成一种复合材料，其强度主要取决于集料颗粒间的内摩阻力和嵌挤作用，经压实成型后，集料颗粒相互靠拢，相互嵌锁，形成骨架结构。石灰和细料起填充骨架空隙、包裹并黏结集料颗粒的作用。在石灰稳定集料中，由于石灰土的胶结能力比较弱，充分发挥集料的骨料嵌锁作用十分重要。

三、影响强度的因素

1. 土质

各种成因的土都可以用石灰来稳定，但生产实践表明：黏性土较好，其稳定的效果显著，强度也高。当采用高液限黏土时，施工不易粉碎；采用粉性土的石灰土早期强度较低，但后期强度也可满足要求；采用低液限土质时易拌和，但难以碾压成型，稳定的效果不显著。

采用的土质，既要考虑其强度，还要考虑到施工时易于粉碎、便于碾压成型。一般塑性指数在 15 ~ 20 之间的黏土较合适。塑性指数偏大的黏性土要加强粉碎；粉碎后，土中的土块不宜超过 15mm。经验证明，塑性指数小于 10 的土不宜用石灰稳定。对于硫酸盐类含量超过 0.8% 或腐殖质含量超过 10% 的土，对强度有显著影响，不宜直接采用。

2. 灰质

石灰应是消石灰粉或生石灰粉，质量应符合Ⅲ级以上的技术标准，并要尽量缩短石灰的存放时间。在同等石灰剂量下,质量好的石灰,稳定效果好。如采用质量差的石灰,为了满足石灰的技术要求(见表3-9),就得适当增加石灰剂量。

<h3 style="text-align:center">石 灰 技 术 标 准</h3>

表3-9

类别与指标 项 目	钙质生石灰			镁质生石灰			钙质消石灰			镁质消石灰		
	Ⅰ	Ⅱ	Ⅲ	Ⅰ	Ⅱ	Ⅲ	Ⅰ	Ⅱ	Ⅲ	Ⅰ	Ⅱ	Ⅲ
有效钙加氧化镁(%)	85	80	70	80	75	65	65	60	55	60	55	50
未消解残渣(%)*,≤	7	11	17	10	14	20						
含水率(%),≤							4	4	4	4	4	4
细度 0.71mm 筛余(%),≤							0	1	1	0	1	1
细度 0.125mm 累计筛余(%),≤							13	20		13	20	
钙镁石灰的分类,MgO(%)	≤5			>5			≤4			>4		

注:* 为4.75mm 孔筛的筛余。

石灰的细度越大,在相同剂量下与土粒的作用越充分,反应进行得越快,效果越好。直接使用磨细的生石灰粉可利用其在消解时放出的热能,促进石灰与土之间的物理化学反应,加速石灰土的硬化。

3. 石灰剂量

石灰剂量对石灰稳定土的强度影响显著,石灰剂量较低(小于4%)时,石灰主要起稳定作用,它可使土的塑性、膨胀性减小,使土的密实度、强度得到改善。随着石灰剂量的增加,土的强度和稳定性均提高;但剂量超过一定范围时,土的强度反而降低。生产实践中常用的最佳剂量范围,对于黏性土及粉性土为8%～14%,对于砂性土则为9%～16%。剂量的确定应根据结构层技术要求进行混合料组成设计。

4. 含水率

水是石灰稳定土中的重要组成部分,能促使石灰稳定土发生物理—化学变化,形成强度;便于土的粉碎、拌和和压实,并且有利于养生。不同土质的石灰稳定土有不同的最佳含水率,需要通过标准击实试验确定,并用以控制施工中的实际加水量。所用水应是干净可供饮用的水。

5. 密实度

石灰土的强度随密实度的增加而增加。实践证明,石灰土的密实度每增减1%,强度约增减4%。而密实的石灰土,其抗冻性、水稳定性也好,缩裂现象也少。

6. 石灰土的龄期

石灰土的强度具有随龄期增长的特点。一般石灰土初期强度低,前期(1～2个月)增长速度较后期为快。石灰土的强度与龄期的关系可表示为:

$$R_t = R_i t^{\beta} \tag{3-2}$$

式中:R_i——一个月龄期抗压强度;

R_t——t 个月龄期抗压强度;

β——系数,约为0.1～0.5。

7. 养生条件

养生条件主要是指温度与湿度。养生条件不同,其强度也有差异。当温度高时,物理—化学反应、硬化、强度增长快,反之强度增长慢;在负温条件下甚至不增长。因此,要求施工的最低温度应在5℃以上,并应在第一次重冰冻(-3~-5℃)到来之前一个月至一个半月内完成施工。

施工经验证明,热季施工的石灰土强度高,质量可以保证,一般在使用中很少损坏。

养生的湿度条件对石灰土的强度也有很大影响。实践证明:在一定潮湿条件下,养生强度的形成比一般在空气中养生要好。

四、材料要求

1. 石灰

石灰应采用磨细生石灰,并尽量缩短石灰的存放时间。石灰在野外堆放时间较长时,应妥善覆盖保管,不应遭日晒雨淋。石灰的技术指标应符合表3-10的规定。

石 灰 技 术 指 标 表3-10

项 目 ＼ 类 别	钙质生石灰			镁质生石灰		
	等 级					
	Ⅰ	Ⅱ	Ⅲ	Ⅰ	Ⅱ	Ⅲ
有效钙加氧化镁含量(%)	≥85	≥80	≥70	≥80	≥75	≥65
未消化残渣含量(5mm圆孔筛的筛余,%)	≤7	≤11	≤17	≤10	≤14	≤20
钙镁石灰的分类界限,MgO的含量(%)	≤5		≥5			

注:硅、铝、镁氧化物含量之和大于5%的生石灰,其有效钙加氧化镁含量指标为:Ⅰ≥75%,Ⅱ≥70%,Ⅲ≥60%;未消化残渣含量指标与镁质生石灰指标相同。

2. 水

饮用水可用于石灰稳定土施工,如遇可疑水源应进行试验鉴定。

3. 集料

(1)级配碎石、未筛分碎石、砂砾、碎石土、砂砾土、煤矸石及粒状矿渣,均可作石灰稳定土材料。石灰稳定土中碎石、砂砾或其他粒状材料的含量应在70%以上,并应具有一定级配。

(2)用作底基层的石灰稳定土,颗粒最大粒径不应超过37.5mm。

(3)石灰稳定土中碎石或砾石的压碎值应不大于35%。

(4)用石灰稳定不含黏性土或无塑性指数的级配砂砾、级配碎石、未筛分碎石时,应添加15%左右的黏性土。

五、混合料组成设计

石灰稳定土是由土、石灰和水组成的。混合料组成设计包括:根据强度标准,通过试验选取合适的土,确定必需或最佳水泥剂量和混合料最佳含水率。

1. 强度和压实标准

当铺筑水泥混凝土基层时,基层材料的设计要求和压实标准要求应符合《民用机场水泥混凝土道面设计规范》(MH/T 5004—2010)的规定,见表3-11和表3-12。

石灰稳定类基层技术要求 表 3-11

层　次	飞行区指标Ⅱ	基层材料	技术要求
下基层	C、D	石灰碎石土	7d 浸水抗压强度不小于 0.6MPa

石灰稳定土基层压实度要求 表 3-12

材料类别	压实度(%)	
	飞行区指标Ⅱ	
	A、B	C、D、E、F
石灰稳定细粒土	93	96
石灰稳定中、粗粒土(含水泥稳定碎石、碎石土、石渣、石屑、砂砾、砂砾土)	96	98

当铺筑沥青道面基层时,基层技术要求和压实度应符合《民用机场沥青混凝土道面设计规范》(MH/T 5010—1999)的规定,见表 3-13 和表 3-14。

石灰稳定类基层技术要求 表 3-13

层　次	技术要求
底基层	7d 浸水抗压强度≥0.8MPa

石灰稳定类基层压实度要求 表 3-14

层　次	压实度(不小于,%)
底基层	96

2. 设计步骤

(1)制备同一种土样、不同石灰剂量的混合料,一般按以下石灰剂量配置。

①做基层时

砂砾土和碎石土:3%,4%,5%,6%,7%。

塑性指数小于 12 的黏性土:10%,12%,13%,14%,16%。

塑性指数大于 12 的黏性土:5%,7%,9%,11%,13%。

②做底基层时

塑性指数小于 12 的黏性土:8%,10%,11%,12%,14%。

塑性指数大于 12 的黏性土:5%,7%,8%,9%,11%。

(2)至少做 3 个不同石灰剂量混合料的击实试验,即最小、中间和最大石灰剂量进行试配,确定混合料的最佳含水率和最大干密度。

(3)按规定达到的密实度,分别计算不同石灰剂量试件应有的干密度,即

试件干密度 = 击实试验所得最大干密度 × 规定达到的密实度

(4)按最佳含水率和计算所得干密度制备试件。试件在规定温度下保湿养生 6d、浸水 24h 后进行无侧限抗压强度试验,计算试验结果的平均值和偏差系数,偏差系数范围为 10% ~ 15%。若大于此值应重做试验,并找出原因,加以解决。

根据设计要求的抗压强度标准,选择合适的石灰剂量。在此剂量下,试件室内试验结果的平均抗压强度 $\bar{R}$ 应符合式(3-3)的要求:

$$\overline{R} \geqslant \frac{R_d}{1 - Z_a C_v} \tag{3-3}$$

式中：R_d——设计抗压强度；

Z_a——标准正态分布表中随保证率（或置信度 a）而变的系数，取保证率 95%，即 $Z_a =$ 1.645；

C_v——试验结果的偏差系数（以小数计）。

工地实际采用的水泥剂量应比室内试验确定的剂量多 0.5%。

六、石灰稳定类基层施工

1. 一般施工过程

混合料拌和、运输、摊铺和压实的程序和要求与水泥稳定粒料基层施工要求相同。详见本章第二节。

2. 冬、雨季施工

(1)石灰稳定土结构层施工期的日最低气温应在 $5℃$ 以上；在有冰冻的地区，应在第一次重冰冻（$-3 \sim -5℃$）到来之前的一个月或一个半月完成施工。稳定土层宜有半个月以上温暖气候期养护。

(2)在雨季施工石灰稳定土时，应做好排除表面水的措施，防止混合料过分潮湿。

(3)雨季施工时，应采取措施，保护石灰免受雨淋。

3. 养护及交通管制

(1)石灰稳定土养护期不宜少于 $7d$。在养护期间应保持一定的湿度，不应过湿或忽干忽湿。

(2)在养护期间除洒水车外，应封闭交通。

(3)石灰稳定土底基层分层施工时，下层石灰稳定土碾压完成后，可立即铺筑上层石灰稳定土，不需专门的养护期。

第四节　石灰粉煤灰类基层

一、概述

石灰粉煤灰（简称二灰）基层，是用石灰和粉煤灰按一定配比，加水拌和、摊铺、碾压及养生而成型的基层。在二灰中掺入一定量的土，经加水拌和、摊铺、碾压及养生成型的基层，称二灰土基层。

用石灰和粉煤灰稳定细粒土（含砂）得到的混合料，简称二灰土。用石灰和粉煤灰稳定级配砂砾（砂砾中无土）和级配碎石（包括未筛分碎石）时，分别简称二灰砂砾和二灰碎石。

二灰稳定类材料初期强度与石灰稳定类材料类似，后期强度与水泥稳定类材料相近。二灰稳定类中的二灰碎石、二灰砂砾可以作为道面基层和底基层。二灰土性质与水泥土、石灰土类似，故二灰土也不能用作道面基层。《民用机场飞行区土（石）方与道路基础施工技术规范》（MH 5014—2002）中规定：二灰、二灰土和二灰砂不宜用作基层。

采用石灰粉煤灰做基层或底基层时,石灰与粉煤灰的比值常用1:2～1:4(对于粉土,以1:2为宜),石灰粉煤灰与细粒土的比值为3:7。采用石灰粉煤灰与级配的中粒土和粗粒土时,石灰与粉煤灰的比值为1:2～1:4,石灰粉煤灰与粒料的比值常采用20:80～15:85。

石灰粉煤灰类基层施工时,应尽量安排在温暖高温季节,以利于形成早期强度而成型。

二、强度形成原理

石灰粉煤灰混合料加水拌和后,通过机械压实,成型初期可认为石灰粉煤灰混合料未发生化学反应,其强度来自密实混合料的内摩阻力,即通常称为"原始黏聚力"的颗粒间水膜与相邻颗粒之间的分子吸引力所形成的黏聚力。随着时间的推移,混合料的固、液相之间发生一系列物理、物理—化学和化学反应,并生成一系列具有胶结作用的物质,将混合料的颗粒与颗粒之间的连接加固,形成通常称为"固化黏聚力"的黏聚力,这种力是石灰粉煤灰混合料强度形成的主要来源。其反应可以分为石灰在水溶液中的解离作用、石灰的结晶作用和碳酸化作用、石灰与粉煤灰间的火山灰反应。

1. 石灰在水溶液中的解离作用

熟石灰在水溶液中可溶解解离成 Ca^{2+} 和 OH^-,并散发微量的热:

$$Ca(OH)_2 \rightarrow Ca^{2+} + OH^-$$

这一过程,提供了大量的 Ca^{2+} 和 OH^-,使混合料液相的 pH 值升高,这是其他后续反应的基础。$Ca(OH)_2$ 虽是强碱,但在水溶液中由于离子间的相互吸引,表现出一定的电离度,且电离度随 $Ca(OH)_2$ 溶液浓度的减小或温度的升高而增大。

2. 石灰的结晶作用和碳酸化作用

液相水溶液中的 $Ca(OH)_2$ 可以在溶液水分蒸发所造成的过饱和状态下发生溶解的逆反应——结晶作用,形成氢氧化钙晶体。其化学反应式如下:

$$Ca(OH)_2 + nH_2O \rightarrow Ca(OH)_2 \cdot nH_2O$$

石灰吸收水分形成含水晶格并由胶体逐渐成为晶体,这种晶体相互连接,并与碎石结合形成共晶体,把固体颗粒胶结成整体,从而产生一定的结构强度。与不定形的 $Ca(OH)_2$ 相比,晶体 $Ca(OH)_2$ 的溶解度几乎减小一半,因而由晶体 $Ca(OH)_2$ 形成的结晶结构的水稳定性比由 $Ca(OH)_2$ 胶体形成的凝聚结构的水稳性好,使得二灰稳定类混合料的稳定性得以提高。

液相中的 $Ca(OH)_2$ 也可以与气相或溶解于水的 CO_2 反应,产生碳酸化作用:

$$Ca(OH)_2 + CO_2 \rightarrow CaCO_3 + H_2O$$

$CaCO_3$ 具有较高的强度和水稳定性,它对粉煤灰的胶结作用使粉煤灰得到了加固。当 $CaCO_3$ 晶体沉积在二灰稳定类混合料颗粒间隙中时,产生一定的胶结强度。由于 CO_2 可能由混合料的孔隙进入,也可能由粉煤灰本身产生,二灰稳定类混合料的表层碳酸化后形成的硬壳阻碍 CO_2 进一步渗入,因而 $Ca(OH)_2$ 的碳酸化作用相当缓慢,是形成二灰稳定类混合料后期强度的原因之一。

3. 石灰与粉煤灰的火山灰反应

石灰与粉煤灰间的火山灰反应是二灰稳定类混合料强度形成的主要因素。在二灰稳定类混合料中,随着龄期的增长,石灰与粉煤灰间的火山灰反应逐渐增强。其反应式如下:

$$xCa(OH)_2 + SiO_2 + nH_2O \rightarrow xCaO \cdot SiO_2 \cdot (n+1)H_2O$$

$$yCa(OH)_2 + Al_2O_3 + mH_2O \rightarrow yCaO \cdot Al_2O_3 \cdot (m+1)H_2O$$

上述所形成含水的硅酸钙和铝酸钙结晶都是胶凝物质,它具有水硬性并能在固体和液体两相环境下发生硬化。这些胶凝物质在土微粒团外形成一层稳定保护膜,填充颗粒空隙,使颗粒间的空隙与透水性减小,同时提高密实度。

上述三种反应不是立刻完成的,而是随着时间的推移逐渐发展,经过一段时期后才会结束。在此期间,胶体、晶体不断增多、长大,彼此逐渐接触、交叉,除将未参加化学反应的粉煤灰中的其他矿物黏结在一起外,还形成一个胶体加晶体的空间网络结构,这个坚固的空间网络是二灰混合料强度形成的结构原因。

三、影响强度的因素

1. 集料性质与组成

集料中含杂质过多会影响集料与二灰之间的黏结强度,从而降低混合料基层的强度。如果集料中细料过多、粗料偏少,势必造成集料不能形成连续、完整的骨架。另外,从二灰稳定类粒料形成的强度机理分析,二灰稳定类强度的薄弱点应该在集料与二灰结合料的结合面上,增加粗集料用量,减小集料比表面积,对强度的提高是有益的。再者,增加粗集料的用量,可最大限度地避免集料中混入软弱集料和塑性材料。

2. 石灰的品种、性质及剂量

各种化学组成的石灰,均可用于加固稳定粒料,但白云石石灰的加固效果优于方解石石灰。石灰的等级越高,即活性 CaO + MgO 的含量越高,加固效果就越好。石灰的细度越大,其比表面积越大,在相同剂量下与集料颗粒作用就越充分,反应的速度就越快,因而加固效果就越好。

生石灰和熟石灰加固集料的效果不同。由于生石灰在消解过程中可放出大量热能,利用生石灰加固粒料时,消解过程在粒料中进行,所放出的热量有利于石灰与粒料之间的相互作用。另外,刚消解的石灰呈胶状 $Ca(OH)_2$,其活性和溶解度均较高,能够保证石灰与粒料颗粒更好作用。因此,采用生石灰加固的效果要优于熟石灰。

石灰剂量的影响:二灰稳定类粒料有最大强度,此时的石灰剂量被称为最佳石灰剂量。最佳石灰剂量因粒料性质不同而异。

3. 粉煤灰的活性

粉煤灰本身并无胶凝性,但是在石灰中 $Ca(OH)_2$ 的作用下能够产生胶凝性,所以它是一种具有潜在活性的材料,其活性对二灰稳定类粒料基层强度有较大的影响。其活性主要取决于以下因素:

(1)活性氧化物的含量,通常用 $SiO_2 + Al_2O_3 + Fe_2O_3$ 总含量表示,其值越大,活性越高,抗压强度也越高。

(2)粉煤灰颗粒的粗细直接影响与石灰混合后反应生成物的数量,从而影响混合料的强度。粉煤灰的颗粒越细,比表面积越大,其活性越高。

(3)粉煤灰中含水率太大时,容易产生黏结性并絮凝成团,这样,其活性会降低。

(4)粉煤灰中的含碳量(在 $800 \sim 900℃$ 温度下的烧失量)过多也会影响其活性。

4. 养生条件及龄期

二灰稳定类的强度是在一系列复杂的物理、化学反应过程中逐渐形成的,而这些反应过程需要一定的温度和湿度条件。试验证明,高温和一定的湿度对二灰稳定类强度的形成是有利的。这是因为温度高可使反应过程加快,一定的湿度为 $Ca(OH)_2$ 结晶和火山灰反应提供了必要的结晶水。试验还表明,湿度过大会影响二灰强度的形成,其原因是影响了新生物的胶凝与结晶硬化。

四、材料要求

1. 石灰

(1)石灰粉煤灰稳定土所用石灰,应采用磨细生石灰,其技术指标应符合表 3-10 的要求。

(2)应尽量缩短石灰的存放时间,石灰在野外存放应覆盖防潮。

2. 粉煤灰

(1)粉煤灰中 SiO_2、Al_2O_3 和 Fe_2O_3 的总含量应大于 70%,烧失量不应超过 20%,比表面积宜大于 2 500cm²/g。

(2)可采用干粉煤灰或湿粉煤灰,湿粉煤灰含水率不宜超过 35%。使用时应将凝块的粉煤灰打碎过筛,并清除有害杂质。

3. 集料

(1)二灰稳定中粒土和粗粒土不宜含有塑性指数的土。

(2)二灰稳定土用作底基层时,集料的最大粒径不应超过 37.5mm。各种细粒土、中粒土和粗粒土都可用二灰稳定后作底基层。

(3)二灰稳定土用作基层时,二灰质量应占 15% ~ 30%;集料颗粒的最大粒径不应超过 31.5mm,粒径小于 0.075mm 的颗粒含量宜接近 0。

(4)二灰稳定级配砂砾和二灰稳定级配碎石中的颗粒组成,应符合表 3-15 规定的级配范围。

二灰稳定集料中集料颗粒组成范围要求　　　　　　　　　　　表 3-15

应用层位		底　基　层		基　层	
集料种类		级配砂砾	级配碎石	级配砂砾	级配碎石
通过下列筛孔(mm)的质量百分率(%)	37.5	100	100		
	31.5	85 ~ 100	90 ~ 100	100	100
	19.0	65 ~ 85	72 ~ 90	85 ~ 100	81 ~ 98
	9.5	50 ~ 70	48 ~ 68	55 ~ 75	52 ~ 70
	4.75	35 ~ 85	30 ~ 50	39 ~ 59	30 ~ 50
	2.36	25 ~ 45	18 ~ 38	27 ~ 47	18 ~ 38
	1.18	17 ~ 35	10 ~ 27	17 ~ 35	10 ~ 27
	0.60	10 ~ 27	6 ~ 20	10 ~ 25	6 ~ 20
	0.075	0 ~ 15	0 ~ 7	0 ~ 10	0 ~ 7

(5)碎石或砾石的压碎值,对于基层应不大于 30%,对于底基层应不大于 35%。

4. 水

各类饮用水均可用于石灰粉煤灰稳定土。

五、混合料组成设计

1. 强度和压实标准

当铺筑水泥混凝土道面基层时,二灰稳定基层技术要求和压实度要求应符合《民用机场水泥混凝土道面设计规范》(MH/T 5004—2010)的规定,见表3-16和表3-17。

水泥混凝土道面二灰稳定土基层技术要求　　　　　　　　　　表3-16

层　次	飞行区指标Ⅱ	技 术 要 求
上基层	A、B、C、D	7d浸水抗压强度不小于0.8MPa
	E、F	—
下基层	C、D	7d浸水抗压强度不小于0.6MPa
	E、F	7d浸水抗压强度不小于0.8MPa

水泥混凝土道面二灰稳定土基层压实度要求　　　　　　　　　　表3-17

材 料 类 别	压实度(不小于,%)	
	飞行区指标Ⅱ	
	A、B	C、D、E、F
石灰粉煤灰稳定细粒土	93	96
石灰粉煤灰稳定中、粗粒土	96	98

当铺筑沥青道面二灰稳定基层时,基层技术要求和压实度要求应符合《民用机场沥青混凝土道面设计规范》(MH/T 5010—1999)的规定,见表3-18和表3-19。

沥青道面二灰稳定土基层技术要求　　　　　　　　　　表3-18

层　次	技 术 要 求
基层	7d浸水抗压强度≥1.2MPa
底基层	7d浸水抗压强度≥0.8MPa

沥青道面二灰稳定土基层压实度要求　　　　　　　　　　表3-19

材 料 类 别	压实度(不小于,%)	
	基层	底基层
石灰粉煤灰稳定细粒土	—	96
石灰粉煤灰稳定中、粗粒土	98	97

2. 设计步骤

(1)石灰粉煤灰稳定土的7d浸水抗压强度应符合设计要求的规定。

(2)石灰粉煤灰稳定土的组成设计应根据设计要求的强度标准,通过试验确定石灰与粉煤灰的比例,确定石灰粉煤灰与碎石(或砾石)的质量比例,并确定混合料的最佳含水率。

(3)采用二灰级配集料作基层时,石灰与粉煤灰的比例可用1:2~1:4;石灰、粉煤灰与集料的比例可用20:80~15:85。为提高石灰粉煤灰稳定土的早期强度,可外加1%~2%的水泥。

（4）制备不同比例的二灰土或二灰集料混合料,用重型击实法确定各种二灰土或二灰集料的最佳含水率和最大干密度。

（5）按规定达到的密实度分别计算不同配比时二灰土、二灰集料试件应有的干密度,即

试件的干密度 = 击实试验所得最大干密度 × 规定达到的密实度

（6）按最佳含水率和计算所得干密度制备试件。试件在规定温度下保湿养护 6d、浸水 24h 后,进行无侧限抗压强度试验,计算试验结果的平均值和偏差系数,偏差系数范围为 10% ~ 15%。

（7）根据设计的抗压强度标准,选择混合料的配合比。在此配合比下,试件室内试验结果的平均抗压强度 $\bar{R}$ 应符合式(3-3)的要求,即

$$\bar{R} \geqslant \frac{R_d}{(1 - Z_a C_v)}$$

式中:R_d——设计抗压强度;

C_v——试验结果的偏差系数(以小数计);

Z_a——标准正态分布表中随保证率(或置信度 a)而变的系数,取保证率 95%,即 $Z_a = 1.645$。

六、石灰粉煤灰稳定土施工

1. 施工前准备

（1）石灰粉煤灰稳定土基层施工前的设备准备、下承层准备和施工放样同水泥稳定类基层。

（2）备料。

①粉煤灰被运到厂内场地后,通常露天堆放。此时,必须使粉煤灰含有足够的水分(含水率 15% ~ 20%),以防飞扬。特别在干燥和多风季节,更应使料堆表面保持湿润或覆盖。如在堆放过程中,部分粉煤灰凝结成块,使用时应将灰块打碎。必要时,还需过筛。

将粉煤灰运到集中拌和场地上堆放时,宜搭防雨棚保护,避免雨淋后过分潮湿。

②采集集料前,应先将树木、草皮和杂土清除干净。

③集料中的超尺寸颗粒应予筛除。

④应在预定的深度范围内采集集料,不应分层采集,不应将不合格的集料采集在一起。

⑤对于黏性土,可视土质和机械性能确定是否需要过筛。

⑥石灰堆放在集中拌和场地时,宜搭防雨棚保护。

⑦石灰应在使用前 7 ~ 10d 充分消解。每吨石灰消解需用水量一般为 500 ~ 800kg。消解后的石灰应保持一定的湿度,以免过干飞扬,但也不能过湿成团。

⑧消石灰宜过孔径 10mm 的筛,并尽快使用。

⑨计算材料用量。根据各路段石灰粉煤灰稳定土层的宽度、厚度及预定的干密度,计算各路段需要的干混合料质量;根据混合料的配合比、材料的含水率以及所用运料车辆的吨位,计算各种材料每车料的堆放距离。

2．混合料拌和、运输、摊铺和压实

（1）在正式拌制混合料之前，应先调试所有设备，使混合料的颗粒组成和含水率都达到规定的要求。

（2）拌和时土块最大粒径不应大于15mm；粉煤灰块不应大于12mm，且9.5mm和2.36mm筛孔的通过率应分别大于95%和75%。

（3）配料应准确，拌和应均匀。

（4）混合料的含水率应略大于最佳含水率，使混合料运到现场摊铺后碾压时的含水率接近最佳值。石灰粉煤灰稳定土基层密实度应不小于98%，底基层密实度应不小于97%。

（5）拌成的混合料的堆放时间不宜超过24h，宜在当天将拌成的混合料运到现场摊铺，不宜将拌成的混合料长时间堆放。

（6）其他要求同水泥稳定类基层施工。

3．石灰粉煤灰稳定土冬、雨季施工

（1）石灰粉煤灰稳定土结构层施工期的日最低气温应在5℃以上；在有冰冻地区，应在第一次重冰冻（-3～-5℃）到来之前一个半月完成施工。

（2）石灰粉煤灰稳定土在雨季施工时，石灰、粉煤灰和细集料都应有覆盖，防止雨淋过湿。

（3）应根据集料和混合料含水率的大小及时调整搅拌用水量。

4．养护及交通管制

（1）石灰粉煤灰稳定土层从碾压完成后的第二天开始养护；必须保湿养护，防止其表面干燥。

（2）石灰粉煤灰类基层分层施工时，下层碾压完毕后，可以立即铺筑上一层，不需专门养护期。

（3）对于二灰稳定粗、中粒土的基层，养护期一般为7d。

（4）在养护期间，除洒水车外，应封闭交通。

（5）石灰粉煤灰稳定土层上未铺封层或面层时，禁止开放交通；当施工中断，临时开放交通时，应采取保护措施，防止表面遭破坏。

第五节　级配碎石

一、概述

级配碎石是用大小不同的材料按一定比例配合、逐级填充空隙，并借黏土黏结，经过压实后，能形成密实结构。粗、细集料各占一定比例的混合料，当其颗粒组成符合规定的密实级配要求时，称为级配碎石。

我国《民用机场飞行区土（石）方与道面基础施工技术规范》（MH 5014—2002）中规定：级配碎石可用于道面工程的基层和底基层。

二、强度形成机理

试验研究表明：级配碎石基层的强度主要来源于碎石本身及碎石颗粒之间的嵌挤力。级配碎石是由集料间的摩阻力和细粒土的黏结力构成,具有一定的水稳性和力学强度。

散体强度理论表明,级配碎石的宏观强度源于集料间的内摩阻力。保证级配碎石之间的嵌挤有利于形成集料间的内摩阻力。

级配碎石结构的抗变形能力,取决于粗细集料的颗粒组成、<0.075mm 细料的性质和含量以及混合料的密实度。

混合料如果仅含有少量细料或者不含细料时,主要依靠颗粒间的摩阻力获得其稳定性,故其密实度较低,形成骨架空隙结构。混合料含有适量细料以填充集料间的空隙时,仍主要依靠集料颗粒间的摩阻力获取其稳定性,但施工时易于压实,密实度得到提高,其抗剪强度也相应提高,形成骨架密实结构。混合料中的细料含量过多时,集料悬浮于细料中,彼此失去接触,抗剪强度下降,水稳定性较差,形成悬浮密实结构。因此,粗、细集料具有良好的级配时,可提高混合料的密实度和抗变形能力。

三、影响强度的因素

对级配碎石(底)基层,主要在于通过取得高质量的碎石,获得高密度的良好级配以及良好的施工压实手段来提高级配碎石的强度和稳定性,以降低行车作用下的永久变形。

由于级配碎石是由多种材料构成,因此影响强度的因素也是多方面的。

1. 粗颗粒的内在特性

级配碎石强度的主要来源之一是碎石本身的强度,而粗集料是级配碎石的主要组成部分。粗集料的内在特性,如强度、表面摩擦力和污染程度等,通常与获得材料的原材料的地质特性、矿物学性质和岩类学性质有关。

2. 生产的集料特性

集料的生产是获得良好级配的重要控制过程。生产的集料颗粒形状和大小、粒径大小分布、细料的含量、细料的塑性等,都对级配碎石的强度产生影响。

3. 压实层的特性

级配碎石施工时,采用不同的压实方法和机械,所得到的最大干密度、含水率和颗粒的分布不同,从而得到的级配碎石(底)基层的强度也不相同。

级配碎石材料组成设计,室内试验试件成型方法主要采用重型击实和振动成型方法。随着我国施工技术的进步和施工机械的发展,在相同的条件下,振动成型可以使级配碎石获得更高的 CBR 值和回弹模量值。

4. 级配和塑、液限指数

级配是影响级配碎石强度的重要因素。一般来说,连续级配易于获得高密度,从而使级配碎石获得较高的 CBR 值和回弹模量。不同级配的混合料,通过试验得到的 CBR 值和回弹模量是不相同的,从而使级配碎石产生不同的强度。

当小于 0.5mm 粒料的含量较大时,其塑性指数对级配碎石性质影响较大。工程实践研究表明,塑性指数越大,级配碎石混合料的承载比越小,或水稳定性越差。当细粒料含量少时,其塑性指数对强度的影响不大,但细粒料的含量增大,其塑性指数对混合料的影响会增大。因此,应严格控制级配碎石中小于 0.5mm 颗粒含量和塑性指数。

级配碎石宜用几种粒径不同的碎石和石屑掺配拌制而成,分为骨架密实型与连续型。级配曲线应接近圆滑,即常见的 S 形曲线。某种尺寸的颗粒不应过多或过少。《公路沥青路面设计规范》(JTG D50—2006)中规定级配碎石(底)基层的颗粒组成和塑性指数应满足表 3-20 的规定。

级配碎石混合料的级配组成 表 3-20

层位	通过下列筛孔(mm)质量百分比(%)														液限(%)	塑性指数(%)	备注
	37.5	31.5	26.5	19	16	13.2	9.5	4.75	2.36	1.18	0.6	0.3	0.15	0.075			
上基层		100	85~100	60~80			30~50	15~30	10~20					2~8	<28	<9	过渡层、防治反射裂缝
基层		100	90~100	75~90			50~70	30~55	15~35	10~20				4~10	<28	<9	连续型
		100	85~95	66~78	54~71	50~64	41~51	25~33	15~23	5~16	5~11	3~8	2~6	0~4	<28	<9	骨架密实型
		100	85~95	66~80	44~56	37~48	31~41	18~27	12~20	5~14	5~11	4~8	2~6		<28	<9	骨架密实型
	100	80~100		55~100				28~60	18~47		5~23		1~7		<28	<9	骨架密实型
底基层及垫层	100	85~100	65~85	42~67		20~40	10~27		8~20	5~18			0~15		<28	<9	
	100	80~100		55~100		30~70		5~30			2~10				<28	<9	
	100	80~100	56~87			30~60	18~46	10~33	5~20				0~15		<28	<9	

注:1.上基层是指沥青面层下与半刚性基层之间设置级配碎石,该层的级配宜符合此规定。

2.潮湿多雨地区的基层塑性指数大于 6。

3.为排水与防冻垫层时,其 0.074mm 颗粒含量不超过 5%。

四、材料要求

1.粗集料

轧制碎石的原材料可以是各种类型的坚硬岩石、卵石或矿渣,岩石应富有棱角、无风化且表面粗糙。一般情况下,不宜采用圆石,如果采用卵石,那么卵石的粒径应是碎石最大粒径的 3 倍以上;矿渣应是崩解稳定的,其干密度和质量应比较均匀,干密度不小于 960kg/m³。

对于单一尺寸碎石,碎石机生产的碎石通过几个不同筛孔的筛,得出不同粒级的碎石,如通过 40~20mm、20~10mm、10~5mm 的筛孔得到的碎石。

《民用机场飞行区土(石)方与道面基础施工技术规范》(MH 5014—2002)中规定,碎石中的针片状颗粒的总含量应不超过 20%。碎石中不应有黏土块、植物等有害物质。

级配碎石所用石料的集料压碎值应满足下列规定:级配碎石作基层时不应大于 26%,级配碎石作底基层时不应大于 30%。

2. 细集料

石屑可采用碎石场中的细筛余料或专门轧制的细碎石集料,也可采用级配较好的天然砂砾或粗砂代替石屑。

细集料可以使用一般碎石场的 5mm 以下的细筛余料,并具有良好的级配,或使用专门轧制的细碎石集料。《公路水泥混凝土路面设计规范》(JTG D40—2011)中规定,在级配碎石(底)基层材料中,小于 0.075mm 的细粒含量不得大于 5%,小于 4.75mm 的颗粒含量不宜大于 50%。

缺乏石屑时,也可以用天然砂砾或粗砂代替,但其强度和稳定性较添加石屑的级配碎石差。天然砂砾的颗粒尺寸应合适,必要时应筛除其中的超尺寸颗粒。天然砂砾或粗砂应有较好的级配。

工程实践表明,含泥量的多少对级配碎石的特性有较大的影响。含泥量较大,将对级配碎石混合料碎石集料之间的嵌挤效果产生负面的影响。因此,除去必要的黏结使用外,必须严格控制细集料的含泥量。

细集料中不应有黏土块、植物、腐殖质等有害物质。泥土对级配碎石的结构强度、水稳性、耐久性等危害非常大,必须引起重视。含水率是保证级配碎石混合料碾压成型后达到足够的密实度重要因素之一。特别是在细集料中,含水率较低,会造成碾压时级配碎石颗粒之间的摩擦力较大,进而影响级配碎石混合料碾压密实效果。含水率过高,会造成混合料经碾压一定时间内出现"反弹"的现象。因此,必须严格控制级配碎石混合料压实时的最佳含水率。最佳含水率是指在一定的压实作用下,干密度随着含水率的增加而增加,当含水率达到 w_0 时,干密度达到最大值 ρ_0,则称 ρ_0 为最大干密度,w_0 为最佳含水率;如果含水率继续增加,干密度反而下降。一般情况下,级配碎石的最佳含水率约为 5%。

五、混合料组成设计

1. 强度和压实标准

当铺筑水泥混凝土道面基层时,《民用机场水泥混凝土道面设计规范》(MH/T 5004—2010)中对级配碎石基层的压实度要求如表 3-21 所示。

基层材料混合料压实标准 表 3-21

材 料 类 别	压实度(%)	
	飞行区指标 II	
	A、B	C、D、E、F
级配碎石、砾石	96	98

当铺筑沥青混凝土道面基层时,级配碎石基层技术要求和压实度要求应符合《民用机场沥青混凝土道面设计规范》(MH/T 5010—1999)的规定,见表 3-22 和表 3-23。

底基层材料技术要求和当量系数 表 3-22

层 位	材 料 组 成	技 术 要 求	当 量 系 数
底基层	级配碎石、砾石	级配碎石、砾石的修正 CBR 值≥80%,通过 0.4mm 筛的部分的塑性指数应<4	1.0

基层、底基层材料的压实要求 表 3-23

材料类别	压实度(%)不小于	
	基层	底基层
级配碎石、砾石	—	96

2.集料的粒径选择

一般情况下,混合料的最大粒径越大,承载能力越强。工程实践表明,对于集料的最大粒径分别为 26.5mm、31.5mm、37.5mm 的级配碎石,其中最大粒径为 31.5mm 和 37.5mm 的级配碎石具有较高的 CBR 值。综合考虑施工离析等因素,级配碎石基层的最大粒径取 31.5mm 较为合适。

3.试件成型的方法

对于级配碎石试件的成型,一般采用重型击实和振动成型两种方法。

工程实践表明,在相同的成型条件下,通过重型击实得到的标准密度偏低,现场压实度易出现大于 100% 的情况,并且击实过程中易将大的骨料击碎,不利于形成骨架密实结构。研究表明,重型击实可使试件中 10mm 以上的颗粒含量减少 15% ~20%。

振动击实试验使被压材料之间的摩擦阻力由重型击实的静摩擦状态过渡到动摩擦状态,材料间的摩阻力减小,材料易于移动就位,孔隙率变小,减少粗集料的压碎,与实际施工过程更相符。

某工程项目,分别对级配碎石进行了三种类型的级配:细级配、中级配、粗级配。分别采用两种击实方法测得三种级配类型的 CBR 值和干密度,如图 3-7 和图 3-8 所示。

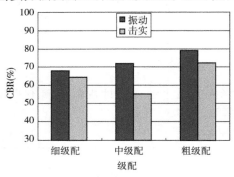

图 3-7 CBR 值对照图

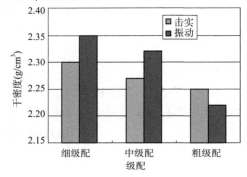

图 3-8 干密度对照图

由图 3-8 可知,在成型方法相同的条件下,混合料级配越粗,CBR 值越大,强度越高;同一种级配类型,振动成型法成型试件的 CBR 值大于重型击实法。在相同条件下,振动成型能使集料达到更紧密的组合,从而提高宏观强度。

由图 3-8 可知,在成型方法相同的条件下,混合料级配越粗,越不易获得较大的干密度;对于细级配和中级配,振动成型方法比击实成型方法获得的干密度值大。但对于粗级配,重型击实试件的最大干密度反而较大,其原因是重型击实过程中粗粒径碎石被击碎严重,已经改变了原有的级配组成。

4.室内配合比设计试验

为保证级配碎石基层形成骨架密实结构,通常在作配合比设计时可在级配范围内考虑粗、

中、细三种级配,分别进行试验,选取 CBR 值大的级配为设计级配。配合比设计程序如下:

(1)按实际使用的集料,检验原材料性能并分别进行筛分,按颗粒组成进行计算,确定各档集料的组成比例。要求组成混合料的各个级配应符合设计要求的级配范围规定。

(2)按步骤(1)确定的各个级配,选取 5 个不同含水率的试件进行重型击实或振动成型试验,确定其最佳含水率及最大干密度。

(3)确定级配碎石的最佳含水率及最大干密度后采用最佳含水率下成型试件,在对级配碎石浸水 4 昼夜后进行 CBR 强度试验,试验方法参照《公路土工试验规程》(JTG E40—2007)。室内 CBR 值要求应大于 100%,在满足此要求的前提下,选取 CBR 值最大的级配为设计级配。

六、级配碎石施工

级配碎石结构层施工的方法主要分为路拌法施工和厂拌法施工。用作高速公路、一级公路、机场道面的基层时,级配碎石结构层必须采用厂拌法施工。其施工工序如下:

1. 施工前准备

级配碎石基层施工前的技术准备工作包括下承层准备和施工放样。

(1)下承层准备

基层正式施工前,应检查其下承层(路床或垫层)的准备情况,下承层的压实度、弯沉、平整度、高程、路拱横坡等应符合要求。

下承层的表面应平整、坚实,无松散或软弱处。可利用 12 ~ 15t 三轮压路机通过碾压进行检验,若出现表层松散、低洼、坑洞或"弹簧"现象时,需采取相应的措施进行处理,下承层不宜做成槽式断面。

(2)施工放样

施工放样是在通过验收的下承层上恢复中线(直线段每 15 ~ 20m 设一桩,曲线段每 10 ~ 15m 设一桩),并在两侧路肩边缘外设指示桩。进行水准测量时,在两侧指示桩上标出铺筑层边缘的设计高程,供施工时厚度和高程控制用。

2. 拌和、运输、摊铺和压实

(1)拌和及运输

在中心搅拌站,级配碎石混合料可采用强制式拌和机、卧式双转轴桨叶式拌和机或普通水泥混凝土拌和机等机械集中拌和。

不同粒级的碎石和石屑等细集料应隔离分别堆放。细集料应有覆盖,防止雨淋。在搅拌之前应调试搅拌设备,要求混合料配料准确、搅拌均匀,含水率达到规定要求。必要时洒水加湿,使混合料的含水率超过最佳含水率约 1%,以减轻施工现场的拌和工作量以及运输过程中的离析现象。级配碎石的最佳含水率约为 5%。

拌和时必须严格按试验室提供的配比进行配料。正式拌制级配碎石混合料之前,必须先调试所用的厂拌设备,使混合料的颗粒组成和含水率都能达到规定的要求。如碎石或石屑的颗粒组成发生明显变化,应重新调试设备。

(2)摊铺

级配碎石混合料运到现场后,应采用沥青混凝土摊铺机或其他碎石摊铺机摊铺碎石混合料。

应事先通过试验确定集料的松铺系数。人工摊铺混合料时,其松铺系数为 1.40~1.50;平地机摊铺混合料时,其松铺系数为 1.25~1.35。

摊铺前应将下承层作业面适当洒水湿润,但不应有积水。调整好传感器臂与导向控制线的关系,严格控制厚度和高程,保证路拱横坡度满足设计要求。当结构层的厚度较大时,应考虑分层摊铺碾压。分层的厚度宜与相应的摊铺机、压路机保持一致。摊铺机宜连续摊铺,与拌和站产量相匹配,避免停机待料,摊铺速度宜为 1~2m/min。

摊铺时,根据施工现场实际的路面宽度和摊铺机的型号,选择摊铺机的台数和摊铺作业的方式。选用多台摊铺机共同作业时,应保证摊铺机速度一致、摊铺厚度一致、松铺系数一致、路拱坡度一致、摊铺平整度一致、振动频率一致等。摊铺机摊铺时,应保持接缝平整,前后相隔 5~8m,左右重叠 0.5m。摊铺过程如图 3-9 所示。

图 3-9 摊铺机全幅作业图

摊铺机后面应设专人消除粗、细集料离析现象。注意摊铺机料斗拢料的时机,减少拢料次数,减轻"块状离析";螺旋布料器应有 2/3 埋入混合料中,且全长一致,螺旋布料机在全部工作时间内低速、匀速转动,避免高速、停顿和启动,以避免粗集料向两侧集中,形成离析;布料器变速箱可引起摊铺机中央"条带状"离析,可通过在变速箱下方设反向螺旋解决;应设专人消除摊铺后粗细集料离析现象,特别应铲除局部粗集料"窝",并用新拌混合料填补。

（3）碾压

工程上常采用 12t 以上三轮压路机碾压,每层的压实厚度不宜超过 16cm;根据工程需要,如果采用重型振动压路机和轮胎压路机碾压时,每层压实厚度可达 35m。碾压过程中应设专人添加细料,以填满空隙,达到密实稳定。

一般情况下,不采用重型碾压法进行碾压。重型碾压法使碎石在不均匀情况下容易破裂,破坏原有级配进而影响弹性模量的提高,且其碾压后材料密实度也不如振动碾压。

碾压时应遵循先轻后重、先弱后强、先慢后快、先边缘后中间的原则。

在进行整形后,当混合料的含水率等于或略大于最佳含水率时,立即用三轮压路机、振动压路机或轮胎压路机进行碾压。在直线段,由两侧路肩开始向路中心碾压;在有超高路段上,由内侧路肩向外侧路肩碾压。碾压时,后轮应重叠一半轮宽,且必须超过两段的接缝处。一般需碾压6~8遍,路面的两侧应多压2~3遍。压路机的碾压速度,前面两遍应是低速,采用1.5~1.7km/h为宜,以后用2.0~2.5km/h。严禁压路机在已完成的或正在碾压的路段上"掉头"和紧急的制动。

《公路沥青路面设计规范》(JTG D50—2006)中规定,级配碎石用作基层时,其压实度应大于98%,用作底基层时,其压实度应大于96%。

3.接缝的处理

(1)横向接缝。横向接缝的处理方法是,用摊铺机摊铺混合料时,靠近摊铺机当天未压实的混合料,可与第二天摊铺的混合料一起碾压,应注意结合部分混合料的含水率。必要时应人工补充洒水,使其含水率达到规定要求。

(2)纵向接缝。应尽量减少纵向接缝,纵缝必须垂直相接,不应斜接。在前一幅摊铺时,靠后一幅的一侧应用方木或钢模板作支撑,方木或钢模板的高度应与级配碎石的压实厚度相同。在摊铺后一幅之前,将方木或钢模板除去。

4.雨季施工

雨季施工期间,石屑等细料应有覆盖,防止雨淋。阴雨天施工时,料场石料含水率较高且不同位置含水率不同。试验室应增加对集料含水率的检测频率,根据集料本身的含水率,随时对拌和站拌和时的掺水量进行调整,保证施工时集料的最佳含水率。

5.养生及交通管制

(1)对级配碎石基层接缝进行处理完毕后应及时养生。在养生期间,最好封闭交通,以提高养生质量。

(2)应将透水无纺土工布湿润,然后人工覆盖在碾压完成的基层顶面。覆盖2h后,再用洒水车洒水。在养生期间,应保持基层处于湿润状态。养生结束后,应将覆盖物清除干净。

(3)用洒水车养生时,洒水车的喷头一般采用喷雾式,这样洒水较均匀,保持的时间更久。每天洒水次数应视气候而定,整个养生期间应始终保持基层表面湿润。

(4)级配碎石(底)基层养生期不少于7d。

(5)养生期间,必须设置明显的标志牌,并派专人看守,禁止一切车辆通行。

第六节 基层施工质量控制

一、基本要求

质量管理包括所用材料的标准试验、铺筑试验段、施工过程中的质量管理和检查验收(工序间)。必须建立健全工地试验、质量检查及工序间的交接验收等项制度。试验、质量检验应做到原始记录齐全,数据真实可靠。

工地试验室应能进行所用基层材料的各项试验,还应具备进行现场压实度和平整度检查的能力,应配备弯沉测量的仪(器)具和路面钻机。

各个工序完结后,均应进行检查验收。经检验合格后,方可进行下一道工序。凡经检验不合格的段落,必须进行补救,使其达到要求。

二、基层施工质量控制

基层、底基层的外形尺寸检查项目、频度、质量标准和检验方法应符合表3-24 的规定。基层、底基层质量控制的项目、频度、质量标准和检验方法应符合表3-25 的规定。

基层、底基层的外形尺寸检查项目、频度、质量标准和检验方法　　表3-24

工程类别	项 目		频 度	质量标准	检 验 方 法
底基层	高程(mm)		10m×10m 方格网控制	+5 −15	水准仪
	厚度(mm)	均值	每5 000m²6 个点	−10	挖坑或钻孔取芯
		单个值		−25	挖坑或钻孔取芯
	宽度(mm)		每100 延米1 处	+0 以上	用尺量
	横坡度(%)		每100 延米3 处	±0.3	水准仪
	平整度(mm)		每100 延米3 处	<12	每处用3m 直尺连续量10 尺,取最大值
基层	高程(mm)		10m×10m 方格网控制	+5 −15	水准仪
	厚度(mm)	均值	每4000m²6 个点	−8	挖坑或钻孔取芯
		单个值		−10	挖坑或钻孔取芯
	宽度(mm)		每100 延米1 处	+0 以上	用尺量
	横坡度(%)		每100 延米3 处	±0.3	水准仪
	平整度(mm)		每100 延米3 处	<8	每处用3m 直尺连续量10 尺,取最大值

基层、底基层质量控制的项目、频度、质量标准和检验方法　　表3-25

工程类别		项 目	频 度	质量标准	检 验 方 法
级配碎石、级配砂砾	底基层	含水率	异常时随时试验	规范规定范围内	现场观察
		级配	异常时随时试验	规范规定范围内	现场观察
		拌和均匀性	随时试验	无粗集料离析现象	现场观察
		密实度	每2 000m²3 点	规范规定范围内	灌砂法或水袋法
		塑性指数	每4 000m²1 次,异常时随时增加试验	小于规范规定值	现场取样,试验室试验
级配碎石	基层	含水率	异常时随时试验	规范规定范围内	现场观察
		级配	每2 000m²1 次	规范规定范围内	现场取样,试验室试验
		拌和均匀性	随时观察	无粗集料离析现象	现场观察
		密实度	每2 000m²检查3 点	规范规定范围内	灌砂法或水袋法
		塑性指数	每1 000m²1 次,异常时随时增加试验	小于规范规定值	现场取样,试验室试验
		集料压缩值	现场观察,异常时随时试验	不大于规范规定值	现场取样,试验室试验

工程类别	项 目	频 度	质 量 标 准	检 验 方 法
水泥或石灰稳定土	级配	每2 000m²1次	规范规定范围内	现场取样,试验室试验
	集料压碎值	现场观察,异常时随时试验	不大于规范规定值	现场取样,试验室试验
	水泥或石灰剂量	每5 000m²或每台班一次,至少6个样品	不小于设计值 – 1.0%	现场取样,试验室试验
	含水率	异常时随时试验	符合规范规定要求	现场观察
	拌和均匀性	现场随时试验	无灰条、灰团,色泽均匀,无离析现象	现场观察
	密实度	每2 000m²检查3次以上	规范规定范围内	灌砂法或水袋法
	抗压强度	每2 000m²不少于6个试件	符合规范规定要求	现场取样,试验室试验
石灰工业废渣稳定土	配合比	每2 000m²1次	石灰剂量不小于设计值 – 1%	现场取样,试验室试验
	级配	每2 000m²1次	规范规定范围内	现场取样,试验室试验
	含水率	现场观察,异常时随时试验	最佳含水率 + 1%	现场观察
	拌和均匀性	随时观察	无灰条、灰团,色泽均匀,无离析现象	现场观察
	密实度	每2 000m²检查3次以上	规范规定范围内	灌砂法或水袋法
	抗压强度	每2 000m²不小于6个试件	符合规范规定要求	现场取样,试验室试验

注:表中规范指《民用机场飞行区土(石)方与道面基础施工技术规范》(MH 5014—2002)。

对于无机结合料稳定基层,应钻取试件检查其整体性。水泥稳定基层的龄期为 7 ~ 10d 时,应能取出完整的芯样。二灰稳定基层的龄期为 20 ~ 28d 时,应能取出完整的芯样。

第四章 水泥混凝土道面施工

水泥混凝土道面是以水泥与水拌和成的水泥浆为结合料,以碎(砾)石、砂为集料,再添加适当的外加剂,有时掺加掺合料拌制成的混凝土铺筑的道面。由于具有强度高、刚度大、使用耐久等优点,水泥混凝土广泛应用于国内外机场道面工程。

第一节 水泥混凝土道面的技术要求

水泥混凝土机场道面暴露在大气环境中,直接承受机轮荷载的作用和环境因素的影响,应具有足够的弯拉强度、疲劳强度、抗压强度和耐久性。此外,为保证飞机起降安全与乘客舒适性,面层还应具有良好的抗滑、耐磨、平整等表面特性。

一、道面设计强度

水泥混凝土板在飞机机轮荷载以及环境温度变化等因素作用下,将产生压应力和弯拉应力。混凝土板受到的压应力与混凝土抗压强度相比很小,而所受的弯拉应力与其抗弯拉强度的比值则较大,可能导致混凝土板的开裂破坏。因此,在水泥混凝土道面设计中,混凝土强度以弯拉强度为设计标准。

混凝土的强度随龄期而增长。机场水泥混凝土道面设计通常以90d龄期的强度为标准,一方面由于机场水泥混凝土道面在完工90d内往往不会正式开放运行;另一方面即使在90d内开放运行,其使用飞机可能较轻(与设计飞机相比),并且期间如有设计飞机运行,其作用次数也很少(与设计使用年限内累积作用次数相比),因此对混凝土强度的疲劳消耗很少。为便于施工控制,混凝土配合比试验及施工过程中的强度测试通常以28d龄期强度为基准。通常,水泥混凝土90d龄期的强度是28d龄期强度的1.05~1.1倍。

水泥混凝土的强度对道面的使用寿命影响很大。在混凝土板厚相同的情况下,当混凝土弯拉强度由5MPa增加至5.5MPa时,允许累积作用次数N_e可增大约5.9倍。混凝土强度在一定程度上还与混凝土的耐久性、耐磨性及抗冻性等性能的好坏有关。因此,在条件许可时,应尽量采用较高的混凝土设计强度。

影响水泥混凝土道面强度的因素主要包括:材料组成、制备与施工工艺、养生条件等。我国《民用机场水泥混凝土道面设计规范》(MH/T 5004—2010)(以下简称《规范》)中规定,道面水泥混凝土的设计强度应采用28d龄期弯拉强度。飞行区等级指标Ⅱ为A、B的机场,其道面混凝土设计弯拉强度不得低于4.5MPa;飞行区指标Ⅱ为C、D、E、F的机场,其道面混凝土设计弯拉强度不得低于5.0MPa。

二、道面耐磨性

在飞机机轮的摩擦、冲击下,道面水泥混凝土表面会发生磨耗,甚至剥落。首先磨损的是水泥砂浆,然后是显露出的粗集料。长期的磨耗不仅会减薄混凝土板的厚度、降低道面的整体强度,而且会降低混凝土表面的平整度和抗滑性;当引起集料松散时,还会对飞机的安全运行构成严重危害。

混凝土的耐磨性能与水泥的质量、水灰比、集料的硬度及混凝土的密实性等有关。为提高混凝土的耐磨性,应尽量选用强度等级较高的硅酸盐水泥、普通水泥或道路水泥。矿渣水泥因耐磨性能较差,不应使用;尽量降低水灰比,同时保证足够的水泥用量,在可能的情况下选择质地坚硬(耐磨性好)的集料,施工中应将混凝土混合料振捣密实。

三、道面耐冻性

水泥混凝土抗冻性以抗冻等级表示。抗冻等级是采用龄期 28d 的试块在吸水饱和后,承受反复冻融循环,以抗压强度下降不超过 25%,而且质量损失不超过 5% 时所能承受的最大冻融循环次数来确定的。道面水泥混凝土抗冻性能测试方法可采用《公路工程水泥及水泥混凝土试验规程》(JTG E30—2005)规定的混凝土抗冻性试验方法。

《混凝土质量控制标准》(GB 50164—2011)规定的抗冻等级为 F50、F100、F150、F200、F250、F300、F350、F400、>F400 等九个等级,分别表示混凝土能够承受反复冰融循环次数为50、100、150、200、250、300、350、400 和 >400 次。依据《规范》规定,对于严寒地区(年最低月平均气温小于 −10℃),道面混凝土的抗冻标号应不低于 F300;对于寒冷地区(年最低月平均气温为 0 ~ −10℃),道面混凝土抗冻标号应不低于 F200。

耐冻性能不良的混凝土在冻融交替作用下容易发生破坏。混凝土的水灰比大,则孔隙率大,可能存留的水分也多,对混凝土的耐冻性不利。所以,对地处严寒地区的水泥混凝土道面,应严格控制混凝土混合料的水灰比(不超过 45%)和用水量。集料级配良好时,可以减小混凝土的孔隙率,提高混凝土的耐冻性;提高集料本身的抗冻性(坚固性)对道面混凝土的耐冻性有利。另外,减少集料中的含泥量、振捣时增加混凝土的致密度、掺加引气剂,均可提高道面混凝土的耐冻性。

四、道面抗滑性

为满足航空运输的需要,要求机场道面允许飞机在较恶劣的气象条件下进行起飞和着陆。机轮与道面之间必须具有足够的摩阻力,这是防止飞机制动时打滑和方向失控的重要保证。因此,机场道面的防滑问题就是飞机滑跑的安全问题。

表征机场道面抗滑性能的主要指标有道面摩擦系数和道面粗糙度。影响轮胎与道面之间摩擦系数大小的因素很多,如飞机滑行速度、道面粗糙度、道面状态(干燥、潮湿或被污染)、轮胎磨损状况、胎面的花纹、轮胎压力、滑溜比等。国际民航组织和中国民航规定应使用有自湿装置的连续摩阻测试仪测量跑道的摩擦系数。

干燥状态下的道面摩擦系数随飞机行驶速度的增加几乎保持不变,而潮湿状态下道面摩擦系数不仅小于干燥状态,而且随速度的增大而迅速减小。因此,从防滑角度分析,在进行道面设计时,要合理设计道面的纵横坡度。通常跑道应采用双面横坡,坡度值应适当大于纵坡,以保证降水及时排除,雨水不能沿跑道纵向流淌而形成飞机水上滑跑的条件。

道面的粗糙度也称纹理深度,系指道面的表面构造,包括宏观构造(粗纹理)和微观构造

（细纹理）。粗纹理是指道面表面外露集料之间的平均深度,可用填砂法等方法测定;细纹理是指集料自身表面的粗糙度,用磨光值表示。道面表面的纹理构造使道面表面雨天不会形成较厚的水膜,避免飞机滑跑时产生"水上飘滑"现象。在道面设计和施工时,应当有效地控制道面表面的纹理深度,以获得足够的道面摩阻力。

《国际民用航空公约附件14——机场》建议新建跑道道面的平均纹理深度不应小于1mm。我国《民用机场飞行区技术标准》(MH 5001—2013)规定:跑道的平均纹理深度应不小于0.8mm,该规定未区分新建道面和旧道面。《规范》规定:跑道及快速出口滑行道应采用先拉毛后刻槽或拉槽毛等方法制作表面纹理,其表面纹理深度应不小于0.8mm;在年降雨量大于800mm的地区,飞行区指标Ⅱ为D、E、F时,跑道及快速出口滑行道应先拉毛后刻槽,其拉毛后的平均纹理深度为0.6~0.8mm;除快速出口滑行道外,其他滑行道以及机坪应采用拉毛的方法制作表面纹理,其纹理深度应不小于0.4mm。

五、道面平整度

机场水泥道面表面的平整度是表征道面表面特性的一项重要指标。所谓道面平整度是指道面的表面相对于理想平面的偏差,它对飞机在滑行中的动力性能、行驶质量和道面承受的动力荷载三者的数值特征起着决定性的作用。随着道面平整度的变化和恶化,不仅影响乘客的舒适、货物的完好,而且还会影响飞行员操纵飞机和判读仪表,引起机件的磨损,危及飞行安全。

机场道面不可能是一个理想的平面。机场道面的不平整度主要由下列诸因素引起:首先是道面固有的不平整度。例如,道面纵向坡度、施工中道面板在接缝处允许的邻板高差和达不到设计高程的偏差等,即使这些偏差都在设计和施工规范规定的允许范围内,它们对道面不平整度的影响也是不容忽视的。其次,道面在使用过程中由于受到荷载和自然因素的长期反复作用,产生新的不平整,会使固有的不平整度增大。例如,飞机荷载的重复作用使道面在垂直方向产生的塑性累积变形,地下水位变化引起土基和基层的不均匀沉陷,冰冻引起的道面鼓胀,温度应力引起的道面板的翘曲与抬高,道面表层的磨耗、剥落、腐蚀、拥包形成的表面缺损等。因此,提高道面水泥混凝土的摊铺、压实质量和加强道面使用过程中的养护工作等对保证持久良好的道面平整度至关重要。

我国《民用机场飞行区技术标准》(MH 5001—2013)规定:跑道表面应具有良好的平整度,用3m直尺测量跑道表面时,直尺底面与道面表面间的最大空隙应不大于3mm。

第二节　水泥混凝土道面分块与接缝

一、道面分块

水泥混凝土道面由一定厚度的混凝土板组成,它具有热胀冷缩的性质。由于一年四季大气温度的变化,混凝土面层会随之产生不同程度的胀缩变形。此外,在一昼夜中,由于日温差较大,温度变化周期较短,在面层厚度范围内呈现不均匀分布,造成面层上下底面的温度坡差,使其产生翘曲变形。此类胀缩和翘曲变形一旦受到约束,将在面层内产生温度应力。若此应力超出极限值,面层即产生裂缝或被挤碎。

　　分块即采用接缝将水泥混凝土板分割为较小尺寸的板块,目的是消除或减小混凝土板内的温度应力,避免不规则裂缝等病害的产生,保持道面外观整齐,从而改善道面的使用性能,保证道面的使用寿命。

　　因矩形板平整性好和便于施工,机场水泥混凝土道面通常采用矩形分块。一般按跑道、滑行道、各机坪独立分块,各部位道面的主体部分尽量采用大小一致的板块,将不规格尺寸的板块布置在道面边缘或各部位道面交接处。因在荷载和温度变化的作用下非矩形板的板角、板边易于损坏,故《规范》中要求非矩形板的短边长不宜小于1m,板角不宜呈锐角或大于180°的角。当无法避免上述不利情况时,可根据《规范》的有关规定对这些薄弱部位进行加筋补强。

　　道面在垂直交叉和斜交处的分块设计示例见图4-1～图4-3。

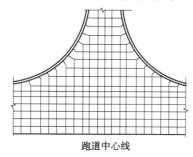

图 4-1　垂直交叉处的分块设计

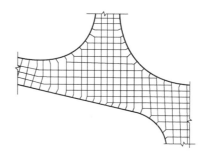

图 4-2　三条弧线斜交叉处的分块设计

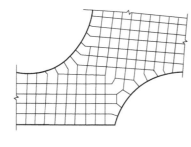

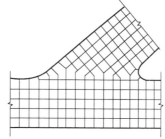

图 4-3　斜交叉处的分块设计

　　在滑行道上飞机滑行渠化严重,轮载重复次数较高,因此应尽量使主要使用机型的主起落架机轮离开纵缝而从板的中部通过,以改善板的受力条件。

　　跑道中心线以及双面坡滑行道的脊线应与纵缝相重合,目的是防止道面板的中部沿脊线产生贯通裂缝,同时也是为了便于施工。

　　《规范》规定,板的平面尺寸应根据当地气温、板厚、采用的集料和施工工艺确定。矩形板板宽宜取4～5m,板宽与板长之比以1∶1～1∶1.25为宜,板长不得小于3m。厚度小于25cm的板,板长不宜超过5m。厚度大于等于25cm的板,板长不宜超过6m。当采用现浇水泥混凝土作道肩面层时,其分块应视道肩宽度以及相邻道面板的分块尺寸而定,尺寸以1.5～3m为宜,分块宜接近或为正方形。

分块接缝不应错缝,在道面交接、交叉处出现错缝时,应采用胀缝或平缝隔开。

二、道面接缝

接缝是水泥混凝土道面的薄弱部位,其性能的好坏直接影响到道面的使用性能、整体强度和使用寿命。接缝设计的主要目的是控制板的收缩应力和翘曲应力所引起的裂缝出现的位置、避免板的膨胀产生过大的压应力、提供板间足够的荷载传递能力、防止表面水沿接缝下渗以及杂物落入缝内,并满足施工需要。

道面接缝主要分为纵缝和横缝两种。纵缝是平行于道面长度方向的施工缝,一般设在道面中间。横缝是垂直于道面长度方向的接缝,分为缩缝、胀缝和施工缝三种。

不同形式的接缝,对于减小或消除面层内的温度胀缩及翘曲应力具有不同的作用,各种接缝的设置条件和构造要求也各不相同。但是,在任何形式的接缝处,板体都不可能是连续的,其传递荷载的能力会有所降低,而且任何形式的接缝都不免要漏水。因此,对各种形式的接缝,都必须为其提供相应的传荷及防水构造。目前,接缝主要通过集料嵌锁作用、传力杆或拉杆等形式传递荷载。

1. 纵向施工缝

纵向施工缝是根据施工需要设置的摊铺道接缝,板厚较大时普遍采用企口缝,其基本构造见图4-4a)。企口缝应先铺筑混凝土板凸榫的一边,拆模后形成阳企口。飞行区指标Ⅱ为C、D、E的机场跑道中间的三条纵向施工缝以及滑行道中间的三条纵向施工缝、飞行区指标Ⅱ为F的机场跑道中间的五条纵向施工缝以及滑行道中间的三条纵向施工缝,宜在板厚中央设置拉杆,其构造如图4-4b)所示。拉杆应采用螺纹钢筋,并垂直于混凝土板的中线、平行于道面表面。纵向施工缝缝槽宽度可采用8mm,缝槽下部应设置直径不小于10mm的垫条,垫条可采用泡沫塑料或性能满足使用要求的其他材料。

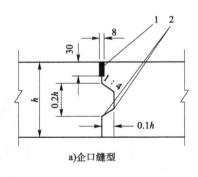 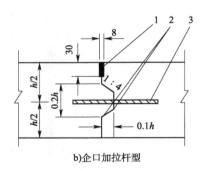

a)企口缝型　　　　　　　　　　b)企口加拉杆型

图4-4　纵向施工缝构造(尺寸单位:mm)

1-填缝料;2-半径10mm的圆弧;3-拉杆

2. 横向缩缝

设置横向缩缝主要是为了控制混凝土板横向收缩裂缝出现的位置,并减轻混凝土板因温度变化而产生的翘曲应力和收缩应力。横向缩缝通常采用两种形式:假缝型和假缝加传力杆型,见图4-5。垂直于摊铺方向的横向缩缝,一般采用假缝。假缝缝槽宽度可采用8mm,缝下部应设置直径不小于10mm的垫条。

《规范》规定,下列假缝宜在板厚中央加设传力杆:

(1)未设胀缝跑道及平行滑行道两端各100m范围内的假缝;

(2)邻近道面自由端的三条假缝;

(3)紧邻胀缝的三条假缝;

(4)钢筋混凝土板的假缝。

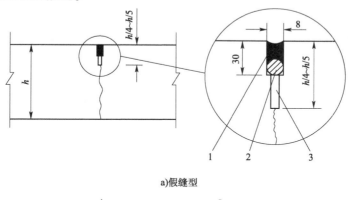

a)假缝型

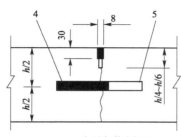

b)假缝加传力杆型

图4-5　横向缩缝(尺寸单位:mm)

1-填缝料;2-嵌条;3-下部锯缝;4-传力杆涂沥青端;5-传力杆

3.胀缝

设置胀缝的目的是为道面水泥混凝土板的受热膨胀留有一定的空间,从而防止过大的热压应力引起板边角碎裂。

胀缝宜采用滑动传力杆型,其构造如图4-6a)所示。在不适宜设置滑动传力杆的部位,可采用边缘钢筋型,其构造如图4-6b)所示,其钢筋布置可按《规范》中的规定采用。

传力杆一般采用长为40~60cm、直径为20~38mm的光圆钢筋,每隔30cm设一根。杆的半段固定在混凝土内,另半段涂以1mm厚沥青,并在沥青表面撒一层滑石粉,再套上长8~10cm的铁皮或塑料套筒,筒底与杆端之间留出宽3~4cm的空隙,并用木屑与弹性材料填充,以利板的自由伸缩。

混凝土铺筑终了时进行胀缝施工,传力杆和接缝板的安装和固定如图4-7所示。先浇筑传力杆以下的混凝土拌和物,用插入式振捣器振捣密实,并注意校正传力杆的位置,然后再摊铺传力杆以上的混凝土拌和物。摊铺胀缝另一侧混凝土时,先拆除端头钢挡板及钢钉,然后按要求铺筑混凝土拌和物。填缝时必须将接缝板以上的临时插入物清除。

但设置胀缝不仅会给施工带来不便,而且会造成道面产生较多病害,具体如下:

（1）胀缝为通缝,宽度一般达 2～2.5cm,雨水较易沿缝下渗。在轮载反复作用下会形成唧泥、错台等病害,严重时使板与基础脱空,造成板边角断裂。

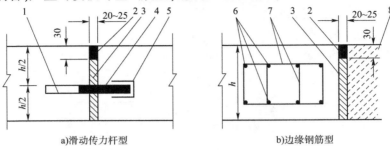

a)滑动传力杆型   b)边缘钢筋型

图 4-6　胀缝构造(尺寸单位:mm)

1-传力杆;2-填缝料;3-胀缝板;4-传力杆涂沥青端;5-长 10cm 套筒(留 30mm 空隙填以泡沫塑料、砂等);6-主筋;7-箍筋;8-道面或其他构筑物

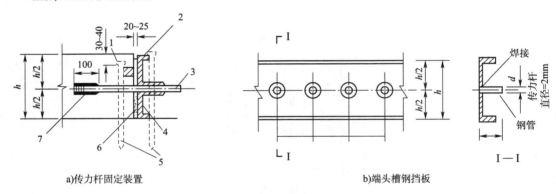

a)传力杆固定装置   b)端头槽钢挡板

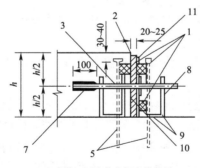

c)安装、固定传力杆和接缝板

图 4-7　混凝土铺筑终了时胀缝施工(尺寸单位:mm)

1-方木;2-临时插入物;3-传力杆;4-端头槽钢挡板;5-钢钎;6-接缝板;7-套管;8-箍筋;9-架立筋;10-接缝板;11-端头钢挡板

（2）混凝土面层受热膨胀时,胀缝虽然能保证其自由伸长,但温度降低收缩时很难恢复至原来位置,经多年反复循环后,缩缝变宽、胀缝变窄,使道面板成为许多孤立的板块,导致道面使用性能恶化。

（3）若接缝材料性能不佳,砂石等杂物便易于落入胀缝内,造成接缝区的混凝土在膨胀受阻时产生碎裂破坏或拱起。

（4）胀缝的结构较为复杂,施工时不容易把握质量。如缝边不平整、传力杆位置不准确等,会引起许多后患。调查资料表明,混凝土道面板接缝的破坏主要发生在胀缝处,缩缝处的损坏量要少得多。

鉴于上述原因,考虑到混凝土的抗压强度远大于其抗拉强度及抗剪强度,并且胀缝带来的病害很难有效地修复,工程实践中水泥混凝土道（路）面开始减少或者不设胀缝。美国从20世纪40年代开始进行取消胀缝的试验,到了20世纪70年代,40个州不再为混凝土路面设置胀缝。欧洲许多国家也取消了水泥混凝土道（路）面胀缝的设置,仅在桥梁等建筑物附近和一些特殊路段设置胀缝,以防路面内应力对建筑物的影响。我国《规范》规定在下列情况下有必要设置胀缝:

（1）道面与房屋、排水结构及柔性道面等固定构造物相接处;

（2）道面交接、交叉及弯道处（板厚大于25cm且在夏季施工时,以及交接处某一方向的道面长度较短时,可不设胀缝）;

（3）在冬季浇筑混凝土道面（施工期间昼夜平均气温不超过5℃或最低气温低于−2℃）;

（4）采用膨胀性大的集料（如砂岩或硅酸质集料）。

4. 横向施工缝

每日施工结束或浇筑混凝土因故中断30min以上时,必须设置横向施工缝。其位置应设在分块设计确定的横缝（缩缝或胀缝）处,以保持道面接缝的整齐。设在胀缝处的横向施工缝采用滑动传力杆型构造,见图4-6a)。设在缩缝处的横向施工缝通常采用平缝加传力杆型构造,见图4-8;也有采用企口缝型构造的,虽然能节约钢材,但其使用性能不及加传力杆的平缝。横向施工缝缝槽宽度可采用8mm,缝槽下部应设置直径不小于10mm的垫条。

5. 交接平缩缝

在道面交接、交叉处,分块设计往往很难做到完全通缝连接,这是设置交接平缩缝的原因之一。设置交接平缩缝的目的是减少两个不同方向的道面因温度变化发生不同位移时带来的约束应力。在道面交接、交叉及弯道处不设胀缝时,应采用交接平缩缝（图4-9）将不同方向的道面隔开。交接平缩缝处先浇混凝土板的侧面应平滑,并且粘贴油毡或其他防水隔离材料。

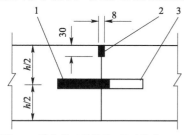

图4-8　横向施工缝构造（尺寸单位:mm）

1-传力杆涂沥青端;2-填缝料;3-传力杆

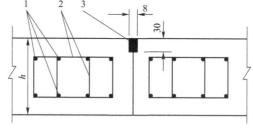

图4-9　交接平缩缝构造（尺寸单位:mm）

1-主筋;2-箍筋;3-填缝料

由于平缝不能提供板间传荷能力,因此交接平缩缝处的两侧板边一般采用边缘钢筋予以补强,也可采用厚边型交接平缩缝。交接平缩缝还可用于预计将来需要延长的道面边缘。交接平缩缝缝槽宽度可采用8mm,缝槽下部应设置直径不小于10mm的垫条。

6. 道肩接缝

采用现浇水泥混凝土作道肩面层时,其接缝有纵向施工缝、横向缩缝及胀缝三种。道肩面层的纵向施工缝应采用平缝,其构造如图4-10a)所示。道肩面层的横向缩缝应采用假缝,其构造如图4-10b)所示。道肩面层纵向施工缝、横向缩缝的缝槽宽度可采用8mm,缝槽下部应设置直径不小于10mm的垫条。道肩面层应设置胀缝,其胀缝宜与相邻道面板的接缝对齐,其间距宜为10～15m,其构造如图4-10c)所示。

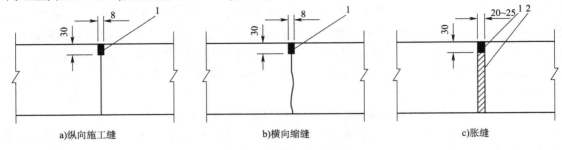

a)纵向施工缝   b)横向缩缝   c)胀缝

图4-10　道肩接缝(尺寸单位:mm)
1-填缝料;2-胀缝板

此外,道面的胀缝、交接平缩缝宜设置倒角。有条件时,纵向施工缝、横向缩缝、横向施工缝也可设置倒角。接缝倒角可采用135°斜角型或者圆弧形,见图4-11。斜角型中倒角斜边对应的两条直角边边长各为6mm;圆弧形中倒角圆弧半径为6mm。

a)135°斜角型   b)圆弧型

图4-11　接缝倒角
1-填缝料

第三节　水泥混凝土道面材料组成设计

一、水泥混凝土道面材料组成

水泥混凝土道面通常采用普通素混凝土铺筑而成,其材料组成包括水泥、细集料、粗集料、水和外加剂、掺合料等。

1. 水泥

水泥应选用收缩性小、耐磨性强、抗冻性好、含碱量低的水泥。水泥中碱含量应按 $Na_2O + 0.658K_2O$ 计算值来表示,其碱含量不得大于0.6%,若同时使用活性集料,每立方米水泥混凝土中总的安全碱含量不得大于3kg(按质量计)。

水泥应选用旋窑生产的道路硅酸盐水泥、硅酸盐水泥或普通硅酸盐水泥,其强度等级应在42.5MPa以上;不宜选用快硬早强R型水泥。水泥的各项技术指标应符合国家现行标准。水泥混凝土面层28d设计抗折强度为5.0MPa时,所选水泥实测28d抗折强度宜大于7.5MPa。

飞行区指标为4C以上(含4C)的水泥混凝土道面面层,其水泥化学成分和物理指标应符合表 4-1 的规定。其中,铝酸三钙遇水反应速度非常快、水化热非常高,其含量决定水泥的凝结速度和释热量,与为调节凝结速度而掺入的石膏所形成的水化产物对水泥早期强度起一定作用;但是耐化学侵蚀性差,干缩性大。铁铝酸四钙遇水反应快、水化热高,水化物强度较低,但对水泥抗折强度起重要作用,耐磨性、耐化学侵蚀性好,干缩性小。游离氧化钙主要指经煅烧未被化合的 CaO,在水泥硬化后才能与水化合生成 Ca(OH)$_2$,并在水化过程中发生体积膨胀,降低混凝土的内应力甚至破坏混凝土结构,其含量的多少影响水泥的安定性。熟料中含有少量氧化镁时,能降低熟料液相生成温度,如果含量高于极限值,可导致水泥安定性不良。水泥中的三氧化硫仅少部分来自水泥熟料,大部分来自水泥熟料磨细时掺入的石膏(CaSO$_4$),适量的石膏有利于调节水泥凝结时间,但含量过多时,会破坏水泥的体积安定性。

水泥的化学成分和物理指标要求   表 4-1

水 泥 性 能	技 术 要 求	水 泥 性 能	技 术 要 求
铝酸三钙	≤5.0%	三氧化硫	≤3.5%
铁铝酸四钙	≥15.0%	混合料种类	不得掺窑灰、煤矸石、火山灰和黏土;有抗盐、冻要求时,不得掺生石灰石粉
游离氧化钙	≤1.0%	28d 干缩率	≤0.1%
氧化镁	≤5.0%	耐磨性	≤3.6%

注:水泥的各项技术指标除应符合上表要求外,还应通过混凝土配合比试验,其强度、耐久性、工作度均应符合设计要求。

袋装或散装水泥,进场时应有产品合格证及化验单,水泥生产日期超过三个月,必须对其性能进行重新试验,符合要求方可使用。对不同强度等级、厂牌、品种、包装日期的水泥不得混合存放,不同品种的水泥严禁混合使用,受潮变质的水泥不得使用。水泥材料检测项目包括细度、凝结时间、安定性、强度等,必要时应抽测氧化镁、烧失量、三氧化硫、游离氧化钙、碱和不溶物指标的含量。

2. 细集料

细集料可采用天然河砂、海砂、山砂,也可采用人工机制砂,应优先采用河砂。细集料宜采用细度模数为 2.65~3.20 的天然中粗砂,质地应坚硬、耐久、洁净,符合表 4-2 规定的技术要求。

砂 的 技 术 要 求   表 4-2

项 目			技 术 要 求					
颗粒级配	筛孔尺寸（mm）		方 孔				圆 孔	
			0.16	0.315	0.63	1.25	2.50	5.0
	累计筛余量(%)	Ⅰ区	100~90	95~80	85~71	65~35	35~5	10~0
		Ⅱ区	100~90	92~70	70~41	50~10	25~0	10~0
泥土杂物含量(冲洗法)(%)			≤3					
硫化物和硫酸盐含量(折算为 SO$_3$,%)			≤1					
有机物质含量(比色法)			颜色不应深于标准溶液的颜色					
云母与轻物质含量(按质量计,%)			≤1					
其他杂质			不得混有石灰、煤渣、草根、泥团块、贝壳等其他杂物					

注:Ⅰ区砂属于粗砂,Ⅱ区砂属于中砂和一部分偏粗的细砂,颗粒适中,级配好。

《民用机场水泥混凝土道面设计规范》(MH/T 5004—2010)附录 D 中水泥混凝土组成材料的基本要求中规定:

(1)天然砂的含泥量(按质量计)应小于2%,泥块含量(按质量计)应小于1%。机制砂的石粉含量和泥块含量应符合表4-3的规定要求。

机制砂的石粉含量和泥块含量   表4-3

项　目		标　准
亚甲蓝试验 MB 值＜1.40 或合格	石粉含量(按质量计),%	＜5.0
	泥块含量(按质量计),%	＜1.0
亚甲蓝试验 MB 值≥1.40 或不合格	石粉含量(按质量计),%	＜3.0
	泥块含量(按质量计),%	＜1.0

(2)砂中如含有云母、轻物质、有机物、硫化物及硫酸盐、氯盐等,其含量应符合表4-4的规定。水泥混凝土道面面层用砂可能含有引起混凝土碱集料反应的碱活性矿物时,应进行碱活性检验。经碱集料反应试验后,由砂配置的试件无裂缝、酥裂、胶体外溢等现象,在规定试验龄期的膨胀率应小于0.1%。经检验判断有潜在危害时,应采取有效处理措施。

有 害 物 质 含 量   表4-4

项　目	指　标	项　目	指　标
云母(按质量计,%)	＜2.0	硫化物及硫酸盐 (按 SO_3 质量计,%)	＜0.5
轻物质(按质量计,%)	＜1.0	氯化物(以氯离子质量计,%)	＜0.02
有机物(比色法)	合格		

砂的坚固性用硫酸钠溶液检验,试样经 5 次浸泡与烘干循环后质量损失率应小于8%。

(3)机制砂单级最大压碎指标应小于 25%。机制砂母岩抗压强度要求:火成岩不应小于100MPa,变质岩不应小于80MPa,沉积岩不应小于 60MPa。道面水泥混凝土采用机制砂时,应检验砂浆磨光值,其值宜大于 35,并且宜在混凝土中掺引气高效减水剂。

3. 粗集料

粗集料应采用碎石或机轧砾石,质地应坚硬、耐久、耐磨、洁净,符合规定的级配,最大粒径应不超过40mm。应尽量采用碎石,若当地无碎石,可采用机轧砾石,不得采用天然砾石。碎石和机轧砾石质量应分别符合表4-5和表4-6规定的技术要求。

碎 石 技 术 要 求   表4-5

项　目		技　术　要　求			
颗粒级配	筛孔尺寸(mm)(圆孔筛)	40	20	10	5
	累计筛余量(%)	0~5	30~65	75~90	95~100
	石料强度分级	≥3 级			
压碎指标值(%)	水成岩	≤13			
	变质岩或深成的火成岩	≤16			
	浅成的或喷出的火成岩	≤21			

续上表

项　目	技　术　要　求
洛杉矶磨耗损失(%)	≤30
硫化物及硫酸盐(折算为SO_3,%)	≤1
泥土含量(冲洗法,%)	≤1
红白皮含量(%)	≤10

注:1. 石料强度分级应符合现行《公路工程集料试验规程》(JTG E42—2005)的规定。

　2. 5～20mm 粒径的碎(砾)石中针、片状颗粒含量(按质量计)应≤15%,20～40mm 粒径的碎(砾)石中的针、片状颗粒含量(按质量计)应≤10%。

机轧砾石技术要求　　　　　　　　　　　　　　　　表 4-6

项　目		技　术　要　求			
颗粒级配	筛孔尺寸(mm)(圆孔筛)	40	20	10	5
	累计筛余量(%)	0～5	30～65	75～90	95～100
空隙率(%)		≤45			
压碎指标值(%)		≤16			
软弱颗粒含量(%)		≤5			
针、片状颗粒含量(%)		≤15			
泥土含量(冲洗法,%)		≤1			
硫化物及硫酸盐(折算为SO_3,%)		≤1			
有机物含量(比色法)		颜色不深于标准溶液的颜色			

注:机轧砾石应用粒径 100mm 以上砾石材料进行破碎,破碎后粒形成菱形,每块石料应至少有两个破碎面。

　水泥混凝土用碎石或机轧砾石的颗粒级配应按 5～20mm、20～40mm 两级规格控制。颗粒粒径应采用圆孔筛,也可使用方孔筛,但应符合相应的换算系数。碎石的坚固性用硫酸钠溶液法检验,在一般条件地区及最冷月平均温度为 -5～-15℃ 地区,试样经 5 次循环后质量损失应不大于 5%;在最冷月平均温度低于 -15℃ 地区,5 次循环后的质量损失应不大于 3%。

　对水泥混凝土道面面层用的粗集料应进行碱活性检验。依据《公路工程集料试验规程》(JTG E42—2005),可将粗集料破碎成一定粒径,按一定比例与水泥制成砂浆长条,定期测长,当膨胀率半年不超过 0.1% 或 3 个月不超过 0.05% 时,即可评为非活性集料。严禁选用含有非晶质活性二氧化硅的岩石(如蛋白石、方石英、硅镁石灰岩、玻璃质或隐晶流纹岩、安山岩和凝灰岩等)作粗集料。

　4. 水

　水泥混凝土拌和、冲洗集料及养护用水宜采用饮用水。使用其他水源时,其水质应符合下列要求:

　(1)水中不得含有影响水泥正常凝结和硬化的有害杂质,如油、糖、酸、碱、盐等;

　(2)硫酸盐含量(按 SO_4^{2-} 计)应小于 $2.7g/cm^3$;

　(3)pH 值应大于 4;

　(4)含盐量应小于 $5mg/cm^3$。

5. 外加剂

水泥混凝土中掺用外加剂的质量必须符合国家现行有关标准的规定,其品种及含量应根据混凝土性能要求、施工及气候条件、混凝土所采用原材料及配合比等因素经试验确定。为防止产生碱集料反应,不宜选用含钾、钠离子的外加剂,不得已采用时应进行专门试验。

混凝土拌和物中掺入的外加剂通常不超过水泥质量的5%,在进行混凝土配合比设计时,不考虑其对混凝土体积或质量的影响。常用的外加剂有减水剂、早强剂、缓凝剂和引气剂等。

(1)减水剂

减水剂是指能保持混凝土在稠度不变的条件下,具有减水和增强作用的外加剂,可实现同等流动状态下减少用水量、相同强度状态下降低水泥用量,有利于提高混凝土的和易性、强度和密实度。其主要品种包括木质素磺酸盐类、糖蜜类、多环芳香族磺酸盐类和水溶性树脂类等。

(2)早强剂

早强剂是指能提高混凝土早期强度而对后期强度无不利影响的外加剂,多在冬季或紧急抢修时采用。早强剂的主要作用在于加速水泥水化速度,促进混凝土早期强度的发展;其既具有早强功能,又具有一定减水增强功能。其主要品种包括氯盐类、硫酸盐类及有机胺类等。

(3)缓凝剂

缓凝剂是指能延缓混凝土的凝结时间,并对其后期强度无不良影响的外加剂。缓凝剂能够延长水泥的水化硬化时间,保持工作性,延长放热时间,消除或减少裂缝,可适用于大体积混凝土、炎热季节施工的混凝土以及需要长时间停放或长距离运输的混凝土。其主要品种包括糖类、木质素磺酸盐类、羟基羧基及其盐类、无机盐类、氯盐类等。

(4)引气剂

水泥混凝土中掺入引气剂,可使混凝土拌和物在拌和过程中引入空气而形成大量微小、封闭而稳定的气泡,能改善混凝土坍落度、流动性和可塑性,减少混凝土泌水和离析,提高混凝土的均质性。对硬化后的混凝土,由于气泡彼此隔离,切断毛细孔通道,使水分不易渗入,又可缓冲其水分结冰膨胀的作用,因而可提高混凝土的抗冻性、抗渗性和抗蚀性。长期处于潮湿和严寒环境中的混凝土,应掺用引气剂或引气减水剂。其主要品种包括松香热聚物类、烷基苯磺酸盐类及脂肪醇磺酸盐类等。

6. 掺合料

道路水泥、硅酸盐水泥和普通水泥中可掺用适量Ⅰ、Ⅱ级原状或磨细干粉煤灰,以提高水泥混凝土的强度和耐久性能。

粉煤灰是由煤粉经高温煅烧后生成的火山灰质材料。经化学分析,除含有少量未燃尽的粉煤灰外,其主要化学成分为 SiO_2、Al_2O_3 及少量 Fe_2O_3、CaO、MgO 和 SO_3 等氧化物,其中氧化硅和氧化铝含量可占总含量的60%以上。

(1)粉煤灰中通常含有70%以上的玻璃微珠,粒形完整,表面光滑,质地致密。这种形态对混凝土可起到减水作用、致密作用和匀质作用,促进初期水泥水化的解絮作用,改变拌和物的流变性质、初始结构以及硬化后的多种功能,尤其对泵送混凝土能起到良好的润滑作用。

(2)粉煤灰中含有大量活性 SiO_2 及 Al_2O_3,在潮湿的环境中与 $Ca(OH)_2$ 等碱性物质发生化学反应,生成水化硅酸钙、水化铝酸钙等胶凝物质,对混凝土起到增强作用和堵塞混凝土中的毛细组织,提高混凝土的抗腐蚀能力。掺加粉煤灰后,混凝土的早期强度会相对偏低,但后期强度会超过不掺粉煤灰的混凝土。

(3)粉煤灰中粒径很小的微珠和碎屑,在水泥石中可以相当于未水化的水泥颗粒,极细小的微珠相当于活泼的纳米材料,能明显改善和增强混凝土结构强度,提高其匀质性和致密性。

各种混合水泥不得掺用粉煤灰,不得使用湿排或潮湿粉煤灰,禁止使用已结块的湿排干燥粉煤灰。粉煤灰分级和质量指标应符合表4-7的规定。

粉煤灰分级和质量标准

表4-7

粉煤灰等级	细度(45μm 气流筛筛余量,%)	烧失量(%)	需水量(%)	SO$_3$含量(%)
Ⅰ	≤12	≤5	≤95	≤3
Ⅱ	≤20	≤8	≤105	≤3

粉煤灰在混凝土配合比计算中以普通混凝土初步计算配合比为标准,按等和易性、等强度原则,常用超量取代法进行设计计算;用粉煤灰取代部分水泥,降低水泥用量,节约成本,提高混凝土体积稳定性及收缩性,防止混凝土塑性开裂。其超掺系数Ⅰ级灰为1.2~1.4,Ⅱ级灰为1.5~1.7。水泥混凝土道面中使用Ⅰ、Ⅱ级粉煤灰时,应确切了解所用水泥中已经掺加混合材料的种类和数量,并通过混凝土配合比设计试验确定合适的掺量、相应的混凝土配合比和施工工艺。

7. 钢筋

钢筋的品种、规格、质量应符合设计要求,对每批进场的钢筋,应有出厂质量检验单,同时施工单位应自行进行检测,符合质量要求方可使用。钢筋应顺直,使用前应清除表面油污和锈蚀。

二、道面水泥混凝土配合比设计

1. 一般要求

混凝土配合比应根据设计弯拉强度以及水泥混凝土的耐久性、耐磨性、和易性等要求,通过试验确定。有抗冰(盐)冻要求地区应掺减水引气型外加剂,一般地区宜掺引气外加剂或者减水引气型外加剂。混凝土配合比应根据水灰比与强度关系曲线及经验数据进行计算和试配确定。水泥混凝土道面面层配合比设计应以28d龄期的抗折强度为标准。

混凝土的单位水泥用量,应根据选用的水灰比和单位用水量进行计算。单位水泥用量不应小于300kg/m³。混凝土混合料的稠度试验,采用坍落度测定时,坍落度应小于0.5cm;采用维勃稠度仪控制稠度时应大于20s。混凝土中粗集料粒径应按5~20mm和20~40mm二级级配组成不同比例,选择单位密度最大、混凝土抗折强度较高的级配比例。

现场施工使用的配合比,宜按设计强度的1.10~1.15倍进行配制。确定水泥用量、水灰比、砂率后,采用绝对体积法计算砂、石用量,经试配确定混凝土混合料的理论配合比。在施工前,应测定现场粗、细集料的含水率,将理论配合比换算为现场施工实际配合比,作为混凝土配料的依据。

2. 特殊气候条件下的施工配合比调整

(1)热天施工时配合比的调整

夏季中午温度很高,日照强烈,砂石料和水泥的温度均较高,水泥混凝土的水蒸发率较大。

在正午进行水泥混凝土路面施工时,要考虑运输、摊铺过程中的蒸发水量,适当微调单位用水量,使蒸发后的用水量满足设计水灰比的要求;也可适当增加缓凝减水剂的剂量,延长缓凝时间,保证施工作业。

（2）雨天施工配合比的调整

雨季施工时,砂石料的含水率变化很大,如砂的含水率一般为2%～3%,但降雨后一般可达15%以上,粗集料的含水率从1%左右可增大至5%～7%。在这种情况下,首先,存放各类集料必须搭建防雨篷;其次,按照降雨条件减少加水量,否则混凝土将因含水率大而无法正常施工。调整的目的是保持水灰比不变,从而保证工作性、强度和耐久性。

（3）冬季负温施工配合比调整

冬季负温施工的路面混凝土宜采用大水泥用量,采用42.5R、52.5R型硅酸盐或道路水泥,单位水泥用量不宜低于360kg,水灰比不宜大于0.42,同时优选使用防冻剂、引气剂和保温蓄热法施工方式,以保证水泥混凝土路面的抗折强度和抗压强度满足设计和施工规范的要求。

第四节　水泥混凝土道面施工作业

一、概述

水泥混凝土道面面层施工有滑模摊铺、轨道摊铺、三辊轴施工和小型机具施工等铺筑方式。

滑模施工是一种采用滑模摊铺机摊铺水泥混凝土道面的机械化施工工艺,其特点是不需架设边缘固定模板,将布料、松方控制、高频振捣棒组、挤压成型滑动模板、拉杆插入、抹面等机构安装在一台可自行的机械上,通过基准线控制,能够一遍摊铺出密实度高、动态平整度优良、外观几何形状准确的水泥混凝土路面。滑模施工技术主要用于高等级公路水泥混凝土路面施工;由于滑模摊铺机资金投入较大,且混凝土塌边等问题得不到妥善解决,目前还很少用于机场大面积水泥混凝土面层的施工。

轨道式摊铺施工是指在基层上铺设两条轨道板作为路面侧向支撑和路型定位模板,顶部作为路面表面基准,施工机械行驶在轨道上进行布料、振动密实、成型、修整和拉毛、养生的混凝土路面施工法。与滑模摊铺相比,铺筑后路面的几何尺寸和平整度较差,所用轨道和模板数量较大,且轨道板过重、安装劳动强度大。从国内外水泥混凝土路面大型机械化施工技术的发展看,轨道摊铺机铺筑方式有被滑模摊铺机取代的明显趋势,凡是可使用轨道摊铺机的场合,均可使用滑模摊铺机。因此,自从有了滑模摊铺技术,轨道摊铺基本被滑模摊铺取代,现已很少使用。

小型机具施工工艺是水泥混凝土路面施工方式中最古老而传统的施工方式。采用滚筒搅拌机及小型机具的施工设备,机械化程度低、混合料搅拌不均匀、路面平整度差,路面在行车荷载和环境因素作用下易出现早期破坏。实践证明,此工艺已经不适应目前日益发展的交通形势,国内外均逐渐将其淘汰。

水泥混凝土路面三辊轴施工技术起源于美国,三辊轴机组是介于小型机具施工和摊铺机施工之间的一种中型施工设备,是美国对小型机具的改进技术。相比以上几种施工方式,三辊轴机组施工工艺的机械化程度适中,设备投入少,适应性强,能达到较高的平整度,技术容易掌握,较适用于机场跑道、停机坪等水泥混凝土路面的施工。相比小型机具施工,三辊轴施工设备不但具有与小型机具施工设备类似的投资较省、操作简便的特点,还具有施工劳动强度低、进度快、成本低、适应性强等特点。

因此,三辊轴机组施工技术自20世纪90年代以来在我国得到了广泛应用。目前我国民用机场飞行区水泥混凝土道面、停机坪等通常采用三辊轴施工方法。

二、水泥混凝土道面主要施工设备

1.振捣器

水泥混凝土道面施工常用的振捣器分为内部振捣器和表面振捣器。内部振捣器又称插入式振捣器或振捣棒如图4-12a)所示,多用于振压厚度较大的混凝土层,其优点是重量轻,移动方便,使用很广泛。表面振捣器又称平板式振捣器,如图4-12b)所示,适用于厚度不大的混凝土路面和桥面等工程的施工。

 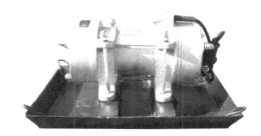

a)插入式振捣器　　　　　　　b)平板式振捣器

图4-12　振捣器

为保证机场道面大厚度水泥混凝土的充分密实,常采用由一排插入式振捣棒通过横梁组成的排式振捣机,见图4-13。振捣棒的直径宜为50～70mm,间距不应大于其有效作用半径的1.5倍,并不大于500mm。插入式振捣棒组的振动频率宜为150～200Hz。排式振捣机宜同时配备螺旋布料器和松方控制刮板,并具备自动行走功能。

2.三辊轴整平机

（1）工作原理

三辊轴机即"自行驱动辊轴式水泥混凝土摊铺整平机",具有全幅式振动行夯的特点,由一根起振密、摊铺、提浆作用的偏心振动轴和两根起驱动整平作用的圆心轴组成,见图4-14。

水泥混凝土道面整平施工时,三辊轴机振动轴始终向后旋转,而其他两根轴则可以前后旋转。三辊轴机向前运动时,振动轴通过偏心振动使拌和物液化,振动轴在自重和动力作用下切入液化的拌和物,并向前推挤甩出拌和物,从而实现摊铺、振密、提浆的功能。由于振动轴的偏心振动,使拌和物表面形成有规律的波浪,当混凝土拌和物的坍落度较小或布料高度较高时,振动轴前会有较多的拌和物堆积,导致拌和物表面的不平整。后面的两根轴在模板上平滚,可消除这种不平整,从而实现混凝土表面整平功能。三辊轴机施工见图4-15。

图 4-13　排式振捣机

图 4-14　三辊轴机

图 4-15　三辊轴机施工

三辊轴机向后移动时,振动形成的波浪只能在三辊轴机掉头向前移动时才能消除,如果三辊轴机不能及时掉头,形成的波浪会留在拌和物表面,从而影响路面质量。因此,施工时必须采用前进振动、后退静滚的方式。

三辊轴机可能会由于磨损等原因,振动轴达不到设定转速和振幅,或者出现弯曲变形,使路面出现波浪,达不到平整度要求,因此必须经常检查维修。

（2）机具选型

三辊轴机的型号以轴的直径表示,规格以轴的长度表示。常用三辊轴机的轴直径有16.8cm、21.9cm 和 24cm 三种。直径大的机型有较强的摊铺功能,施工效率较高,平整度较好,但提出的表面浆体较薄并容易离析,可以达到的振实深度较小。采用小直径轴可实现较好的提浆效果,但轴容易变形,需注意校正。

应根据摊铺厚度和宽度合理选择三辊轴机的型号和规格。厚度较大的混凝土面层宜采用较小的直径轴,厚度较小的面层宜采用较大的直径轴,轴长宜比摊铺宽度大 60 ~ 100cm。振动轴的转速不宜过大,以保证有效的振实和提浆,通常有 300r/min 和 380r/min 两种;振动功率宜大于 5.5kW。驱动轴的行驶速度不宜大于 13.5m/min,驱动功率不宜小于 6.0kW。表 4-8 是两种型号三辊轴机的技术参数。

两种三辊轴机的技术参数 表 4-8

型 号	轴直径（mm）	轴速（r/min）	轴长（m）	轴质量（kg/m）	行走机构质量（kg）	行走速度（m/min）	整平轴距（mm）	振动功率（kW）	驱动功率（kW）
5001	168	300	1.8～9	65±0.5	340	13.5	504	7.5	6
6001	219	300	5.1～12	77±0.7	568	13.5	657	17	9

3. 其他施工辅助配套设备

其他施工辅助配套设备包括装载机、自卸汽车、洒水车、抹面板、刮尺、普通切缝机、刻槽机等。

三、试验路铺筑

水泥混凝土道面面层施工前,必须铺筑试验段。

试验段宜在次要道面部位上铺筑,铺筑面积大小根据试验目的确定。通过试验段铺筑应确定如下内容:

（1）混合料搅拌工艺:检验砂、石、水泥及用水量的计量控制情况、每盘混合料搅拌时间及混合料均匀性等。

（2）混合料运输:检验路况是否良好,混合料有无离析现象,运到铺筑现场所需时间及失水控制情况。

（3）混合料铺筑:确定混合料铺筑预留振实的沉落度,检验振捣器功率及振实混合料所需时间,检查混合料整平及做面工艺,确定拉毛、养护、拆模及切缝最佳时间等。

（4）测定混凝土强度增长情况,检验抗折强度是否符合设计要求及施工配合比是否合理。

（5）检验施工组织方式、机具和人员配备以及管理体系。

（6）根据现场混合料生产量制订施工进度计划。

在试验段铺筑过程中,应认真检查试验段的施工工艺、技术指标是否达到设计要求;如某项指标未达到设计要求,应分析原因并进行必要的调整,直至各项指标均符合设计要求为止。

四、水泥混凝土道面施工过程

水泥混凝土道面采用三辊轴机组施工的工艺流程以及机械布置顺序为:测量放样→安装模板→混合料拌和与运输→布料→密集排振→拉杆安装→人工补料→三辊轴整平→（真空脱水）→精平饰面→拉毛→养生→拆模→切缝→填缝→（硬刻槽）。

1. 模板制作、安装

模板应选用钢材制作。在道面的弯道部分、异形块部位可选用木模。

钢模板应有足够的刚度,不易变形,钢板厚度应大于 4mm。钢模板应做到标准化、系列化、装拆方便、便于运输,其各部分尺寸应符合设计要求。木模板宜采用烘干松木或杉木,厚度应为 2～3cm,不应有扭曲、折裂或其他损伤现象。木模板的内壁、顶面与底面应刨光,拼接牢固,角隅平整无缺。钢、木模板制作质量标准应符合表 4-9 的规定。

钢、木模板质量标准   表 4-9

质量标准要求 检查项目	钢模板	木模板
高度允许偏差(mm)	±2	±2
长度偏差(mm)	±3	±5
企口位置及其各部尺寸偏差(mm)	±2	±2
两垂直边所夹角的偏差(°)	90 ±0.5	
各种预留孔位置及其孔径的偏差(mm)	预留孔位置 +5;孔径 +2	

模板应支立准确、稳固、接头紧密平顺、不得有前后错茬和高低不平等。模板接头和模板与基层接触处,均不得有漏浆现象。模板与混凝土接触面应涂隔离剂。模板安装如图 4-16 所示。

混凝土混合料铺筑前,应对模板的平面位置、高程等进行复测。立模精度要求:平面位置最大允许误差为 ±5mm,高程最大允许误差为 ±2mm,直线性用 20m 拉线检查,最大误差为±5mm。

2. 混凝土拌制

(1)拌和设备

混凝土搅拌站(也称搅拌楼)是用来集中搅拌混凝土的机械设备,也称为混凝土工厂,见图 4-17。它具有自动化程度高、生产率高的特点,常用在混凝土工程量大、施工周期长、施工地点集中的大中型工程。

图 4-16　模板安装

图 4-17　搅拌站

混凝土搅拌站型号较多,但其结构基本相似。混凝土搅拌站主要由搅拌系统、水泥供给系统、集料供给系统、外加剂供给系统、供水系统、电气系统和控制系统组成。搅拌站的结构组成见图 4-18。

①搅拌系统:包括强制式搅拌机、减速机、水泥称量斗、水及添加剂称量斗。

②水泥供给系统:包括水泥仓、螺旋输送机、空压机和螺旋电子秤。

③集料供给系统:包括集料斗、集料称量斗、平皮带机和斜皮带输送机。

④外加剂供给系统:由外加剂储存箱、外加剂泵及料筒和料斗等组成。

⑤供水系统:包括水罐、水泵和管道。

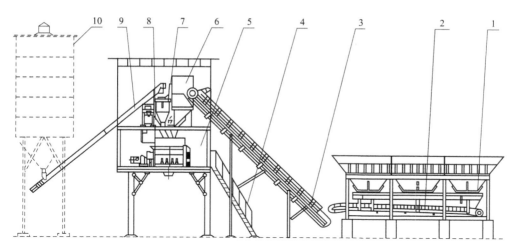

图 4-18 搅拌站结构组成

1-集料仓;2-称量系统;3-集料输送系统(可选用槽形皮带或人字带);4-楼梯与围栏;5-主机楼房;6-集料过渡仓;
7-水泥、粉煤灰、水及添加剂系统;8-搅拌系统;9-螺旋输送机;10-立式粉罐

⑥电气系统:包括电脑控制台、电控柜和操作室。

⑦控制系统:分为计算机全自动控制和辅助手动按钮操作控制两个部分。

(2)混凝土拌和工艺

混凝土拌和工艺如图 4-19 所示。

(3)基本要求

采用散装水泥时,如水泥温度较高,应先将水泥储存在储存仓内,待其温度降低到 30℃ 以下才能使用。若水泥温度过高,会影响水泥的需水量和水化热,并对混凝土的强度、耐久性及龟裂有一定影响;而且随着温度的升高,硬化速度会加快。

投入搅拌机每盘混合料的数量应按混凝土施工配合比和搅拌机容量计算确定,并应符合下列要求:

①投入搅拌机中的砂、石料、水泥及水应准确称量,每台班前检测一次称量的准确度,经常清除秤底盘上面及其侧面的残余料。应采用装置有计算机控制混合料质量、有独立控制操作室、配有计算机自动系统和逐盘打印记录的设施。

②用水量应严格控制。应根据天气变化情况及时测定砂、石料中含水率变化情况,及时调整用水量和砂、石料数量。

③每台班搅拌首盘混合料时,应增加适量水泥及相应的水与砂,并适当延长搅拌时间。

混凝土混合料搅拌应符合下列规定:

①搅拌机装料顺序宜为砂、水泥、石或石、水泥、砂。进料后应边搅拌边均匀加水,水应在搅拌时间开始 15s 内全部进入搅拌机鼓筒。混凝土分次投料搅拌工艺可促进水泥颗粒的分散度和提高水泥水化程度,在不同程度上提高混凝土的强度。

②混凝土应拌和均匀,每盘的搅拌时间根据搅拌机的性能和容量通过试拌确定。搅拌时间从除水之外所有材料都已进入鼓筒时起算至混合料开始卸料为止。搅拌最短时间,双卧轴强制式搅拌机宜不小于 60s,立轴强制式搅拌机宜不小于 90s。采用其他类型搅拌机时,搅拌

时间应根据机型确定。搅拌最长时间不得超过规定的最短时间的 1 倍。

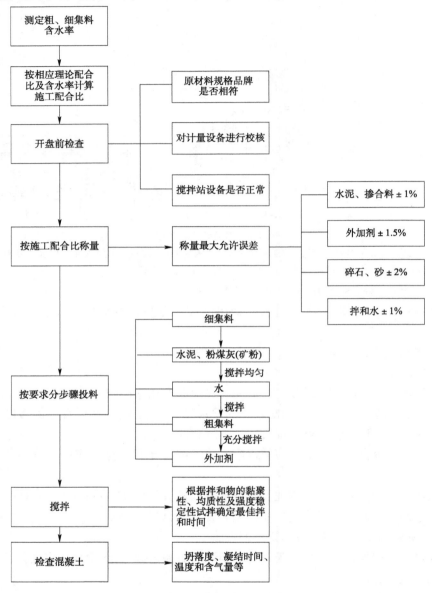

图 4-19　混凝土拌和工艺流程图

③混凝土中掺外加剂时,应经过试验确定。外加剂应按规定的掺用量准确投入,同时必须搅拌均匀。

3. 混凝土运输

运输混凝土宜采用自卸汽车,并以最短时间运到铺筑地段。运输过程中应符合下列规定:

(1)装混凝土的容器应清洗干净,不漏浆。运料前应洒水润湿容器,停运后应把容器冲洗干净。

(2)从搅拌机出料直到卸放在铺筑现场的时间,最长不应超过30min。严禁用额外加水或其他方法来改变混凝土混合料的稠度。

（3）运输道路路况应良好,避免运料车剧烈颠簸致使混合料产生离析现象。不得采用已明显离析的混凝土混合料。

（4）混凝土搅拌机出料口的卸料高度以及铺筑时自卸机动车卸料高度均不应超过1.5m。

4. 混凝土铺筑

（1）准备

混合料铺筑前,应对下列各项进行检查:

①基层或找平层应密实、平整,并应予湿润,高程符合设计要求。

②模板的支立应符合《民用机场飞行区水泥混凝土道面面层施工技术规范》(MH 5006—2002)第5章的要求。

③应备有充分的防雨、防晒和防风设施,对容易发生故障的机具应有备件。

（2）卸、布料

运料车应在摊铺宽度内均匀卸料。可采用人工布料,也可用装载机或挖掘机布料,并控制好布料高度;为保证模板内有足够的水泥混凝土拌和物,布料高度应足够高。人工布料时,宜使用排式振捣机前方的螺旋布料器辅助控制松铺厚度,布料应与摊铺速度相适应。

混合料的布料或摊铺,应符合下列规定:

①混合料的摊铺厚度应按所采用的振捣机具的有效影响深度确定。采用自行式高频振实机,可按混凝土板全厚一次摊铺;采用平板振捣器时,当混凝土板厚度小于22cm时,可一层摊铺;当板厚大于22cm时,应分两层摊铺,下层摊铺的厚度宜为板总厚度的3/5,上下两层摊铺作业应紧密衔接。

②混合料的摊铺厚度应预留振实的沉落度,沉落度值在现场试验确定,一般宜按混凝土板厚的10%~15%预留。

③混凝土混合料的摊铺应与振捣配合进行。在摊铺过程中,因机械故障、突然断电等原因造成临时停工时,对已铺筑的混合料应加以覆盖,防止失水;如停工时间过长,对未经振实、已经初凝的混凝土混合料必须清除。

④摊铺混合料时所用工具和操作方法应防止混合料产生离析现象。

⑤摊铺填档混凝土的时间,应按两侧混凝土面层最晚铺筑的时间算起,其最早时间应不小于表4-10的规定。

铺筑填档混凝土的最早时间 表4-10

昼夜平均气温(℃)	铺筑填档混凝土的最早时间(d)	昼夜平均气温(℃)	铺筑填档混凝土的最早时间(d)
5~<10	6	20~<25	3
10~<15	5	≥25	2
15~<20	4		

铺筑填档混凝土混合料时,对两侧已铺好的混凝土面层的边部及表面应采取保护措施,防止损坏及粘浆。做面宜在新老混凝土接合处用抹刀划一整齐的直线,并应将板边的砂浆清除干净。

（3）振捣

混凝土拌和物摊铺后应立即进行振捣密实作业。面层铺筑厚度较大时,应采用排式振捣机。施工时排式振捣机应匀速缓慢、不间断地行进。面层铺筑厚度较小时,可采用平板振捣器进行振捣。

混合料的振捣应符合下列规定:

①混合料的振捣,若采用平板振捣器时,平板振捣器底盘尺寸应与其功率相匹配。混凝土板的边角、企口接缝部位及埋设有钢筋网部位,宜采用插入式振捣器进行辅助振捣。

②振捣器的功率应根据混凝土混合料的摊铺厚度选用。平板振捣器的功率应不小于2.2kW,振动频率每分钟不小于2 700次;低频插入式振捣器的功率应不小于1.1kW,振动频率每分钟不小于2 700次。

③振捣器在每一位置的振捣时间,应以拌和物中粗集料停止下沉、不再冒气泡且表面呈现泛浆为准。根据振捣器的功率、频率及混合料的和易性,确定在每一位置的振捣时间,平板振捣器为30~45s,低频插入式振捣器宜为20~30s,并不宜过振。

④分层摊铺混凝土混合料时,应分层振捣,其上下两层振捣的间隔时间越短越好;上层的振捣必须在下层的混凝土混合料初凝前完成,下层混凝土混合料经振实并基本平整后方能在其上摊铺上层混凝土混合料。

⑤平板振捣器的振捣,应逐板逐行循序进行,每次移位其纵横向各应重叠5~10cm;不能拖振、斜振;平板振捣器应距模板5~10cm。

⑥采用低频插入式振捣器进行辅助振捣时,振捣棒应快速插入,慢慢提起;每棒移动距离应不大于其作用半径的1.5倍,其与模板距离应小于振捣器作用半径的0.5倍,并应避免碰坏模板、传力杆、拉杆、钢筋网等。分两层摊铺的混凝土混合料,当振捣上层混合料时,振捣棒应插入下层混合料5cm左右的深度。

⑦振捣过程中,应辅以人工找平,并随时检查模板有无下沉、变形、移位或松动,及时纠正。

(4)拉杆安装

为防止混凝土板沿两侧路拱横坡滑动拉开和形成错台,以及防止横缝错开,当面板振实后,应随即安装纵缝拉杆。在侧模预留孔和中间纵缝部位按照设计要求在板厚度中间插入钢筋拉杆;插入拉杆后立即振捣拌和物,以使拌和物充分包裹拉杆。

(5)人工找补

安装拉杆后,要立即检查混凝土的平整状况,进行人工找补。对于高处要适当铲除,对于低处要用同一批拌和物进行填补。

(6)整平

水泥混凝土铺筑整平常采用三辊轴整平机。整平机按作业单元分段整平,作业单元长度宜为20~30m,施工过程中最关键的是对料位高差和振动滚压遍数的控制。三辊轴滚压振实料位高差宜高于模板顶面5~20mm,过高时应铲除,过低应及时补料。三辊轴整平机在一个作业单元长度内,应采用前进振动、后退静滚方式作业,宜分别进行2~3遍,且振动和静滚逐遍交叉进行。振动时,调整好振动轴的高度,与模板顶面留2mm间隙,振动轴只能打击削平拌和物表面,不能和模板接触。

滚压完成后,将振动辊轴抬离模板,用整平轴前后静滚整平,静滚遍数要足够多,一般为4~8遍,直到平整度符合要求、表面砂浆厚度和水灰比均匀为止。表面砂浆厚度宜控制在

4mm±1mm。三辊轴整平机前方表面过厚、过稀的砂浆必须刮除并丢弃，以改善表面的抗滑性和耐磨性。

（7）饰面

道面整平后，表面砂浆沿纵向的厚度和水灰比都已达到均匀，但沿横向可能尚不均匀，应采用3～5m刮尺进行饰面。将刮尺纵向摆放，横向推拉，推拉速度应均匀，每次推拉一次完成，中间不停顿，并调整好刮尺底面与道面的接触角度，刮尺前缘应离开道面，使刮出的浆始终被赶到刮尺前面。刮尺饰面应在三辊轴机完成整平作业后尽快进行，否则饰面效果差。饰面对保证道面平整度符合技术要求具有重要作用。

待表面泌水蒸发消失，再使用刮板或抹刀进行1～2遍收浆饰面或抹光，也可采用旋转抹面机进行密实精平饰面。饰面过程中应将小石、砂压入板面，消除砂眼及板面残留的各种不平整的痕迹。

混凝土从搅拌机出料后，运至铺筑地点进行摊铺、振捣、做面（不包括拉毛）允许的最长时间，由工地试验室根据混凝土初凝时间及施工时的气温确定，应符合表4-11的规定。

混凝土混合料从搅拌机出料至做面的允许的最长时间　　　　　　表4-11

施工温度（℃）	出料至做面允许的最长时间（min）	施工温度（℃）	出料至做面允许的最长时间（min）
5～10	120	20～30	75
10～20	90	30～35	60

注：表中施工温度指施工时间内的平均气温，使用缓凝剂后，表中数值可增大15～30min。

5. 拉毛

饰面工序完成后，应按照设计对道面表面平均纹理深度的要求，适时将混凝土表面拉毛，拉毛纹理应垂直于道面的中线或纵向施工缝，可采用槽毛结合法等以达到要求的平均纹理深度。道面表面平均纹理深度可用填砂法测定。

拉毛时要用铁制横梁作为依靠，使拉槽垂直于混凝土板块，沿横坡方向进行，并控制槽深。拉毛过程中，对拉毛器施加压力要均匀，速度也要均匀，中间不宜停顿；同时使混凝土表面上砂浆的厚度必须较均匀，确保拉毛器在拉动过程中，槽深、槽宽均匀一致。拉毛后如槽形不理想可抹平稍后再拉，拉完后个别槽有局部翻砂现象的，可用同样直径的铁丝和毛刷进行修整。拉毛过程见图4-20。

图4-20　拉毛

6. 养生

养生一般在拉毛2h以后开始，初期采用塑料薄膜，切缝后采用湿麻袋覆盖养生，并及时进行洒水。

混凝土道面终凝后，应及时进行养护。养护宜采用湿法养护并应符合下列规定：

（1）养护材料宜选用保温、保湿以及对混凝土无腐蚀的材料，如针刺无纺布等。当混凝土表面有一定硬度(用手指轻压道面不显痕迹)时,应立即将养护材料覆盖于混凝土表面上,并及时均匀洒水以保持养护材料经常处于潮湿状态。养护期间应防止混凝土表面露白。

(2)养护时间应根据混凝土强度增长情况而定,但不得少于14d。养护期满后方可清除覆盖物。

(3)混凝土在养护期间,禁止车辆在其上通行。

在干旱缺水、冻害等地区或不停航施工时,可采用养护剂或其他保温材料对混凝土面层进行养护。使用养护剂时应先通过试验确定。

7. 拆模

《公路水泥混凝土路面施工技术细则》(JTG/T F30—2014)中规定:当混凝土抗压强度不小于8.0MPa方可拆模。《民用机场飞行区水泥混凝土道面面层施工技术规范》(MH 5006—2002)中规定:拆模时不得损坏混凝土面层的边角、企口。混凝土面层成型后最早拆模时间应符合表4-12的规定。

混凝土道面面层成型后最早拆模时间(h)　　　　　　　　表4-12

昼夜平均气温 (℃)	混凝土道面成型后最早 拆模时间(h)	昼夜平均气温 (℃)	混凝土道面成型后最早 拆模时间(h)
5～10	72	20～25	24
10～15	54	25～30	18
15～20	36	≥30	12

拆模后如发现混凝土板侧壁出现蜂窝、麻面、企口榫舌缺陷,应及时研究处理措施。设置拉杆缝的模板,拆模前应先调直拉杆,并将模板孔眼空隙里的水泥灰浆清除干净。拆模后,应按设计要求及时均匀涂刷沥青予以养护,不得露白。

8. 切缝

为防止混凝土板产生不规则的收缩裂缝,应及时切缝。切缝的时间根据施工时的气温和混凝土的强度通过试验确定。应避免切缝过早导致边缘损伤、石子松动,也应避免切缝过晚导致混凝土板发生不规则的收缩裂缝。

混凝土的纵、横向缝应用切缝机切割,切缝深度和宽度应符合设计要求。

切割纵、横缝时,应精确确定缝位。纵缝应按已形成的施工缝切割,避免形成双缝;切割横缝时应注意相邻板缝位置的连接,不得错缝,保持直线。

切缝后应立即将浆液冲洗干净,并应用填塞物将缝槽填满,防止砂石或其他杂物落入缝内。

9. 表面刻槽

设计要求刻槽的跑道,做面工序完成后,只对表面进行拉毛,不应压槽。跑道和快速出口滑行道道面表面刻槽范围应根据设计要求进行。水泥混凝土强度达到设计要求,即可在道面表面上刻槽。槽形应完整,不允许出现毛边现象。

跑道刻槽方向必须垂直于跑道的中线;快速滑行道出口处刻槽,槽的方向应与横缝平行;槽的深度、宽度均为6mm,相邻槽中线间距应为32mm。

刻槽尺寸允许偏差为:

(1)槽的最小深度5mm,最大深度8mm;最小宽度5mm,最大宽度8mm。

(2)相邻槽中线间距最小31mm,最大35mm。

（3）槽的直线性,20m 长允许偏差 10mm。

槽可以连续通过道面的纵缝,距横缝应不小于 75mm 且不大于 120mm。在嵌入式灯具附近 300mm 范围内不应进行刻槽。在刻槽过程中,应及时将废料清除干净,废料可用水冲走或真空吸走,不允许将废料排入机场雨水或污水系统。

10. 面层保护

水泥混凝土道面面层完工后、交工前,应设立各种警示标志,保护混凝土道面面层及其附属设施的完整性。要求在混凝土道面面层上设置临时通道时,对该处混凝土道面面层必须加覆盖物予以保护。

混凝土道面面层宜在总验后正式开放使用。在开放交通之前,应将道面清理干净。

第五节　水泥混凝土道面接缝材料与施工

一、接缝材料

水泥混凝土道面的所有接缝都应采用接缝材料予以封闭,以防止水分和杂物进入接缝。接缝材料质量的好坏,直接影响水泥混凝土道面的使用品质。采用性能较差的接缝材料,往往会使道面在接缝处出现如下问题:

（1）接缝渗水。由于接缝材料不能与混凝土板很好黏结,尤其是气温较低时,混凝土板收缩后缝隙增大,从而使表面水沿接缝渗入基层,造成基础承载力降低和唧泥,诱发混凝土板产生断裂和错台。

（2）填缝料外溢。气温较高时,如填缝料本身的压缩性能及热稳定性能差,就容易从缝中溢出,影响道面的平整度。

（3）杂物嵌入。如接缝材料性能差,则泥砂等杂物便易于嵌入缝中,使接缝失去胀缩作用,板产生拱胀及断裂。尤其是小石子嵌入时,会使接缝处极端压力集中,以致接缝（特别是胀缝）附近的混凝土板挤碎。

接缝材料按照使用性能分为接缝板和填缝料。

水泥混凝土道面胀缝应选用能适应混凝土板的膨胀和收缩、施工时不变形、复原率高和耐久性良好的材料。通常采用的材料有软质木板、泡沫橡胶板和泡沫树脂板等。接缝板的技术指标应符合表 4-13 中的规定。

接缝板的技术指标　　　　　　　　　　　　　　表 4-13

项　　目	接缝板种类		备注
	木材类	塑料泡沫类	
压缩应力（MPa）	5.0 ~ 20.0	0.2 ~ 0.6	
复原率（%）	>55	>90	吸水后不应小于不吸水的 90%
挤出量（mm）	<5.5	<5.0	
弯曲荷载（N）	100 ~ 400	0 ~ 50	

注:木板中的树节应挖除,并用原质木材修补。

填缝料主要用在水泥混凝土道面的缩缝中和封闭胀缝的上部。应选用与混凝土板缝壁黏结牢固、回弹性好、拉伸量大、不溶于水、不透水、高温时不溢出或流淌、低温时不脆裂、抗嵌入能力强和耐久性好的材料。

机场水泥混凝土道面通常采用常温施工的填缝料,主要有丙烯酸类、聚氨酯类、氯丁橡胶类和改性沥青橡胶类材料。在高原地区,填缝料宜选用硅酮类或改性聚硫类。

设有倒角的接缝以及刻槽道面与槽相垂直的接缝,其填缝料表面宜低于道面 6 ~ 8mm,其余接缝的填缝料表面宜低于道面 2 ~ 5mm。道面和道肩缩缝(含纵向施工缝)的填缝料有效深度,聚氨酯类可采用 12 ~ 15mm,改性聚硫类、硅酮类可采用 6 ~ 10mm。

常温施工填缝料的各项技术指标应符合表4-14 中的规定。

常温施工填缝料的技术指标

表 4-14

试 验 项 目		技 术 要 求	试 验 项 目		技 术 要 求
密度(g/cm³)		实测	与混凝土的黏结性	浸水后	不破坏
流平性(L型)		光滑平整		浸油后	
表干时间(h)		≤16		人工老化后	
弹性恢复率(%)		≥80	加热质量损失率(%)		≤6
拉伸模量(MPa)	23℃	≤0.4	浸油后质量变化率(%)		≤3
	-20℃	≤0.6			

注:停航施工时,表干时间不宜超过 6h。

二、接缝材料施工工艺

1. 接缝板施工工艺

(1)接缝板应按设计图纸加工成板材,长度应与混凝土板宽相等。接缝板不宜用两块以上板块拼接,个别需要拼接时,应用胶粘结牢固,搭接处应紧密无空隙。

(2)采用软质木板作为接缝板时,应先在沥青中进行防腐处理。沥青的温度应大于100℃,浸泡时间不少于 1h,直至浸透为止。

(3)施工时可采用沥青材料将接缝板粘结在预先浇好的板面接缝一侧,粘结应牢固、严密。接缝板的底面应与混凝土板面底面齐平,接缝板底面不能脱空,局部脱空部位用找平层材料填实。接缝板在缝中应处于直立、密实、挤压状态。

2. 填缝料施工工艺

(1)灌注填缝料应在切缝完成、混凝土养护期结束及道面干燥后尽快进行。道面开放交通前必须完成所有灌缝工作,气温低于 5℃时不宜进行灌缝工作。

(2)灌缝前应将缝内的填塞物、砂、石、泥土、浮浆、养护化合物及其他杂物清理干净,清缝可采用钢丝轮刷、高压冲洗等方法来完成。清扫完成后应用压缩空气将缝吹净。

(3)灌缝时,缝槽必须处于干燥状态。下雨或缝中有潮气时不得进行灌注(水溶性材料除外)。填缝料应采用压力设备进行灌注,以保证填缝料灌注饱满、密实并与缝壁粘结牢固。

(4)缝槽深度较大时,下部可填入衬垫材料或黏结材料,以控制填缝料的深度,并支承填缝料不产生凹陷。衬垫材料应尽量避免与填缝料黏结,可压缩而不将填缝料挤出。

(5)填缝料的顶面,不得高出道面表面,低于道面表面不超过 3mm。

（6）灌缝时应按设计要求深度一次成型,不得分次填灌。

（7）施工过程中应及时清除洒溢在板面上的填缝材料。

三、接缝材料施工质量检验标准

接缝板施工质量检验标准应符合表4-15中的规定。

接缝板施工质量检验标准　　　　　　　　　　表4-15

检查项目	允许偏差	检查方法
厚度	±5%	用钢尺量
平面尺寸(长×宽)	±2%	用钢尺量
平整度	<1mm	用1m直尺量尺底与板面最大空隙
垂直度	90°±0.5°	用框架水平尺测量
黏结强度	>0.1MPa	接缝板与混凝土剥离强度
外观	无裂缝、麻面、树节及掉边缺角	

填缝料施工质量检验标准应符合表4-16中的规定。

填缝料施工质量检验标准　　　　　　　　　　表4-16

检查项目	质量及允许偏差	检查方法
高度(mm)	低于板面0～3mm	用尺量
黏结度	与混凝土缝壁黏结良好,没有完全黏结长度不得超过板长1%	用眼睛观察,用手剥离,尺量
外观	不起泡,不溢油,颜色均匀,填缝料饱满、密实,缝面整齐,手感软硬均匀一致;接缝两侧板面干净,无填缝料沾污	

第六节　特殊气候条件下水泥混凝土道面施工

一、水泥混凝土道面低温施工

水泥混凝土道面除少量收尾工程等特殊情况外,不宜采用低温施工。当昼夜平均气温连续5d低于5℃时,混凝土混合料按低温规定进行施工;当昼夜平均气温低于0℃时,不得施工。

低温施工时,应事先准备足够的防寒用材料及用具,混凝土搅拌站应搭设暖棚或其他挡风设备,砂、石材料必要时用保暖材料加以覆盖。不得在有冻害或有积雪的基层上铺筑混凝土混合料,也不应该把冰冻的砂、石料用在混凝土混合料中。混凝土应保证不受冻害,并有一定的硬化条件,适当减小混凝土混合料的水灰比(应保持要求的用灰量,减少用水量),混合料中不得掺用缓凝剂。

搅拌好的混凝土铺筑到模板中时的温度应不低于10℃。当气温为2℃或2℃以下,或混合料铺筑温度低于10℃时,应视情况事先将水加热或将水和砂、石料都加热。材料加热应遵守下列规定:水的加热温度应不超过60℃,砂、石料应不超过40℃,拌制的混凝土混合料应不超过35℃;水泥不得加热。

根据气温情况可掺入适量的早强剂或引气剂,提高混凝土的早期强度及抗冻性。

混凝土混合料的搅拌时间应较常规施工增加50%。

为减少热量损失,混凝土的搅拌、运输和铺筑等工序应紧密衔接,尽量缩短间隔时间。运料过程中,应对混合料予以覆盖保温。

混凝土铺筑后应尽快振实、做面。表面有泌水现象时,应及时清除,完成做面工序时的混凝土温度不得低于5℃。

混凝土做面完毕,当用手指轻压表面无痕迹时,应立即用塑料布、无纺布、麻袋等保温材料覆盖养护。覆盖厚度应根据气温和混凝土温度而定,保证混凝土在早期硬化期的最低温度不低于5℃,同时应保证当混凝土强度未达到设计强度的50%以前,混凝土道面不受冻害。

混凝土保温养护期应不少于28d。养护期间内,如遇天气骤然降温,应视情况及时增加覆盖层的厚度。

《民用机场飞行区水泥混凝土道面面层施工技术规范》(MH 5006—2002)中规定:企口模板最早拆模时间为96h,平缝最早拆模时间为72h,以保证混凝土的强度。拆模后应立即将混凝土侧壁严密覆盖,保温养护。

二、水泥混凝土道面高温施工

当摊铺现场气温达30℃以上时的水泥混凝土道面施工,属于高温施工。

高温施工时应尽量缩短混凝土混合料运输、铺筑、振捣、做面等各道工序的间隔时间。作业完毕后,应及时覆盖,洒水养护。

搅拌站应有遮阳棚。模板和基层表面在铺筑混合料前应洒水湿润,必要时,应对砂、石料采取洒水降温措施。

气温过高时,宜避开中午施工,尽量安排在早晨、傍晚或夜间施工。高温施工时,摊铺的混凝土的温度不得超过35℃。

混凝土搅拌时可按适量比例增加单位用水量,对运输混凝土的车辆应予以覆盖,做面作业宜在遮阳作业棚内进行。

三、风、雨天施工

混凝土道面应尽量避免在大风天(风速4~6m/s)以及干热风天施工,风速大于6m/s时必须停止施工。

铺筑混凝土混合料时,在迎风面应采取挡风措施,防止并及时清除被大风刮到混凝土混合料上的尘土和杂物。尽量缩短各工序作业的时间间隔,作业完成后应及早覆盖、洒水养护。

雨天施工应符合下列规定:

(1)应配备足够数量的材料轻便、结构牢固的防雨棚和塑料布。

(2)混凝土道面不得在雨天施工。混凝土道面施工过程中如遇降雨,铺筑作业应予停止。对已铺筑的混凝土混合料,应及时盖上塑料布或防雨棚,并防止相邻板的雨水流入,冲走砂浆。

(3)雨停后,混凝土尚未凝结时,应抓紧时间继续作业。表面被雨水冲走的部分砂浆,应及时利用原浆填补,不得另调砂浆或在其上撒干水泥。如冲刷面积较大,应予挖除部分混合料,用新混合料重铺。如混合料已终凝,而振捣、做面作业尚未完成,对已终凝的混合料应予全部清除,重新铺筑混合料。铺筑时应清除基槽中的积水。

（4）运送混合料的运输车辆,应有防雨遮盖物。各种电气设备应配有防雨设施。

（5）应测定砂、石的含水率,并及时调整混合料的用水量和混凝土的配合比。

第七节　水泥混凝土道面质量管理与检查验收

一、质量控制内容与标准

水泥混凝土道面面层施工质量控制标准、检验频率与检验方法,应符合表4-17的规定。

水泥混凝土道面面层施工质量控制标准和检验方法　　　　　表4-17

检查项目	质量标准或允许偏差	检验频度	检验方法
抗折强度	≥28d设计要求	每400m³成型1组28d试件;每1 000m³增做一组90d试件;留一定数量试件供竣工验收检验;10 000m²钻一圆柱体	1. 现场成型室内标养小梁抗折试件; 2. 现场随机取样钻圆柱体试件进行劈裂试验作校核
平整度	≤3mm(最大间隙)	分块总数的20%	用3m长直尺和塞尺测定,一块板量三次,纵、横、斜随机取样,取一尺最大值
相邻板高差	±2	分块总数的20%	纵、横缝,用尺量
表面平均纹理深度	符合设计要求	用填砂法,检查分块总数的10%	每块抽查三点,布置在板的任一对角线的两端附近和中间
纵、横缝直线性	≤10mm	抽查接缝总长度的10%	用20m长直线拉直检查
板厚度	设计厚度±5mm	抽查分块总数的10%	拆模后用尺量
		每10 000m²抽查一处	随机钻孔取芯后尺量
长度	跑道1/7 000	验收时沿中线测量全长	按三级导线测量规定精度检查
宽度	跑道1/2 000	每10m测量1处	用钢尺自中线向两侧丈量
道面高程	±5mm	每10m长测一横断面,测处间距不大于2块板	用水准仪测量
预埋件预留孔位置中心	±10mm		纵、横两个方向用钢尺量
外观	1. 不应有以下严重缺陷:断板、裂缝、错台、板角断裂、露石、脱皮起壳、大面积不均匀沉陷、接缝缺边掉角; 2. 不应有以下一般缺陷:小面积剥落、起皮、露石、黏浆、凹坑、足迹、积瘤、蜂窝、麻面等现象; 3. 应纹理均匀一致,嵌缝料饱满,黏结牢固,缝缘清洁整齐		

跑道完成后应进行摩擦系数测定,测定值应符合《民用机场飞行区技术标准》（MH 5001—2013）规定。不同的摩阻测量仪对跑道表面的摩阻特性的评定标准见表4-18。

不同摩阻测试设备测定的摩擦系数对飞机制动作用好坏评定标准   表 4-18

测试仪器	测试轮胎类型	压力（kPa）	测试速度（km/h）	测试水深（mm）	新表面的设计目标	维护规划值	最小摩阻值
Mu 仪拖车	A	70	65	1.0	0.72	0.52	0.42
	A	70	95	1.0	0.66	0.38	0.26
滑溜仪拖车	B	210	65	1.0	0.82	0.60	0.50
	B	210	95	1.0	0.74	0.47	0.34
表面摩阻测试车	B	210	65	1.0	0.82	0.60	0.50
	B	210	95	1.0	0.74	0.47	0.34
跑道摩阻测试车	B	210	65	1.0	0.82	0.60	0.50
	B	210	95	1.0	0.74	0.54	0.41
TATRA 摩阻测试车	B	210	65	1.0	0.76	0.57	0.48
	B	210	95	1.0	0.67	0.52	0.42
抗滑测试仪拖车	C	140	65	1.0	0.74	0.53	0.43
	C	140	95	1.0	0.64	0.36	0.24

跑道掉头坪表面的摩阻特性应与相邻跑道一致,其表面不允许有可能导致运行飞机损坏的参差不齐。

滑行道表面应具有良好的摩阻特性,快速出口滑行道表面的平均纹理深度应不小于0.8mm,其他滑行道表面的平均纹理深度应不小于0.4mm。

二、交工检查与验收

跑道、滑行道、联络道、机坪道面为水泥混凝土面层时,质量检验与评定应符合表4-19中的规定。

水泥混凝土面层(跑道、滑行道、联络道、机坪)质量检验与评定标准   表 4-19

分类	项次	序号	项目	规定值或允许偏差	检测频数	检测方法	规定分
检测项目	保证项目	1	抗折强度（MPa）	符合标准要求	按附录A检测	按附录A检测	
		2	板厚度（mm）	不小于设计厚度 −5mm	每10 000m² 一处	钻孔取芯或利用灯坑测量	
		3	平整度（mm）	不大于3	每2 000m² 一处	3m 直尺法测量	
		4	表面平均纹理深度（mm）	符合标准要求	每4 000m² 一处	填砂法测量	

续上表

分类	项次	序号	项　目	规定值 或允许偏差	检测频数	检测方法	规　定　分
检 测 项 目	一 般 项 目	1	相邻板高差 （mm）	不大于2	每2 000m²一处	用尺测量	25
		2	纵、横缝直线性 （mm）	不大于10	每4 000m²一处	20m长线拉直 测量	20
		3	高程 （mm）	±5	每50m测量一 断面，每断面5点 （机坪测点间距 20m）	用水准仪测量	25
		4	长度（跑道、平 行滑行道）	1/7 000	测中线测量 全长	用经纬仪或激光 测距仪等测量	10
		5	宽度	1/2 000	每100m测量一处	用尺测量	10
		6	预埋件、预留孔 位置中心（mm）	±10	每件或孔一处	纵横两方向用 尺测量	10
外 观 鉴 定	一般缺陷：局部较小面积的剥落、起皮、露石、黏浆、印痕、积瘤、发丝裂纹、蜂窝、麻面、灌缝不良、标志错误或不 清晰等。 　　严重缺陷：断板、严重裂缝、槽台、边角断裂、大面积不均匀沉陷、起皮、剥落、露石等						

注：同一分部工程道面类型不同时，其综合评分应按不同道面工程量进行加权平均。

　　道肩、防吹坪道面为水泥混凝土面层时，质量检验与评定应符合表4-20中的规定。

水泥混凝土面层（道肩、防吹坪）质量检验与评定标准　　表4-20

分类	项次	序号	项　目	规定值 或允许偏差	检测频数	检测方法	规　定　分
检 测 项 目	保 证 项 目	1	抗折强度（MPa）	符合标准要求	按附录A检测	按附录A检测	
		2	板厚度（mm）	不小于设计 厚度−5mm	每50 000m² 一处	钻孔取芯或 利用灯坑测量	
	一 般 项 目	1	平整度（mm）	不大于5	每3 000m²一处	3m直尺法测量	20
		2	相邻板高差（mm）	不大于3	每3 000m²一处	用尺测量	25
		3	纵、横缝直线性 （mm）	不大于10	每4 000m²一处	20m长线拉 直测量	20
		4	高程（mm）	±5	每100m测量断 面，每断面2点	用水准仪测量	25
		5	宽度	1/1 000	每200m测量一处	用尺测量	10
外 观 鉴 定	一般缺陷：局部较小面积的剥落、起皮、露石、黏浆、印痕、积瘤、发丝裂纹、蜂窝、麻面、灌缝不良、标志错误或不 清晰等。 　　严重缺陷：断板、严重裂缝、槽台、边角断裂、大面积不均匀沉陷、起皮、剥落、露石等						

第五章　沥青道面施工

第一节　沥青道面的技术要求

一、道面沥青混合料类型

机场沥青道面一般采用热拌热铺沥青混合料,它是由沥青、粗集料、细集料和矿粉以及外加剂所组成的多相结构。这些组成材料在混合料中,由于组成材料质量的差异和数量比例的不同,可形成不同的组成结构,并表现为不同的力学性能。

按照沥青混合料中矿质集料的最大粒径,热拌沥青混合料可分为:特粗式(公称最大粒径大于31.5mm)、粗粒式(公称最大粒径等于或大于26.5mm)、中粒式(公称最大粒径为16mm或19mm)和细粒式(公称最大粒径为9.5mm或13.25mm),集料的最大粒径及代号见表5-1。

机场道面沥青混合料类型　　　　　　　　表5-1

混合料类型	连续级配		间断级配	公称最大粒径	最大粒径
	沥青混凝土	沥青稳定碎石	沥青玛蹄脂碎石	(mm)	(mm)
特粗式	—	ATB－40	—	37.5	53.0
粗粒式	—	ATB-30	—	31.5	37.5
	AC-25	ATB-25	—	26.5	31.5
中粒式	AC-20	—	SMA-20	19.0	26.5
	AC-16	—	SMA-16	16.0	19.0
细粒式	AC-13	—	SMA-13	13.2	16.0
	AC-10	—	SMA-10	9.5	13.2

1. 沥青混凝土混合料(AC)

采用黏稠沥青与连续级配的矿质集料拌和而成的混合料,适用于道面结构面层的各个层次。

2. 沥青玛蹄脂碎石混合料(SMA)

由沥青结合料与少量的纤维稳定剂、细集料以及较多的填料(矿粉)组成的沥青玛蹄脂填充于间断级配的粗集料骨架的间隙,组成一体的沥青混合料(Stone mastic asphalt),具有抗滑、耐磨、密实耐久、抗疲劳、抗高温车辙、低温裂缝少等优点,主要用于道面结构的上面层,其厚度通常为3.5~4cm。

3. 沥青稳定碎石(ATB)

由矿料和沥青组成具有一定级配要求的密级配沥青稳定碎石混合料(Asphalt-treated permeable base),主要应用于道面结构中的上基层。

沥青道面的中、下面层宜采用粗粒式或中粒式类型的沥青混合料,上面层宜采用中粒式或细粒式沥青混合料,跑道两侧边部6～7.5m内可采用细粒式沥青混合料。道面各层沥青混合料的类型可按表5-2选用。

道面各层沥青混合料类型　　　　　　　　　　　　表5-2

层　次	沥青混合料类型	层　次	沥青混合料类型
上面层	SMA-13 SMA-16 AC-13 AC-16	下面层	AC-20 AC-25
		基层	ATB-40 ATB-30 ATB-25
中面层	AC-16 AC-20		

我国昆明长水国际机场跑道主体道面结构如图5-1所示。

我国青岛流亭国际机场跑道主体道面结构如图5-2所示。

SMA-16
AC-20
AC-25
AC-30 基层
低剂量水泥碎石基层
低剂量水泥碎石基层

图5-1　昆明长水国际机场跑道中部道面结构

SMA-16 改性沥青混凝土
AC-20 改性沥青
AC-20 改性沥青
水泥混凝土
石屑
碎石
块石

图5-2　青岛流亭国际机场跑道 R1 道面结构

二、沥青道面的性能要求

1. 高温稳定性

沥青道面的高温稳定性是指沥青混合料在荷载作用下抵抗永久变形的能力。在夏季,环境温度较高使得沥青道面在飞机荷载作用下易出现剪切变形,其变形的累积会导致道面出现轮辙、推移、波浪和拥包等永久变形。在各种永久变形中,轮辙是最主要的变形形式。

轮辙是指道面的轮迹带上产生的永久变形。当沥青道面采用半刚性基层时,轮辙主要发生在沥青面层。轮辙的形成过程可分为三个阶段:

(1)初始阶段的压密过程

沥青混合料经碾压后,在高温下处于半流态的沥青及由沥青与矿粉组成的胶浆被挤进矿料间隙中,同时集料被强力排列成具有一定骨架的结构。道面交付使用后,在飞机荷载作用下,密实过程进一步发展,在轮迹位置产生局部沉陷。

(2)沥青混合料的侧向流动

在夏季,高温下的沥青混合料在机轮荷载作用下,沥青及沥青胶浆产生流动,除部分填充混合料空隙外,还将促使沥青混合料产生侧向流动,从而使道面受载处被压缩,而轮迹的两侧向上隆起形成马鞍形轮辙。

(3)矿质集料的重新排列及矿质骨架的破坏

夏季高温条件下,处于半固体的沥青混合料,由于沥青及胶浆在荷载作用下首先流动,混合料中粗、细集料组成的骨架逐渐成为荷载主要承担者,促使沥青及胶浆向富集区流动,加速了混合料网络结构的破坏,特别是当沥青及胶浆过多时,这一过程会更加明显。

由此可见,轮辙形成的最初原因是压密及沥青高温下的流动,最后导致骨架的失稳,本质上是沥青混合料的结构特征发生了变化。沥青混合料的材料品质与组成、压实方法、荷载、环境条件等与道面轮辙的形成程度密切相关。

室内车辙试验是评价沥青混合料在规定温度条件下抵抗塑性流动变形能力的有效方法。在温度为60℃和轮压为0.7MPa的条件下,通过板块状试件与车轮之间的反复相对运动,使试块在车轮的反复作用下,产生压密、剪切、推移和流动,从而产生车辙。车辙试验方法可参照《公路工程沥青及沥青混合料试验规程》(JTG E20—2011),试验结果以动稳定度指标反映沥青混合料的高温抗车辙能力。

我国《民用机场沥青混凝土道面施工技术规范》(MH 5011—1999)对车辙试验动稳定度作了如下要求:普通沥青混合料的动稳定度应大于1 500 次/mm;对于飞行区指标Ⅱ为D、E、F的机场,改性沥青混合料的动稳定度应大于2 000 次/mm,对于飞行区指标Ⅱ为A、B、C的机场,改性沥青混合料的动稳定度应大于1 500 次/mm。

2. 低温抗裂性

沥青道面抵抗低温收缩的能力称为低温抗裂性。道面的低温开裂有两种形式:一是由于气温骤降使面层收缩,在有约束的沥青层内产生的温度应力超过沥青混合料的抗拉强度造成开裂,此类裂缝多从道面表面自上向下发展;另一种形式是温度疲劳裂缝,沥青混合料经受长时间的温度循环,应力松弛性能下降,极限拉应变变小,在温度应力小于抗拉强度的情况下产生开裂,这种裂缝主要发生在温度变化频繁的温和地区。

在低温条件下,沥青混合料的变形能力越强,其抗裂性就越好,而沥青混合料的变形能力与其劲度模量成反比。为了提高沥青混合料的低温抗裂性,应选用低温劲度模量较低的混合料。影响沥青混合料低温劲度的最主要因素是沥青的低温劲度模量,而沥青黏度和温度敏感性是决定沥青劲度模量的主要指标。对于同一油源的沥青,针入度较大、温度敏感性较低的沥青劲度较小,抗裂能力较强。在寒冷地区,可采用稠度较低、劲度较低的沥青,或选择松弛性能较好的橡胶类改性沥青来提高沥青混合料的低温抗裂性。

《公路沥青路面施工技术规范》(JTG F40—2004)采用低温弯曲试验的破坏应变评价沥青混合料的低温抗裂性能。低温弯曲试验通常采用长250mm、宽30mm、高35mm的小梁,其跨径为200mm,在－10℃的温度环境下,以50mm/min的速度,在跨中单点加载,在小梁断裂时记录梁底最大弯拉应变。沥青混合料破坏应变应符合表5-3的要求。

沥青混合料低温弯曲试验破坏应变技术要求　　　　表5-3

气候条件与技术指标	相应于下列气候分区所要求的破坏应变($\mu\varepsilon$)								试验方法
年极端最低气温(℃)及气候分区	< -37.0		-21.5 ~ -37.0			-9.0 ~ -21.5		> -9.0	
	1. 冬严寒区		2. 东寒区			3. 东冷区		4. 冬温区	
	1 - 1	2 - 1	1 - 2	2 - 2	3 - 2	1 - 3	2 - 3	1 - 4	2 - 4
普通沥青混合料,不小于	2 600		2 300			2 000			T 0715
改性沥青混合料,不小于	3 000		2 800			2 500			

3. 水稳定性

沥青混合料的水稳定性主要依靠沥青与集料之间的黏附程度。在我国,无论是冰冻地区还是南方多雨地区,沥青道面的水损害问题都有可能发生。水损害发生后使得沥青与集料脱离,从而使道面出现松散、剥离等病害,严重危害道面的使用性能。

(1)沥青道面水损害作用机理

沥青道面的水损差包括两个过程:首先,水浸入沥青中,使沥青黏附性减小,导致混合料的强度和劲度减小;其次,水进入沥青薄膜和集料之间,阻断沥青与集料的相互黏结。由于集料表面对水比对沥青有更强的吸附力,从而使沥青与集料表面的接触面减小,使沥青从集料表面剥落。

影响沥青与集料之间的黏结力的因素包括:沥青与集料的化学组成、沥青的黏度、集料的表面构造、集料的空隙率、集料的清洁度及集料的含水率、集料与沥青拌和的温度等。

(2)沥青道面水稳定性的评价方法

沥青道面水稳定性的评价方法分为两类:一是用沥青裹覆标准集料,在松散状态下浸入水中煮沸,观察沥青从集料上剥离的情况;二是使用击实试件,在浸水条件下,对道面结构的服务条件进行评估。测试方法包括:沥青与粗集料的黏附性试验、浸水马歇尔试验、冻融劈裂试验等。

①沥青与粗集料的黏附性试验

依据《公路工程沥青及沥青混合料试验规程》(JTG E20—2011),将粒径为13.2～19mm、形状接近立方体的洁净规则集料颗粒用线提起,浸入预先加热的沥青(石油沥青130～150℃)试样中45s后,轻轻拿出,使集料颗粒完全为沥青膜所裹覆;待集料颗粒冷却后,浸入微沸状态的水中3min,将集料从水中取出,观察集料颗粒上沥青膜的剥落程度,并按表5-4评价粗集料的黏附性等级。

沥青与集料的黏附性等级　　　　　　　　　　　　表5-4

试验后石料表面上沥青膜剥落情况	黏附性等级
沥青膜完全保存,剥离面积百分率接近0	5
沥青膜少部为水所移动,厚度不均匀,剥离面积百分率少于10%	4
沥青膜局部明显地为水所移动,基本保留在石料表面上,剥离面积百分率少于30%	3
沥青膜大部为水所移动,局部保留在石料表面上,剥离面积百分率大于30%	2
沥青膜完全为水所移动,石料基本裸露,沥青全浮于水面上	1

②浸水马歇尔试验

浸水马歇尔稳定度试验主要用于检验沥青混合料受水损害时抵抗剥离的能力,通过测试其水稳定性检验配合比设计的可行性。依据《公路工程沥青及沥青混合料试验规程》(JTG E20—2011),浸水马歇尔试验方法与标准马歇尔试验方法的不同之处在于试件在已达规定温度恒温水槽中的保温时间为48h,其余均与标准马歇尔试验方法相同。

③冻融劈裂试验

依据《公路工程沥青及沥青混合料试验规程》(JTG E20—2011),沥青混合料冻融劈裂试验采用双面击实次数各为50次的马歇尔击实法成型的圆柱体试件,第一组试件在室温下放置,第二组试件真空饱水后置于－18℃环境下16h,再放入60℃恒温水槽中24h;将第一组和第二组全部试件浸入25℃的恒温水槽不少于2h,取出后分别进行劈裂试验,并计算两组试件的劈裂抗拉强度比值。

《民用机场沥青混凝土道面施工技术规范》(MH 5011—1999)规定,室内采用浸水马歇尔试验和冻融劈裂试验检验沥青混合料的水稳定性,其残留稳定度和劈裂强度比均不应小于80%。

（3）提高沥青道面水稳定性的技术措施

①完善道面结构排水系统。道面结构设计应保证地表水、地下水及时排出结构之外。

②沥青材料选择应考虑选取黏度大的沥青和表面活性成分含量高的沥青。

③集料应尽量选取 SiO_2 含量低的碱性集料，若难以采用碱性集料时，混合料中可掺加外掺剂，以改善沥青与集料的黏附性，如抗剥落剂、消石灰、水泥等。

④施工时应保持集料干燥，混合料拌和充分，摊铺时不产生离析，碾压时保证达到压实度要求等。

4. 耐老化性能

沥青材料在沥青混合料的拌和、摊铺、碾压过程中以及沥青道面的使用过程中都存在老化问题。老化过程一般分为两个阶段，即施工过程中的短期老化和道面使用过程中的长期老化。沥青道面碾压成型后，沥青混合料的抗老化能力不仅与所处环境的光、氧等自然气候有关，还与沥青的材料性质及在混合料中所处的形态有关，如混合料空隙率大小、沥青用量等。

道面铺筑时混合料温度较高，道面建成后受自然因素和飞机荷载长期作用，沥青的技术性能向着不利的方向发生不可逆的变化即沥青的老化。受沥青老化的制约，沥青混合料的物理力学性能随着时间的推移逐年降低，直至满足不了交通荷载的要求。在道面施工过程中，沥青始终处于高温状态，受热会产生短期老化，沥青的短期老化分为运输和储存过程的老化、拌和过程的老化以及施工期的老化三个阶段，其中拌和过程的老化是沥青短期老化的最主要阶段；道面使用期内，沥青长期暴露在自然环境中，同时还要受到飞机机械应力的作用而产生长期老化，即使用期老化。

短期老化的试验方法模拟沥青混合料施工阶段的老化效果，特别体现松散混合料在拌和、储存和运输中受热挥发和氧化。SHRP 根据以往研究，提出了三种方法，即烘箱老化法、延时拌和法和微波加热法等。沥青混合料长期老化试验方法模拟使用期内沥青道面的老化效果，着重体现沥青混合料压实成型持续氧化效应，SHRP 提出了三种方法：加压氧化处理（三轴仪压力室内），延时烘箱加热，红外线/紫外线处理。

《公路工程沥青及沥青混合料试验规程》（JTG E20—2011）采用热拌沥青混合料加速老化试验法模拟了沥青混合料短期老化。试验时，将沥青混合料均匀摊铺在搪瓷盘中，松铺约 $21 \sim 22 kg/m^2$，将混合料放入 135℃ ±3℃ 的烘箱中，在强制通风条件下加热 4h ± 5min，每小时用铲在试样盘中翻拌混合料一次。加热 4h 后，从烘箱中取出混合料，供试验使用。

5. 表面抗滑性能

飞机机轮与道面之间必须具有足够的摩阻力，以防止飞机制动时打滑和方向失控。表征机场道面抗滑性能的主要指标有道面摩擦系数和纹理深度。

国际民航组织和中国民航均采用具有自湿装置的连续摩阻测试仪测量跑道的摩擦系数。一般认为，飞机在湿跑道上滑跑，道面摩擦系数小于 0.2 则非常危险。道面的纹理深度系指道面的表面构造，包括宏观构造（粗纹理）和微观构造（细纹理）。粗纹理是指道面表面外露集料之间的平均深度，可用填砂法等方法测定；细纹理是指集料自身表面的粗糙度，用磨光值表示。

　　沥青道面中的集料是承担机轮荷载的主体,为保证沥青道面的抗滑性能,集料的磨耗值、压碎值、磨光值以及与沥青的黏附性都应符合规范要求。集料的级配影响沥青道面的纹理深度,表面颗粒的裸露程度、尺寸大小和相互间距,又影响道面摩擦系数的大小。

　　沥青道面的抗滑性与沥青用量密切相关。沥青用量过多,空隙被填满,沥青容易溢出表面,纹理深度减小,抗滑性能降低。

　　《国际民用航空公约　附件 14——机场》建议新建跑道道面的平均纹理深度不应小于 1mm。我国《民用机场飞行区技术标准》(MH 5001—2013)规定:跑道的平均纹理深度应不小于 0.8mm。

　　6. 平整度

　　平整度是指道面表面相对于理想平面的偏差。飞机滑过道面的不平整处将产生冲击和振动,冲击和振动不仅影响乘客的舒适和货物的完好,而且还会影响飞行员操纵飞机和判读仪表,引起机件的磨损,危及飞行安全。

　　道面的平整度是一项综合性能指标,涉及施工过程各个环节的诸多因素,是道面施工全过程各个环节质量的综合体现。从影响的根源和机理上分析,主要有以下三方面因素:

　　(1)摊铺机性能及其作业

　　为了获得平整的摊铺表面,从摊铺机操作方面来说,应尽可能地保持摊铺机的稳定作业,亦即稳定的摊铺速度、稳定的刮板输送器供料量、稳定的螺旋输送器送料量,从而保证熨平板前方料堆大小和料位高度的恒定不变。

　　(2)摊铺机找平系统基准误差

　　摊铺机自动找平装置的系统误差是由基准误差和装置本身的误差两部分组成的。在基准误差不变的情况下,自动找平装置本身的误差越小,则系统误差就越小,摊铺层平整度就越高。

　　(3)下承层的平整度

　　平整度的传递是指道面下层的不平整向上反射的过程。下承层若平整度不好,将使得道面面层松铺厚度不等,碾压后表面出现不平整。因此,施工时应保证下承层的高程和平整度符合规范要求。

　　我国《民用机场飞行区技术标准》(MH 5001—2013)规定:跑道表面应具有良好的平整度;用 3m 直尺测量跑道表面时,直尺底面与道面表面间的最大空隙应不大于 3mm。

三、沥青道面的材料要求

　　1. 沥青

　　(1)基质沥青

　　飞行区指标 Ⅱ 为 D、E、F 的机场,由于运行飞机的荷载较大,胎压较高,修筑沥青道面时,应采用机场道面石油沥青(Airport Bitumen),代号为 AB,其技术要求应符合表 5-5 的规定;对于飞行区指标 Ⅱ 为 C 及以下的机场,由于运行飞机的荷载和胎压相对较小,修筑沥青道面时可采用重交通道路石油沥青(AH),其技术要求见表 5-6。机场道面石油沥青技术要求较高,其中应严格限制蜡的含量不得超过 2%,软化点和薄膜烘箱试验后的延度等指标也高于重交通道路石油沥青技术标准。

沥青道面应根据机场所在地理位置和气候条件,按表5-7选用沥青材料。若需要增强道面的高温稳定性、低温抗裂性和耐久性等性能,经过技术经济论证,可采用改性沥青。

机场道面石油沥青技术要求　　　　　　　　表5-5

试　验　项　目		AB-130	AB-110	AB-90	AB-70	AB-50
针入度(25℃,100g,5s)(0.1mm)		120~140	100~120	80~100	60~80	40~60
延度(5cm/min,15℃),不小于(cm)		150	150	150	150	150
延度(5cm/min,10℃),不小于(cm)		50	50	50	50	40
软化点(环球法)(℃)		42~50	43~51	44~52	45~54	46~55
闪点(COC),不小于(℃)		230				
含蜡量(蒸馏法),不大于(%)		2				
密度(15℃)(g/cm³)		实测				
溶解度(三氯乙烯),不小于(%)		99.0				
薄膜加热试验(TFOT)(163℃/5h)	质量损失,不大于(%)	1.3	1.2	1.0	0.8	0.3
	针入度比,不小于(%)	45	48	50	55	58
	延度(15℃),不小于(cm)	100	100	100	100	80
	延度(10℃)(cm)	实测				

注:有条件时测定沥青60℃动力黏度(Pa·s)和135℃运动黏度(mm²/s)。

重交通道路石油沥青技术要求　　　　　　　　表5-6

试　验　项　目		AH-130	AH-110	AH-90	AH-70	AH-50
针入度(25℃,100g,5s)(0.1mm)		120~140	100~120	80~100	60~80	40~60
延度(5cm/min,15℃),不小于(cm)		100	100	100	100	80
软化点(环球法)(℃)		40~50	41~51	42~52	44~54	45~55
闪点(COC),不小于(℃)		230				
含蜡量(蒸馏法),不大于(%)		3				
密度(15℃)(g/cm³)		实测				
溶解度(三氯乙烯),不小于(%)		99.0				
薄膜加热试验(163℃/5h)	质量损失,不大于(%)	1.3	1.2	1.0	0.8	0.6
	针入度比,不小于(%)	45	48	50	55	58
	延度(25℃),不小于(cm)	75	75	75	50	40
	延度(15℃)(cm)	实测				

各气候分区选用的沥青标号　　　　　　　　表5-7

气候分区	年最低月平均气温(℃)	机场道面石油沥青	重交通道路石油沥青
寒区	<-10	AB-90、AB-110、AB-130	AH-90、AH-110、AH-130
温区	-10~0	AB-70、AB-90	AH-70、AH-90
热区	>0	AB-50、AB-70	AH-50、AH-70

(2)改性沥青

用于改性的基质沥青,应采用机场道面或重交通道路石油沥青。根据材料的性质,改性剂可分为以下几类:

①热塑性橡胶材料,主要有苯乙烯—丁二烯—苯乙烯共聚物(SBS)、苯乙烯—异戊二烯—苯乙烯共聚物(SIS);

②橡胶类材料,主要有丁苯橡胶(SBR)、废旧轮胎磨细加工的橡胶粉等;

③热塑性树脂类材料,主要有低密度聚乙烯(LDPE)和乙烯—醋酸乙烯共聚物(EVA)。

各类改性剂的改性效果各异,一般认为热塑性弹性体类改性沥青具有良好的温度稳定性,可明显提高基质沥青的高低温性能,降低沥青的温度敏感性,增强耐老化、抗疲劳性能;橡胶类改性沥青具有较好的低温抗裂性能和较好的黏结性能;树脂类改性沥青具有良好的高温稳定性和抗轮辙能力,但对于沥青道面的低温抗裂性能无明显改善。机场道面改性沥青的质量应符合表5-8的规定。

机场道面改性沥青技术要求

表5-8

技 术 指 标		热塑性橡胶类				橡胶类			热塑性树脂类		
针入度(25℃、100g、5s),大于(0.1mm)		100	80	60	40	100	80	60	80	60	40
软化点(环球法),大于(℃)		45	50	55	60	45	48	52	50	55	60
延度(10℃,5cm/min),大于(cm)		40				40			20		
当量软化点 T_{800} 大于(℃)		44	46	48	50	43	44	45	48	50	52
当量脆点 $T_{1.2}$ 小于(℃)		−16	−13	−10	−8	−16	−13	−10	−13	−10	−8
闪点,大于(℃)		250				250			250		
离析试验		软化点差≤2℃				—			无明显析出或凝聚		
弹性回复(15℃),大于(%)		50	55	60	65	—			—		
薄膜烘箱试验(163℃/5h)	质量损失,小于(%)	1.0				1.0			1.0		
	针入度比,大于(%)	50	55	60	65	50	55	60	50	55	60
	延度(10℃,5cm/min),大于(cm)	30				20			10		
黏度(60℃),大于(Pa·s)		200	400	600	800	200	300	400	400	600	800
密度(25℃)(g/cm³)		实测				实测			实测		

2. 粗集料

粗集料通常采用由岩石破碎加工而成的碎石,碎石应具有足够的强度和硬度,清洁、干燥,其质量应符合表5-9的规定。

粗集料的技术要求

表5-9

指 标	标 准	
	上面层	中、下面层
石料压碎值,不大于(%)	20	25
洛杉矶磨耗损失,不大于(%)	30	30
视密度,不小于(t/m³)	2.5	2.5
吸水率,不大于(%)	2.0	2.0
与沥青的黏附性(水煮法),不小于	5级	4级
坚固性,不大于(%)	12	12
细长扁平颗粒含量,不大于(%)	12	15
水洗法<0.075mm颗粒含量,不大于(%)	1	1
软石含量,不大于(%)	5	5
石料磨光值(PSV),不小于	45	—

粗集料的颗粒形状宜接近立方体,表面粗糙而富有棱角,其颗粒尺寸的规格应符合表5-10

的规定。

沥青面层用粗集料规格 表 5-10

集料规格	粒径(mm)	37.5	31.5	26.5	19.0	13.2	9.5	4.75	2.36	0.6
S7	10~30	100	90~100				0~15	0~5		
S8	10~25		100	90~100		0~15		0~5		
S9	10~20			100	90~100		0~15	0~5		
S10	10~15				100	90~100	0~15	0~5		
S11	5~15				100	90~100	40~70	0~15	0~5	
S12	5~10					100	90~100	0~15	0~5	
S13	3~10					100	90~100	40~70	0~20	0~5
S14	3~5						100	90~100	0~15	0~3

粗集料与沥青黏附性不符合要求时,应采取掺抗剥离剂措施,抗剥离剂的种类、剂量须通过试验确定。

3. 细集料

细集料可采用石屑、机制砂、天然砂。细集料应清洁、干燥、质地坚硬、耐久、无杂质,其质量应符合表 5-11 的规定。

石屑、砂的颗粒尺寸与规格应符合表 5-12 和表 5-13 的规定。

细集料技术要求 表 5-11

指 标	标 准	指 标	标 准
视密度,不小于(t/m³)	2.50	塑性指数,不大于	4
坚固性(>0.3mm 部分),不大于(%)	12	砂当量,不小于(%)	60
小于 0.075mm 的颗粒含量,不大于(%)	3		

注:1 坚固性试验根据需要进行。

2 砂当量试验有困难时,可只测定小于 0.075mm 颗粒含量(水洗法)及其塑性指数。

沥青面层用机制砂或石屑规格 表 5-12

集料规格	公称粒径(mm)	水洗法通过各筛孔的质量百分率(%)							
		9.5	4.75	2.36	1.18	0.6	0.3	0.15	0.075
S15	0~5	100	90~100	60~90	40~75	20~55	7~40	2~20	0~10
S16	0~3	—	100	80~100	50~80	25~60	8~45	0~25	0~15

沥青混合料用天然砂规格 表 5-13

方孔筛(mm)	通过各筛孔的质量百分率(%)		
	粗砂	中砂	细砂
9.5	100	100	100
4.75	90~100	90~100	90~100
2.36	65~95	75~100	85~100
1.18	35~65	50~90	75~100
0.6	15~29	30~59	60~84
0.3	5~20	8~30	15~45
0.15	0~10	0~10	0~10
0.075	0~5	0~5	0~5
细度模数 M_x	3.7~3.1	3.0~2.3	2.2~1.6

细集料应与沥青有较好的黏结能力。与沥青黏结性能差的天然砂及用酸性石料轧制的机制砂或石屑不得在沥青上面层使用;料源困难时可在中、下面层使用,但应在沥青中掺加抗剥离剂,其剂量经试验确定,并应检验沥青与集料的黏附性、水稳定性是否满足要求。

在沥青混合料中单独使用富有棱角的石屑有可能导致沥青混合料压实困难,掺配部分天然砂有助于改善混合料的和易性,但天然砂的用量不宜过多,否则会降低混合料的稳定度,一般密级配沥青混合料中天然砂的用量通常不宜超过集料总量的20%,SMA 不宜使用天然砂。

4.填料

填料应采用石灰石、白云石等碱性石料加工磨细的石粉。原石料中的风化石、泥土杂质应剔除。填料要求干燥、洁净、无风化,其质量应符合表 5-14 的规定。

填料技术要求 表 5-14

指　标	标　准
视密度,不小于(t/m³)	2.50
含水率,不大于(%)	1
粒度范围 <0.6mm(%)	100
<0.15mm(%)	90～100
<0.075mm(%)	75～100
外观	无团粒结块
亲水系数,不大于	1

为提高沥青混合料的水稳定性,可使用水泥、消石灰粉代替部分填料,但总量不宜超过集料总重的2%。从沥青混合料拌和机集尘装置中回收的粉尘,不得用作填料。

第二节　沥青混合料配合比设计

热拌沥青混合料的配合比设计应通过目标配合比设计、生产配合比设计及生产配合比验证三个阶段,确定沥青混合料的材料品种、矿料级配、最佳沥青用量等。《民用机场沥青混凝土道面施工技术规范》(MH 5011—1999)规定采用马歇尔试验配合比设计方法;如采用其他方法设计沥青混合料时,应按规范规定进行马歇尔试验及各项配合比设计检验,并报告不同设计方法的试验结果。

一、目标配合比设计

1.密级配沥青混合料目标配合比设计

密级配沥青混合料目标配合比设计的任务是用工程实际使用的材料优选矿料级配、确定最佳沥青用量,并符合相关技术标准的要求。目标配合比一般在沥青面层施工前一个月左右进行,所确定的集料配合比供拌和机确定冷料仓的供料比例、进料速度及试拌使用。

热拌沥青混合料的目标配合比设计宜按照图 5-3 的步骤进行。

(1)确定工程设计级配范围

密级配沥青混合料的设计级配宜在表 5-15 规定的级配范围内,针对具体工程的气候条件、飞机荷载和已建机场沥青道面的成功经验进行调整。

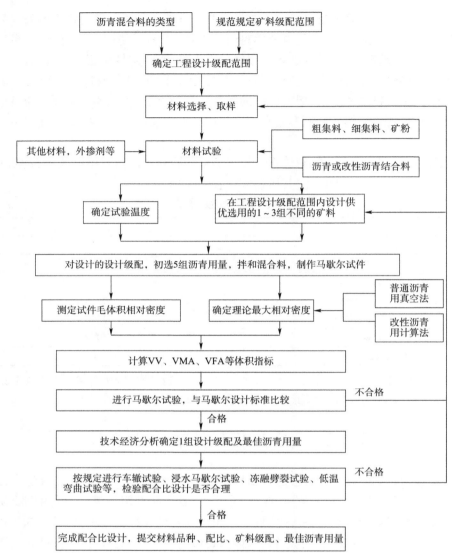

图 5-3 密级配沥青混合料目标配合比设计流程图

密级配沥青混合料矿料级配及沥青用量表   表 5-15

筛孔（mm）	沥青混合料类型					
	AC-10	AC-13	AC-16	AC-20	AC-25	AC-30
37.5	—	—	—	—	—	100
31.5	—	—	—	—	100	95～100
26.5	—	—	—	100	95～100	79～92
19.0	—	—	100	95～100	75～90	66～82
16.0	—	100	95～100	75～90	62～80	59～77
13.2	100	95～100	75～90	62～80	53～73	52～72
9.5	95～100	70～88	58～78	52～72	43～63	43～63
4.75	55～75	48～68	42～63	38～58	32～52	32～52
2.36	38～58	36～53	32～50	28～46	25～42	25～42

续上表

筛孔（mm）	沥青混合料类型					
	AC-10	AC-13	AC-16	AC-20	AC-25	AC-30
1.18	26~43	24~41	22~37	20~34	18~32	18~32
0.6	17~33	18~30	16~28	15~27	13~25	13~25
0.3	10~24	12~22	11~21	10~20	8~18	8~18
0.15	6~16	8~16	7~15	6~14	5~13	5~13
0.075	4~9	4~8	4~8	4~8	3~7	3~7
沥青用量（%）	5.0~7.0	4.5~6.5	4.0~6.0	4.0~6.0	4.0~6.0	4.0~6.0

调整工程设计级配范围宜遵循下列原则：

①粗型（C型）或细型（F型）混合料的选择。粗型和细型密级配沥青混合料的关键筛孔通过率的要求见表5-16。

粗型和细型密级配沥青混凝土关键性筛孔通过率　　表5-16

混合料类型	公称最大粒径（mm）	用以分类的关键性筛孔（mm）	粗型密级配		细型密级配	
			名称	关键性筛孔通过率（%）	名称	关键性筛孔通过率（%）
AC-25	26.5	4.75	AC-25C	<40	AC-25F	>40
AC-20	19	4.75	AC-20C	<45	AC-20F	>45
AC-16	16	2.36	AC-16C	<38	AC-16F	>38
AC-13	13.2	2.36	AC-13C	<40	AC-13F	>40
AC-10	9.5	2.36	AC-10C	<45	AC-10F	>45

对夏季温度高、高温持续时间长、飞机起降次数多的机场道面，宜选用粗型密级配沥青混合料（AC-C型），并取较高的设计空隙率；对冬季温度低、低温持续时间长、飞机起降次数较少的机场道面，宜选用细型密级配沥青混合料（AC-F型），并取较低的设计空隙率。

②为保证沥青混合料的高温抗轮辙能力，同时兼顾低温抗裂性能的需要，进行配合比设计时宜适当减少公称最大粒径附近的粗集料用量，并减少0.6mm以下细集料的用量，使中等粒径集料含量较多。

③确定各层的工程设计级配范围时应考虑不同层位的功能需要，经组合设计的沥青道面应满足耐久、稳定、密实、抗滑等要求。

④按规范要求确定的工程设计级配范围应比规范级配范围窄，其中4.75mm和2.36mm通过率的上下限差值宜小于12%。

⑤沥青混合料的配合比设计应充分考虑施工性能，使沥青混合料容易摊铺和压实，避免造成严重的离析。

（2）原材料的选择与确定

原材料的选择应依据机场所在地区的气候分区及沥青道面材料要求，通过对初选的不同料源的材料进行全面的性能试验和经济比较，选择既符合性能要求又经济合理的原材料，作为混合料配合比设计用料。

（3）矿料配合比设计

在工程设计级配范围内拟定约3组粗细不同的配比，使包括0.075mm、2.36mm、4.75mm

筛孔在内的较多筛孔的通过率分别位于设计级配范围的上方、中值及下方。设计合成级配不得有太多的锯齿形交错,且在 0.3 ~ 0.6mm 范围内不出现"驼峰"。当反复调整不能满意时,宜更换材料设计。

(4)马歇尔试验

按照《公路工程沥青及沥青混合料试验规程》(JTG E20—2011)的相关规定进行马歇尔试验,对于密级配沥青道面,其沥青混合料马歇尔试件成型及各项试验的技术要求见表5-17。

密级配沥青混合料马歇尔试验技术标准   表5-17

指　标	标　准	指　标	标　准
击实次数(次)	两面各75	空隙率 VV(%)	3 ~ 6
稳定度 MS(kN),大于	9.0	沥青饱和度 VFA(%)	70 ~ 85
流值 FL(0.1mm)	20 ~ 40	残留稳定度(%),大于	80

注:1. 粗粒式沥青混凝土马歇尔稳定度标准可降低为大于 8.0kN。

    2. 细粒式沥青混凝土空隙率为2% ~ 6%。

沥青混合料试件的制作温度按表5-18的规定确定,并与施工实际温度相一致。改性沥青混合料的成型温度在此基础上再提高 10 ~ 20℃。

密级配沥青混合料试件的制作温度(℃)   表5-18

施 工 工 序	石油沥青的标号				
	50 号	70 号	90 号	110 号	130 号
沥青加热温度	160 ~ 170	155 ~ 165	150 ~ 160	145 ~ 155	140 ~ 150
矿料加热温度	集料加热温度比沥青温度高 10 ~ 30(填料不加热)				
沥青混合料拌和温度	150 ~ 170	145 ~ 165	140 ~ 160	135 ~ 155	130 ~ 150
试件击实成型温度	140 ~ 160	135 ~ 155	130 ~ 150	125 ~ 145	120 ~ 140

进行马歇尔试验时,以预估的油石比为中值,按一定间隔(对密级配沥青混合料取 0.5%)取 5 个或 5 个以上不同的油石比,按规定方法成型试件,测定试件的密度,并计算空隙率 VV、沥青饱和度 VFA、矿料间隙率 VMA 等物理指标。

(5)确定最佳沥青用量 OAC

按图 5-4 的方法,以沥青用量为横坐标,以马歇尔试验的各项物理指标为纵坐标,将试验结果点入图中,连成圆滑的曲线,确定沥青用量范围 OAC_{min} ~ OAC_{max}。选择的沥青用量范围必须涵盖设计空隙率的全部范围,并尽可能涵盖沥青饱和度的要求范围,使密度及稳定度曲线出现峰值。如果没有涵盖设计空隙率的全部范围,试验必须扩大沥青用量范围重新进行。

在曲线图上求取对应于密度最大值、稳定度最大值、空隙率中值、沥青饱和度中值的沥青用量 a_1、a_2、a_3、a_4,按公式(5-1)取平均值作为最佳沥青用量初始值 OAC_1。

$$OAC_1 = (a_1 + a_2 + a_3 + a_4)/4 \qquad (5\text{-}1)$$

如果在所选择的沥青用量范围未能涵盖沥青饱和度的要求范围,按公式(5-2)计算初始值 OAC_1。

$$OAC_1 = (a_1 + a_2 + a_3)/3 \qquad (5\text{-}2)$$

以各项指标均符合技术标准(不含 VMA)的沥青用量范围 OAC_{min} ~ OAC_{max} 的中值作为 OAC_2。

$$OAC_2 = (OAC_{min} + OAC_{max})/2 \qquad (5\text{-}3)$$

通常情况下取 OAC_1 及 OAC_2 的中值作为计算的最佳沥青用量 OAC。

$$OAC = (OAC_1 + OAC_2)/2 \tag{5-4}$$

按公式(5-4)计算的最佳油石比 OAC,从图 5-4 上得出所对应的空隙率和 VMA 值,检验是否能满足表 5-19 关于最小 VMA 值的要求。OAC 宜位于 VMA 凹形曲线最小值的贫油一侧。检查图 5-4 中相应于此 OAC 的各项指标是否均符合马歇尔试验技术标准。

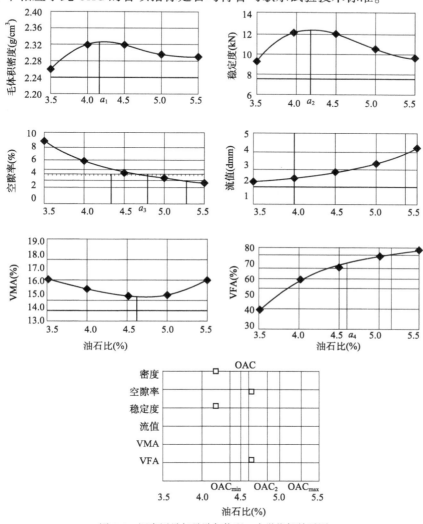

图 5-4 沥青用量与马歇尔物理—力学指标关系图

注:图中 $a_1 = 4.2\%$,$a_2 = 4.25\%$,$a_3 = 4.8\%$,$a_4 = 4.7\%$,$OAC_1 = 4.49\%$(由 4 个平均值确定),$OAC_{min} = 4.3\%$,$OAC_{max} = 5.3\%$,$OAC_2 = 4.8\%$,$OAC = 4.64\%$。比例中相对于空隙率4%的油石比为4.6%。

矿 料 间 隙 率   表 5-19

最大集料粒径(mm)	31.5	26.5	19.0	16.0	13.2	9.5	4.75
VMA,不小于(%)	12.5	13	14	14.5	15	16	18

根据实践经验、气候条件、荷载情况,调整确定最佳沥青用量 OAC。对温热区机场道面,预计有可能产生较大轮辙时,可在 OAC_2 与下限 OAC_{min} 范围内决定,但不宜小于 OAC_2 的0.5%;对寒区

机场道面,OAC 可在 OAC_2 与上限值 OAC_{max} 范围内决定,但不宜大于 OAC_2 的 0.3% 。

最佳沥青用量确定后,应计算最佳沥青用量时的粉胶比和有效沥青膜厚度,以检验最佳沥青用量是否合理。粉胶比应符合 0.6 ~ 1.6 的要求,对常用的公称最大粒径为 13.2 ~ 19mm 的密级配沥青混合料,粉胶比宜控制在 0.8 ~ 1.2 范围内。

(6)配合比设计检验

确定最佳沥青用量之后,按已经确定的配合比,制作试件进行高温稳定性、低温抗裂性、水稳定性、渗水性能等各种使用性能的检验。若检验结果达不到技术标准的要求,应调整矿料配合比或更换材料重新进行配合比设计。

①高温稳定性检验

对公称最大粒径等于或大于 19mm 的混合料,按规定方法进行车辙试验;对公称最大粒径大于 19mm 的密级配沥青混凝土,由于轮辙试件尺寸不能适用,检验时可加厚试件。

当轮辙试验动稳定度不满足要求时,应对矿料级配或沥青用量进行调整,重新进行配合比设计。

②水稳定性检验

按规范规定的试验方法进行浸水马歇尔试验和冻融劈裂试验,残留稳定度和劈裂强度比均不应小于 80% 。

③低温抗裂性能试验

对公称最大粒径等于或小于 19mm 的混合料,按规定的试验方法在 $-10℃$、加载速率 50mm/min 的条件下进行弯曲试验,测定破坏强度、破坏应变、破坏劲度模量,并根据应力应变曲线综合评价混合料的低温抗裂性能。

④渗水性能

宜利用轮碾机成型的车辙试验试件,脱模架起进行渗水试验,渗水系数应满足表 5-20 的相关要求。

沥青混合料试件渗水系数技术要求　　　　　　　　　　　　　表 5-20

级配类型	渗水系数要求(mL/min)	试验方法
密级配沥青混凝土	≤120	T 0730
SMA 混合料	≤80	

(7)配合比设计报告

配合比设计报告应包括工程设计级配范围选择说明、材料品种选择与原材料质量试验结果、矿料级配、最佳沥青用量及各项体积指标、配合比设计检验结果等。

2.SMA 混合料目标配合比设计

SMA 是由沥青、纤维稳定剂、矿粉和少量的细集料组成的沥青玛蹄脂填充间断级配的粗集料骨架间隙而组成的沥青混合料,其基本组成是碎石骨架和沥青玛蹄脂。SMA 混合料的特点是粗集料多、细集料少、用油量高、矿粉多,其混合料属于骨架密实型结构。SMA 混合料具有抗滑耐磨、孔隙率小、抗疲劳、高温抗轮辙、低温抗开裂的优点。

基于 SMA 混合料的特点,其配合比设计与密级配沥青混合料配合比设计在集料级配、沥青用量以及马歇尔试验指标方面有较大差别。

SMA 混合料目标配合比设计的原则:一是要保证粗骨架的形成;二是要考虑最小沥青用

量的限制,以保证混合料的耐久性;三是要保证混合料在施工时不产生沥青矿粉胶浆流淌、离析现象;四是所设计的混合料要满足相应技术指标的要求。

（1）材料选择

用于配合比设计的各种材料质量必须符合规范要求。

（2）矿料级配的确定

SMA 道面的工程设计级配范围宜采用表 5-21 规定的矿料级配范围。

沥青玛蹄脂碎石混合料级配范围 表 5-21

筛 孔（mm）	通过各筛孔的质量百分率（%）	
	SMA-16	SMA-13
19	100	
16	90 ~ 100	100
13.2	60 ~ 80	90 ~ 100
9.5	40 ~ 60	45 ~ 65
4.75	20 ~ 32	22 ~ 34
2.36	18 ~ 27	18 ~ 27
1.18	14 ~ 22	14 ~ 22
0.6	12 ~ 19	12 ~ 19
0.3	10 ~ 16	10 ~ 16
0.15	9 ~ 14	9 ~ 14
0.075	8 ~ 12	8 ~ 12

在工程设计级配范围内,调整各种矿料比例,设计 3 组粗细不同的初试级配,3 组级配 4.75mm 筛的通过率（SMA-10 为 2.36mm,下同）分别为级配范围的中值、中值 + 3%、中值 − 0.3%,其矿粉数量宜相同,使 0.075mm 筛的通过率为 10% 左右。

计算初试级配的矿料的合成毛体积相对密度 γ_{sb}、合成表观相对密度 γ_{sa}、有效相对密度 γ_{se}。把每个合成级配中小于粗、细集料分界筛孔的集料筛除,按《公路工程集料试验规程》（JTG E42—2005）的规定,用捣实法测定粗集料骨架的松方毛体积相对密度 γ_s,按公式（5-5）计算粗集料骨架混合料的平均毛体积相对密度 γ_{CA}。

$$\gamma_{CA} = \frac{P_1 + P_2 + \cdots + P_n}{\dfrac{P_1}{\gamma_1} + \dfrac{P_2}{\gamma_2} + \cdots + \dfrac{P_n}{\gamma_n}} \tag{5-5}$$

式中:P_1、P_2、$\cdots$、P_n——粗集料骨架部分各种集料在全部矿料级配混合料中的配比;

　　　γ_1、γ_2、$\cdots$、γ_n——各种粗集料相应的毛体积相对密度。

按公式（5-6）计算各组初试级配的捣实状态下的粗集料松装间隙率 VCA_{DRC}。

$$VCA_{DRC} = \left(1 - \frac{\gamma_s}{\gamma_{CA}}\right) \times 100 \tag{5-6}$$

式中:VCA_{DRC}——粗集料骨架的松装间隙率（%）;

　　　γ_{CA}——粗集料骨架的毛体积相对密度;

　　　γ_s——粗集料骨架的松方毛体积相对密度（g/cm³）。

预估 SMA 混合料的油石比 P_a 或沥青用量 P_b,作为马歇尔试件的初试油石比,制作马歇尔试件,马歇尔标准击实的次数为双面 50 次,根据需要也可采用双面 75 次,一组马歇尔试件的数目不得少于4个。SMA马歇尔试件的毛体积相对密度由表干法测定。

按公式(5-7)的方法计算不同沥青用量条件下SMA混合料的最大理论相对密度,其中纤维部分的比例不得忽略。

$$\gamma_t = \frac{100 + P_a + P_x}{\dfrac{100}{\gamma_{se}} + \dfrac{P_a}{\gamma_a} + \dfrac{P_x}{\gamma_x}} \tag{5-7}$$

式中:γ_{se}——矿料的有效相对密度;

P_a——沥青混合料的油石比(%);

γ_a——沥青混合料的表观相对密度;

P_x——纤维用量,以沥青混合料总量的百分数代替(%);

γ_x——纤维稳定剂的密度,由供货商提供或由比重瓶法实测得到。

按公式(5-8)计算SMA混合料马歇尔试件中的粗集料骨架间隙率VCA_{mix},并计算混合料的空隙率VV、矿料间隙率VMA、沥青饱和度VFA。

$$VCA_{mix} = \left(1 - \frac{\gamma_f}{\gamma_{CA}} \times P_{CA}\right) \times 100 \tag{5-8}$$

式中:P_{CA}——沥青混合料中粗集料的比例,即大于4.75mm的颗粒含量(%);

γ_{CA}——粗集料骨架部分的平均毛体积相对密度;

γ_f——沥青混合料试件的毛体积相对密度,由表干法测定。

从3组初试级配的试验结果中选择符合$VCA_{mix} < VCA_{DRC}$及VMA>16.5%的级配作为设计级配,当有1组以上的级配同时符合要求时,以4.75mm筛上通过率大的级配为设计级配。

(3)确定最佳沥青用量OAC

根据初试油石比试验的空隙率结果,以0.2%~0.4%为间隔,调整3个以上不同的油石比用以拌制混合料,制作马歇尔试件,每一组试件数不宜少于4个。若初试油石比的空隙率及各项体积指标恰好符合设计要求时,可直接作为最佳油石比。

进行马歇尔稳定度试验,检验稳定度和流值是否符合表5-22的技术要求。表5-22中的稳定度和流值并不作为SMA混合料配合比设计可以接受或者否决的唯一指标,容许根据同类型SMA工程的经验予以调整,对改性沥青SMA试件的流值可不作要求。

SMA混合料马歇尔试验技术要求

表5-22

指　　标	标　　准	指　　标	标　　准
击实次数	两面各75次	动稳定度(次/mm)	>3000
稳定度(kN)	>6.0	残留稳定度(%)	>80
流值(0.1mm)	20~50	冻融劈裂试验残留强度比(%)	>75
空隙率(%)	3~5	析漏(170℃,1h)(%)	≤0.15
VMA(%)	>17	肯塔堡磨耗率(-10℃)(%)	≤20
沥青用量(%)	>5.5		

注:当集料的吸水率小于1%时,按集料的毛体积密度计算试件的空隙率;

　　当集料的吸水率大于1%时,按集料的毛体积密度与视密度的平均值计算试件的空隙率。

根据期望的设计空隙率,确定最佳油石比。马歇尔试件的设计空隙率应符合表5-22的要求,在炎热地区空隙率宜选择靠近上限,寒冷地区空隙率可选择靠近中、下限。当击实次数为75次时,设计空隙率不宜超过4%。

（4）配合比设计检验

SMA 混合料的配合比设计与密级配沥青混合料相比，还必须进行谢伦堡沥青析漏试验及肯特堡飞散试验。

①谢伦堡沥青析漏试验

谢伦堡沥青析漏试验用以确定沥青混合料有无多余的自由沥青或沥青玛蹄脂，由此确定最大沥青用量。通过此试验，若结合料损失率超过表 5-22 的相关要求时，即认为所设计的混合料沥青用量超过了最大沥青用量。试验方法可参见《公路工程沥青及沥青混合料试验规程》（JTG E20—2011）。

②肯塔堡飞散试验

肯塔堡飞散试验用以检验所设计的集料与沥青结合料的黏结力是否满足表 5-22 飞散质量损失的要求。集料分散多可能是沥青结合料用量太少，也可能是沥青结合料的质量太差，二者都有可能使集料黏附不牢固而在交通荷载的作用下发生飞散。

肯塔堡飞散试验是将单个马歇尔试件在一定温度下放入洛杉矶磨耗试验机内，不加任何其他磨块，试件在洛杉矶筒内以一定速度旋转过程中受到撞击、筒壁摩擦等作用，旋转一定时间内，试件在磨损前后的质量损失率，称为混合料飞散损失率，其试验步骤可依据《公路工程沥青及沥青混合料试验规程》（JTG E20—2011）的相关规定。

二、生产配合比设计

生产配合比是在目标配合比的基础上进行的。通过计算、调整确定沥青混合料拌和厂冷料仓的供料比例，确定热料仓的材料比例，并确定最佳沥青用量，这个过程即为生产配合比设计。

1. 调整冷料仓的出料比例

首先对沥青混合料拌和厂堆料场中各种规格的集料进行筛分。如果堆料场各个规格集料的级配组成与目标配合比设计阶段相同，可直接根据目标配合比确定的矿质集料比例确定各冷料仓的出料比例。当料场集料规格与目标配合比时的集料规格有明显差异时，应重新进行矿料配合比计算，再根据目标配合比和集料级配重新确定各冷料仓的供料比例。

2. 热料仓矿料配合比设计

烘干后的热集料经过二次筛分重新分成 3~5 个不同粒径级别的集料，并分别进入拌和机的各个热料仓内。此时，各个热料仓中集料颗粒组成已不同于冷料仓，不能再按照冷料仓的集料颗粒组成确定各热料仓集料进入拌和锅的比例，需要重新进行矿料配合比计算。首先对各个热料仓集料进行筛分试验，根据各个热料仓集料的级配组成计算各个热料仓的取料比例，得到矿质混合料的生产配合比。所确定的生产配合比必须符合设计级配范围的要求，并尽量接近目标配合比级配组成。同时应反复调整从冷料仓进料的比例和进料速度，使得各个热料仓的取料比例基本均衡，防止个别热料仓取料比例较小，避免出现溢仓现象。

3. 确定最佳沥青用量

根据热料仓的材料比例，取目标配合比设计的最佳沥青用量 OAC、OAC±0.3% 等 3 个沥青用量进行马歇尔试验和试拌，通过室内试验及从拌和机取样试验综合确定生产配合比的最佳沥青用量，由此确定的最佳沥青用量与目标配合比设计的结果的差值不宜大于

±0.2%。

三、生产配合比验证

沥青混合料的生产配合比验证要求对沥青混合料进行试拌试铺。机场跑道道面较宽,要求在试铺中尽可能按道面宽度进行摊铺。应在防吹坪部位或滑行道部位先行试铺,确定生产配合比和施工工艺,成熟后再进行跑道等重要部位沥青混合料的摊铺。

拌和机的试拌和试验段上的试铺时,应对混合料级配、油石比、摊铺、碾压过程和成型混合料的表面状况进行观察和判断,并在拌和厂出料处或摊铺机旁抽检取样,检验混合料矿料级配和沥青用量是否合格;进行马歇尔试验,检验混合料是否符合规定的要求,同时还应进行车辙试验、浸水马歇尔试验,以检验高温稳定性和水稳定性。只有当试拌和试铺的混合料符合所有的要求时才能允许生产使用。

通过试拌和试铺,要解决下列问题:

(1)根据马歇尔试验结果(含残留稳定度等结果)、矿料间隙率和沥青饱和度、现场钻取试件的空隙率(如为上面层还要包括摩擦系数和表面构造深度等),验证初定的沥青混合料生产配合比。

(2)确定合适的摊铺温度、摊铺速度、自动找平方式等。

(3)确定所需运料车的数量及单车最小吨位。

(4)确定压路机组合方式、碾压温度(含初压、复压和终压三个阶段)、碾压的控制方法、碾压速度及各种压路机相应的碾压遍数。

(5)确定松铺系数和施工缝的处理方法。

第三节　沥青混合料的生产

一、概述

沥青混合料的生产采用专用的拌和设备,拌和设备按工艺流程可分为间歇强制式拌和设备、连续强制式拌和设备和连续滚筒式拌和设备。我国《民用机场沥青混凝土道面施工技术规范》(MH 5011—1999)规定,机场道面沥青混合料的生产采用间歇式拌和设备(图 5-5)。

间歇式拌和设备由冷集料储存和配料装置,冷集料烘干与加热系统、热料提升装置、热料筛分与称量装置、除尘装置、矿料供给系统、沥青供给系统、搅拌器、成品料提升机及成品料储仓等装置组成,如图 5-6 所示。

间歇式拌和设备能保证矿料的级配、矿料与沥青的比例达到相当精确的程度,另外也易于根据需要随时变更矿料级配和油石比,所拌制出的沥青混合料质量好,可满足各种施工要求。

图 5-5　间歇式拌和设备

间歇式拌和设备的工艺流程如下：

（1）不同规格的冷集料→冷集料定量给料装置中的各料斗按容积进行粗配→粗配后的冷集料由皮带输送机传输→干燥滚筒内的火焰逆流将冷集料烘干并加热到足够温度→热集料被提升机传输→热集料由筛分机筛分后存入储斗暂时储存（以上过程为连续进行）→热集料计量装置精确计量→搅拌器搅拌。

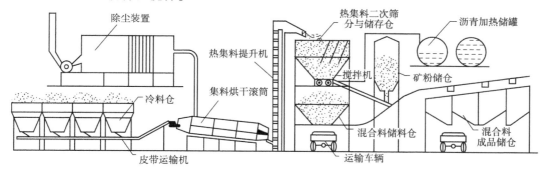

图 5-6　间歇式拌和机示意图

（2）矿粉→矿粉储仓→定量给料装置→搅拌器搅拌。

（3）沥青→沥青保温灌→沥青定量装置→搅拌器搅拌。

（4）搅拌好的沥青混凝土成品→混合料成品储仓或直接运往施工现场。

（5）干燥滚筒、热集料筛分机等所产生的粉尘→除尘装置将粉尘分离出来→粉尘储仓或矿粉定料给料装置再利用。

二、间歇式拌和设备功能

1.冷集料供给系统

将不同粒径的冷集料运到拌和厂后,按粒径的大小分别存放在料场内。冷集料供给系统一般设置有 3～6 个料斗（图5-7）,生产沥青混合料时,用装载机将不同粒径的冷集料分别装入相应的料斗内。冷集料装入料斗后,可以从下面的出口输出,料斗的出口有一个闸门,闸门的开度可以由人工调节控制出料量。配料机出口下有配料皮带,皮带的转动可以将料斗内的冷集料输送出来,通过改变配料皮带的移动速度,可以调整冷集料的输出量,移动速度快,则出料量大;移动速度慢,则出料量小。配料皮带由调速电动机驱动,通过对电动机转速的控制,可以改变转速,达到调整配料皮带移动速度,从而调整给料量。

图 5-7　料斗

每个配料机冷集料的输出量按照设计的集料级配比例输出,就形成了一定的矿料级配,如果调整各个配料机的输出量的数值,可以调整各种矿料的配合比例。矿料配比精度取决于配料机的控制精度,还决定于各种矿料粒径的准确度,如果供应的矿料粒径的准确度不够,冷集料供给系统配比出的矿料级配是不准确的。因此,冷集料供给系统只能作为初步的配比。

经过初配的矿料送到冷料输送机处,由输送机的输送皮带送到加热烘干筒内。

2.冷集料烘干加热系统

在生产沥青混合料时,为了烘干集料并将其加热到所需要的工作温度,必须将集料反复地抛撒,并使集料与热气接触,以吸收热量,去除水分和升高温度。一般都是使用烘干加热系统使集料加热到一定温度并充分脱水,以保证计量精确和结合料对它的裹覆,使成品料具有良好的摊铺性能。

冷集料烘干加热系统包括干燥滚筒和加热装置两大部分。工作中,干燥滚筒不断地转动,筒内的提升叶片不断将进入筒内的冷集料升起、抛下,同时燃烧器向筒内喷入火焰,冷集料将逐渐被烘干并加热到其工作温度。

3.热集料提升机

热集料提升机的功用是将干燥筒卸去的热集料提升到一定的高度并送入筛分装置中,提升机通常采用链斗式提升机。

4.筛分装置与热料仓

筛分装置的功能是将热集料提升机输送来的集料按粒径大小进行分级,以使在搅拌之前进行精确的计量与级配。

筛分装置常采用振动筛。振动筛内有几个不同规格的筛网,第一道筛网为粗筛网,将超规格的集料弃除掉,其他筛网孔径由上至下逐层减小,如图5-8所示。

热料筛分的振动筛应根据混合料的规格选用。筛子的筛分能力(即每小时通过的集料量)与混合料级配、集料品种、类型、集料的洁净程度、筛孔、筛子的倾角和振荡能力都有关系。《公路沥青路面施工技术规范》(JTG F40—2004)中提供了二次筛分用的振动筛筛孔与配合比用的标准筛筛孔之间的关系(表5-23),可供参考。

间歇式拌和机用振动筛的等效筛孔 表5-23

标准筛筛孔(mm)	2.36	4.75	9.5	13.2	16	19	26.5	31.5	37.5	53
振动筛筛孔(mm)	3~4	6	11	15	19	22	30	35	41	60

在振动筛下设置一排热料仓(图5-8),分别用来储存细集料、中粒度碎石和大粒度碎石等。一般的拌和楼设有4个热料仓,有的甚至5~6个。不同级配的混合料必须配置不同的筛孔组合,如果筛孔尺寸不合理,可能影响到混合料级配的准确性,甚至影响到混合料的使用性能。此外,热料仓的筛孔尺寸最好与冷料的尺寸相协调,从而可以很好地达到级配的要求,而且溢料情况可以很好地被加以控制。

振动筛与热料仓之间连接有耐热橡胶板,这样既保证了筛分,又可对粉尘起密封作用。

5.粉料供给系统

粉料供给系统是对散装矿粉进行储存,并在搅拌设备工作期间将一定量的矿粉送至矿粉计量装置内。粉料供给系统包括矿粉储存装置和矿粉输送装置。

矿粉储存装置有漏斗式与筒仓式两种形式。漏斗式结构简单、上料高度低,一般用于生产率低或使用袋装矿粉的搅拌设备上;筒仓式劳动强度小、工作现场干净,但结构复杂、附属设备多、成本高,多用于大、中型搅拌设备上。

根据矿粉的供给形式,采用不同的方法将矿粉送至筒仓内:若用粉料罐车供给矿粉,一般采用气动输送的方法上料,称为气动式储料供给系统,它是利用气流带动矿质填料进行上料,所以进料量控制精确度极高,还可以消除堵塞现象;若供应的是袋装矿粉,则常用斗式提升机上料。

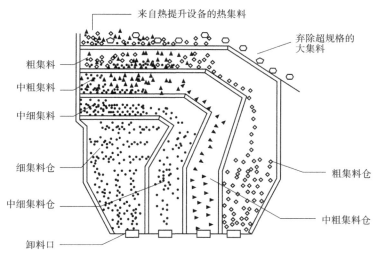

图 5-8 筛分装置与热料仓示意图

矿粉输送装置是指将筒仓内的矿粉送至矿粉计量装置。最简单的方法是直接用一台螺旋输送机供料至矿粉称量斗,但是此方式占地面积较大。也有采用将矿粉从筒仓经螺旋输送机、斗式提升机、螺旋输送机,才送至计量装置的称量斗,其目的是为缩小占地面积,降低造价。

6. 沥青供给系统

沥青供给系统是给沥青称量装置提供具有一定温度的热态沥青。该系统主要由沥青罐、沥青泵、沥青加热装置、三通阀和输送管道等组成。

7. 称量系统

间歇式沥青拌和楼的称量方法分为一次称量和二次称量两种。一次称量是指仓门只打开一次,为保证称量的准确,仓门要提前关闭,最终称量精度靠仓门关闭以后的空中飞料值来修正,飞料值受仓门开度以及热料仓中料位高低的影响,而且飞料补偿只是根据上一次称量的偏差值去补偿下一次称量的飞料量,所以容易出现称量时多时少的现象。二次称量是仓门首先在一个大开度的状态下按设定比例称量后,再关至一个小开度进行剩余部分的称量,其精度也要靠第二次飞料值来修正,但此飞料值来量小、误差小,而且受热料仓中热料多少的影响也小。所以,为了提高称量精度,各热料仓中的料位应尽量保持恒定,避免飞料值的过分动荡。采用二次称量时,一般沥青称量是集料完成之后才开始的。在沥青称量的过程中,其补偿值与沥青灌阀门开度有很大关系。一般来说,在满足生产的前提下,应以较小的开度为好,这样有利于提高称量精度。

向称量斗投放热料的顺序不同,也将影响沥青混合料的级配可靠度。拌和机的热料只有一个称量系统,采用累计称量的方式投料。若称量系统的精度为2%,在最大称量为2 000kg时,那么先称或后称200kg,某仓热料产生的最大误差为4kg或40kg,后者将严重影响该仓热料在混合料中级配的精度,所以为保证级配的稳定性,应采用先轻后重的称量顺序投料。

8. 搅拌器

间歇式搅拌设备均采用卧式双轴叶桨搅拌器,其功用是将按一定比例称量好的集料、矿粉和沥青均匀地搅拌成所需要的成品料。

目前大多数搅拌设备都采用集料→沥青→矿粉这种投料顺序,先将集料放入搅拌器内干拌几秒钟,再加入沥青搅拌几秒钟,最后加入矿粉继续搅拌,直至完全搅拌均匀,其工作流程如图 5-9 所示。这样沥青在较稀的状态下与集料接触,便于裹覆在集料上,并且黏结牢固,再加入矿粉后也可以使矿粉充分掺入沥青中,使集料、沥青、矿粉搅拌均匀,结合紧密。

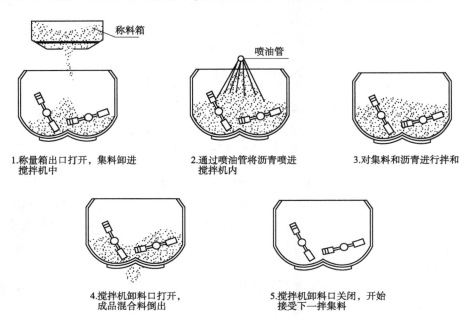

1.称量箱出口打开,集料卸进搅拌机中

2.通过喷油管将沥青喷进搅拌机内

3.对集料和沥青进行拌和

4.搅拌机卸料口打开,成品混合料倒出

5.搅拌机卸料口关闭,开始接受下一拌集料

图 5-9　搅拌器工作流程

在拌和周期内必须能生产出集料颗粒分布和沥青裹覆均匀的混合料,但拌和周期时间过长,高温集料上的沥青薄膜长时间暴露在空气中,会降低混合料的耐久性。通常各种材料全部投入后的纯拌和时间为 35～45s,每一个循环周期为 45～60s。但不同的拌和设备、不同的混合料组成材料,拌和时间存在较大差异,应通过试验确定。

9. 成品料储仓

沥青拌和站常配备成品料仓,将搅拌器生产出的沥青混合料先送到成品料仓内储存起来,运料货车可以随时从成品料仓装料,不用在搅拌器下面等待卸料,拌和站的生产不受运料货车影响,拌和站可以连续不断地生产,不用配备更多的运料货车在拌和站等候,这样运料货车的装车时间也大为减少,可以节约运力,降低混合料运输成本。

沥青混合料在成品料仓内储存时间不宜过长,防止混合料温度降低,具体储存时间以沥青混合料温度下降情况而定,要保证沥青混合料温度最低不能低于规定的摊铺温度。有保温材料的成品料仓储存时间也不得超过 72h。

10. 除尘装置

沥青混凝土搅拌设备在生产过程中,烘干、筛分、称量和搅拌等工序会有大量粉尘逸出。

这些都将造成环境污染,除尘装置就是将这些污染物尽可能地收集起来,以净化环境,使之符合国家环保法规的要求。

沥青混凝土搅拌设备用除尘器有一级除尘器和二级除尘器。一级除尘器只是滤除污染物中的粗粉尘,二级除尘除了进行一次粗滤外,还要再进行一次清除污染物中的微粉尘工作。

常用除尘装置按其工艺有干式和湿式两种。按其工作原理和结构形式可分为旋风式、布袋式和水浴式三种;前两种属于干式,后一种属于湿式;旋风式为粗滤,后两种为细滤。一般小型搅拌设备只配备一级旋风式除尘器。大型搅拌设备为达到环保除尘要求,采用两级除尘,即除采用旋风式除尘器外,还配备有袋式除尘器或湿式除尘器。经袋式除尘后,排尘量为不大于 $50mg/m^3$,湿式除尘后的排尘量为不大于 $400mg/m^3$。

三、拌和质量检测

1. 拌和质量直观检测

必须在料车装卸过程和离开拌和楼前经常目测沥青混合料的拌和质量。沥青混合料生产的每一个环节都对温度控制有严格要求,目测经常可以发现沥青混合料的温度是否符合规定,料车装载的混合料中冒黄烟往往表明混合料过热,若混合料温度过低,沥青裹覆不匀,装车将比较困难。此外,若运料车的沥青混合料能够堆积很高,则说明混合料温度偏低,或混合料中沥青含量过低。反之,如果热拌混合料在料车容易坍平,则可能是因为沥青过量或矿料湿度过大所致。

2. 拌和质量测试

对生产出的沥青混合料进行质量检验是混合料质量控制的重要方面,主要包括以下三项内容。

（1）混合料出厂温度

沥青混合料的出厂温度通常在料车上测出,较理想的方法是使用有度盘和铠装轴的温度计,将温度计插入混合料中,使之达到至少 15cm 深度,测出料温;也可用手持红外测温仪,它是一种测量表面反射温度的仪器,仅能测出材料表面温度,其温度读数对于料车中部的材料不准确。红外测温仪能迅速获得全面数据,但使用时应经常校准。沥青混合料的出厂温度应符合表 5-24 和表 5-25 的要求。

密级配沥青混合料施工温度

表 5-24

沥青种类	石油沥青	
沥青标号	AB-50 AB-70 AB-90	AB-110 AB-130
沥青加热温度（℃）	150～170	140～160
间歇式沥青拌和机矿料加热温度	比沥青加热温度高 10～20℃（填料不加热）	
沥青混合料出厂正常温度（℃）	140～165	125～160
混合料储料仓储存温度	储料过程中温度比出厂温度降低不得超过 10℃	
混合料运输到现场温度不低于（℃）	120～150	

续上表

沥青种类		石油沥青
摊铺温度	正常施工不低于(℃)	110 ~ 130
碾压温度	正常施工不低于(℃)	110 ~ 140
碾压终了温度	钢轮压路机不低于(℃)	70
	轮胎压路机不低于(℃)	80
	振动压路机不低于(℃)	65
道面开放使用温度不高于(℃)		50

SMA 施工温度　　　　表 5-25

工　序	不使用改性沥青	使用改性沥青		
		热塑性橡胶类	橡胶类	热塑性树脂类
沥青加热温度(℃)	150 ~ 160	160 ~ 165	160 ~ 165	150 ~ 160
改性沥青现场制作温度(℃)	—	165 ~ 170	—	160 ~ 165
改性沥青加工最高温度(℃)	—	175	—	175
集料加热温度(℃)	185 ~ 195	190 ~ 200	200 ~ 210	180 ~ 190
SMA 混合料出厂温度(℃)	160 ~ 170	175 ~ 185	175 ~ 185	170 ~ 180
混合料最高温度(℃)	180	不高于 190		
混合料储存温度(℃)	160	比出厂温度降低不超过 10		
运输到达现场温度(℃)	155	比出厂温度降低不超过 15		
摊铺温度不低于(℃)	150	160		
初压温度不低于(℃)	140	150		
碾压终了温度不低于(℃)	110	130		
开放交通温度不高于(℃)	50	50		

（2）混合料的取样和测试

取样与测试的主要目的是及时发现问题并纠正解决,以保证沥青混合料的质量,并作为指导后续生产的依据。必须严格遵循取样和测试程序,确保试验结果能真实反映混合料的质量和特性。

在进行沥青混合料取样时,主要包括抽样频率、规格、位置以及试验种类,取样时,应确保所取样品能够反映整批混合料特性。测试的主要内容是马歇尔稳定度、流值、空隙率、饱和度、沥青抽提试验、抽提出后的矿料筛分试验,必要时进行残留稳定度试验。

第四节　沥青道面施工准备

一、下承层准备

沥青混合料摊铺的下承层可能是基层、道面下面层或中面层。在沥青混合料摊铺之前,可能会因施工车辆行驶等原因造成表面污染,必须对下承层进行清洗干净处理,然后可喷洒透层油或黏层油。

　　沥青道面施工之前应进行施工放样,施工放样包括平面控制和高程控制两项内容。平面控制是定出摊铺道面的边线位置;高程测定的目的是确定下承层表面高程与原设计高程的差值,以确定沥青混合料面层的摊铺厚度和高程不超出容许范围。为了便于掌握铺筑宽度和方向,需要放出摊铺道面的平面轮廓线或设置导向线。

二、透层与黏层施工

1. 透层

　　透层是为了使沥青面层与非沥青材料基层结合良好,在基层上喷洒石油沥青、煤沥青、液体沥青或阳离子乳化沥青而形成的透入基层表面的薄层。沥青道面的级配砂砾、级配碎石基层及水泥、石灰、粉煤灰等无机结合料稳定粒料的基层上必须浇洒透层沥青,以保证面层和基层具有良好的结合界面。

　　透层用沥青宜选用慢裂的洒布型乳化沥青,也可采用中、慢凝液体石油沥青或煤沥青。透层乳化沥青的质量要求应符合表 5-26 的规定。

乳化沥青技术要求

表 5-26

项　　目　　　　　　种　类		PC-2PA-2	PC-3PA-3
筛上剩余量不大于(%)		0.3	
破乳速度试验		慢裂	快裂
黏度	沥青标准黏度计 $C_{25,3}$(s)	8~20	
	恩格拉度 E_{25}	1~6	
蒸发残留物含量(不小于,%)		50	
蒸发残留物性质	针入度(100g,25℃,5s)(0.1mm)	80~300	60~160
	残余延度比(25℃)(不小于,%)	80	
	溶解度(三氯乙烯)(不小于,%)	97.5	
储存稳定性	5d(不大于,%)	5	
	1d(不大于,%)	1	
与矿料的黏附性,裹覆面积不小于		2/3	
低温储存稳定度(-5℃)		无粗颗粒或结块	
用途		透层油用	黏层油用

　　注:1. 乳液黏度可选沥青标准黏度计或恩格拉黏度计的一种测定,$C_{25,3}$ 表示测试温度25℃、黏度计孔径为3mm,E_{25} 表示在 25℃时测定。

　　2. 储存稳定性一般用 5d 的,如时间紧迫也可用 1d 的稳定性。

　　透层用沥青的稠度宜通过试洒确定,表面致密的半刚性基层表面宜采用渗透性好的较稀的透层沥青,级配砂砾、级配碎石等粒料基层宜采用较稠的透层沥青。用于制作透层用乳化沥青的沥青标号应根据基层的种类、当地气候等条件确定。各种透层用沥青的品种和用量见表 5-27。

透层材料规格和用量表　　　　　　　表 5-27

用途	液体沥青		乳化沥青		煤沥青	
	规格	用量（L/m²）	规格	用量（L/m²）	规格	用量（L/m²）
无结合料粒料基层	AL(M)-1、2 或 3 AL(S)-1、2 或 3	1.0~2.3	PC-2 PA-2	1.0~2.0	T-1 T-2	1.0~1.5
半刚性基层	AL(M)-1 或 2 AL(S)-1 或 2	0.6~1.5	PC-2 PA-2	0.7~1.5	T-1 T-2	0.7~1.0

注:表中用量是指包括稀释剂和水分等在内的液体沥青、乳化沥青的总量。乳化沥青中的残留物含量以 50% 为基准。

透层油应采用沥青洒布车喷洒,喷洒量应保证整个洒布宽度喷洒均匀。使用的喷嘴宜根据透层油的种类和黏度选择,确保能成雾状,并与洒油管成 15°~25° 的夹角,洒油管的高度应使同一地点接受 2~3 个喷油嘴喷洒的沥青,不得出现花白条。

透层油洒布后的养生时间随透层油的品种和气候条件决定,应确保液体沥青中的稀释剂全部挥发,乳化沥青渗透且水分蒸发,宜尽早铺筑沥青面层,防止工程车辆损坏透层。

2. 黏层

黏层是为了加强道面各沥青层之间、沥青层与水泥混凝土道面之间的黏结而洒布的沥青材料薄层。在水泥混凝土道面、旧沥青道面上均应洒布黏层沥青,对于双层式或三层式热拌热铺沥青道面,在铺筑上一层之前,如果其下面的沥青层表面已被污染,也需洒布黏层沥青。

黏层用沥青宜采用与面层所使用的种类和标号相同的石油沥青经乳化或稀释制成的材料,各种黏层用沥青品种和用量应根据所黏结的道面结构层的种类通过试洒确定,各种黏层沥青的品种和用量见表 5-28。

黏层材料规格和用量表　　　　　　　表 5-28

下卧层类型	液体沥青		乳化沥青	
	规格	用量（L/m²）	规格	用量（L/m²）
新建沥青层或旧沥青道面	AL(R)-3~AL(R)-6 AL(M)-3~AL(M)-6	0.3~0.5	PC-3 PA-3	0.3~0.6
水泥混凝土	AL(M)-3~AL(M)-6 AL(S)-3~AL(S)-6	0.2~0.4	PC-3 PA-3	0.3~0.5

注:表中用量是指包括稀释剂和水分等在内的液体沥青、乳化沥青的总量。乳化沥青中的残留物含量以 50% 为基准。

黏层油宜采用沥青洒布车喷洒,洒布速度和喷洒量应保持稳定。场道道面干燥,道面温度在 25℃ 以上,且天气不致降雨时施工,才能使黏结层效果最好。气温低于 10℃ 时不得喷洒黏层油,寒冷季节施工不得不喷洒时可以分成两次喷洒。

黏层油喷洒必须成均匀雾状,在道面上均匀分布成一薄层,不得流淌、漏洒或成条状,也不得有堆积。喷洒不足的要补洒,喷洒过量处应予刮除。喷洒黏层油后,严禁运料车外的其他车和行人通过。

黏层油宜在当天洒布,待乳化沥青破乳、水分蒸发完成,或稀释沥青中的稀释剂基本挥发完成后,紧跟着铺筑沥青层,确保黏层不受污染。

第五节　沥青混合料的运输与摊铺

一、沥青混合料的运输

沥青混合料的运输过程是指将热拌沥青混合料装入混合料运料车,运至摊铺现场,卸入摊铺机受料斗并返回沥青混合料储存地的整个过程。

1. 运料车辆的组织设计

沥青混合料成品应及时运往工地,施工前应查明摊铺位置、施工摊铺能力、运输路线、运距、运输时间以及所需混合料的种类和数量等。车辆数量必须满足拌和设备连续生产的要求,不因车辆少而临时停工。在生产中所用运料车数量 n,视拌和设备生产能力 $G_0(\text{t/h})$、车辆的载质量能力 $G(\text{t})$ 及运输时间等因素确定,可按公式(5-9)计算。

$$n = \alpha \cdot \frac{t_1 + t_2 + t_3}{T} \tag{5-9}$$

式中:t_1——车辆满载由拌和厂行至摊铺现场的运行时间(min);

$\quad\ t_2$——车辆空载由摊铺现场行至拌和厂的运行时间(min);

$\quad\ t_3$——在工地卸料以及在拌和厂和工地等待的总时间(min);

$\quad\ T$——拌制一车混合料所需时间(min),$T = \dfrac{60G_0}{G}(\text{min})$;

$\quad\ \alpha$——储备系数,视运输道路上交通信号灯情况而定,一般取 $\alpha = 1.1 \sim 1.2$。

运料车的数量应该较拌和能力和摊铺速度有所富余,应保证将拌和机拌制的沥青混合料(含预先储存在成品储料室内的沥青混合料)及时运送到摊铺现场,并在摊铺机前常保持有 $4 \sim 5$ 辆待卸车。

2. 混合料装载方式

沥青混合料的装载方式对减少混合料离析至关重要。图 5-10a)为单一装料方式,较大集料颗粒落至料堆锥体边部而引起离析,在车槽端部更为明显,混合料摊铺后易形成粗细集料分布不均匀的道面。多次挪动料车位置,采用图 5-10b)所示的"品"字形或倒"品"字形平衡装料方式可以减少沥青混合料的离析现象。

a)在车厢周边形成离析的单一装载方式

b)减小车厢中离析区域的多重装载方式

图 5-10　运料车装载方式

注:图 b)中的 1、2、3 代表运料车装载混合料的先后顺序。

3.混合料的运输要求

热拌沥青混合料宜采用载质量大于15t的大型自卸汽车运输,以减少摊铺机在短时间内频繁换车卸料的情况,运输时不得紧急制动、急转掉头致使透层、封层损伤。

从拌和机向运料车上装料时,应多次挪动汽车位置,平衡装料,以减少混合料离析。

当拌和厂到摊铺现场距离较远时,特别在非高温季节施工时,应用篷布或棉毯等防护罩覆盖沥青混合料,以保持沥青混合料的温度,防止料温下降较多致使表面形成硬壳。到达摊铺现场时应检查沥青混合料的质量(如混合料的颜色是否均匀一致,有无花白料,有无结团或严重离析现象,温度是否在容许的范围内等);如果混合料的温度过高或过低,应该废弃不用;已结块或已遭雨淋的混合料也应废弃不用。

摊铺过程中,运料车在摊铺机前100~300mm处停住,空挡等候,由摊铺机推动前进开始缓缓卸料,避免撞击摊铺机。运料车每次卸料必须倒净,尤其是对改性沥青或SMA混合料,如有剩余,应及时清除,防止硬结。

为防止沥青混合料与运料车车厢板黏结,应在车厢侧板和底部涂隔离剂或防黏剂,但不得有余液积聚在车厢底部。隔离剂通常采用石灰水或肥皂水、柴油与水(1:3)的混合液等。

二、沥青混合料的摊铺

1.摊铺设备

摊铺机是将拌制好的各种沥青混合料均匀地摊铺在已修建好的道面基层或下卧层上,并对其进行一定程度预压实和整形的专用机械,是道面施工的关键设备之一。

道面沥青混合料的摊铺宜采用履带式摊铺机,履带式摊铺机由主机和熨平装置两大部分组成。主机用以提供摊铺机所需要的动力和支撑机架,并接收、储存和输送沥青混合料给螺旋分料器;熨平板是对铺层材料做整形与熨平的基础机件,具有自行加热、厚度调节等功能,并可对铺层材料通过振动、振捣进行预压实。

(1)供料系统

摊铺机供料系统是将接收料斗内的沥青混合料利用刮板输送器向后输送,然后由螺旋分料器再将混合料向左右两侧沿摊铺宽度横向分布,摊铺在下承层上。摊铺机的供料系统由接收料斗、纵向的刮板输送器和横向的螺旋分料器构成。

(2)熨平装置

用螺旋分料器摊铺好的沥青混合料,必须进行预压实,并按要求(厚度和坡度)进行整形和熨平,在自行式摊铺机上一般采用两种方法和装置来实现。一种是先用振捣梁进行预捣实,再用熨平装置整面和熨平,另一种是用振动熨平装置同时进行振实、整面和熨平。前者紧贴在熨平板前面有一根悬挂在偏心轴上的振捣梁,用振捣梁对混合料进行捣实,熨平板只起整面熨平板作用,摊铺层密实度较低;后者则是用振捣梁捣实后在熨平板上装有振动器,通过熨平板本身的振动对铺层振实并整面熨平,其摊铺层密实度较高,可减少压路机的压实遍数。

2.摊铺作业过程及其要求

道面摊铺前应先调整幅宽,检查刮平板与幅宽是否一致。厚度(松铺系数)应符合要求:一般沥青混合料的松铺系数为1.15~1.30,细粒式取上限,粗粒式取下限。

装运沥青混合料的运料车在接触接收料斗前的顶推辊后,将沥青混合料缓缓卸入摊铺机的接收料斗,并由摊铺机顶推其运行。运料车应在摊铺机前 10~30cm 处停放,不得撞击摊铺机。卸料过程中,运料车应挂空挡,靠摊铺机推动缓慢前进。

接收料斗底部的刮板输送器以及螺旋分料器将沥青混合料连续、均匀、缓慢地向后、向左右输送。螺旋分料器应不停顿地转动,两侧保持有不少于螺旋分料器高度 2/3 的混合料,以防止摊铺机全宽度断面上发生离析。摊铺机的摊铺速度宜小于 5m/min,摊铺过程中不得中途停顿或随意变换速度。为减少纵向施工冷接缝和保证平整度,宜采用多台摊铺机梯队作业,从道面中心线向两侧摊铺,相邻两幅的摊铺宽度宜搭叠 5~10cm,两相邻摊铺机间距不宜超过15m,以免距离过远造成前面摊铺的沥青混合料冷却。

摊铺好的沥青混合料铺层经振捣梁的初步捣实、熨平板的振动、次振动,整形和熨平而成为一层平整的有一定密实度的混合料摊铺层。在摊铺机就位并调整完毕后,首先要做好摊铺机和熨平板的预热、保温工作,要求熨平板温度不低于 80℃。每天开始施工之前或临时停工后再工作时,均应对熨平板进行预热,其目的是减少熨平板及其附件与混合料的温差,以防止混合料粘附在熨平板上而影响铺层质量。摊铺宜采用分层分段全断面推进施工方法。

混合料摊铺后,应用 3m 直尺及时随机检查平整度。特别是摊铺改性沥青混凝土混合料,应尽量一次成型,不宜反复修补。当出现以下情况时,可人工作局部找补或更换混合料:表面局部不平整;接缝部位缺料、不平整;摊铺幅的边缘局部缺料;混合料有明显离析、变色、油团、杂物等。

第六节　沥青混合料碾压

碾压是沥青道面施工的最后一道工序,是保证沥青道面质量的重要环节。碾压是通过选取适当的施工工艺,利用压实设备把一定体积的热拌沥青混凝土,压缩到更小体积的过程。合适的碾压,既能使沥青面层达到较高的密实度,又具有良好的平整度。

一、影响压实的因素

1. 材料性能

材料性能决定了沥青混合料的可塑性能与可施工性能,从而直接影响到沥青混合料的压实性能。

(1)集料性能

影响混合料工作性能的集料特性主要有级配、表面状态和棱角。

级配偏粗、表面结构粗糙且多棱角的集料所配制的混合料,需要较大的压实功或采用振动方法才能压实。强度不足的集料在钢轮压路机的碾压下如果破碎,会使道面很难压实。吸水性强的集料会吸收颗粒表面的沥青,导致混合料中润滑剂较少,也会给压实造成困难。

细集料中如果天然砂含量过高,可使混合料的工作性增大,容易压实,但会影响到混合料的抗轮辙能力及水稳性,而机制砂和石屑含量多的沥青混合料不易压实。

(2)填料性能

过多的矿粉可能增加沥青的黏滞度,使沥青混合料难以摊铺和压实,常需提高其摊铺温度,而填料含量太少则会造成黏聚力较低和集料颗粒在压实后不易粘固在一起的现象。

（3）沥青性能

沥青在压实过程中起润滑剂的作用。当混合料冷却后，沥青黏性增加，流动性降低，不易被压实。在温度低于85℃的条件下，混合料的矿粉与沥青结合，牢牢地粘住集料颗粒，已使它们就位固定，再进行压实就十分困难。

影响沥青流动性的首要因素是沥青的黏度。沥青黏度决定了沥青混合料理想的压实温度。沥青稠度越大，理想的压实温度也越高。

沥青含量适度，则沥青的润滑作用好，易于压实，如果沥青含量过大，虽然混合料的可压实性能提高，却易导致空隙率过小，抗轮辙能力降低或在使用中出现泛油。但如果沥青含量过少，沥青混合料变得干涩，则难以压实。

（4）混合料性能

沥青混合料性能很大程度上影响沥青道面压实，这种影响甚至比单纯集料或沥青更明显。

首先，级配类型不同的沥青混合料，压实性能有很大差别。如SMA混合料的可压实性能要小于普通沥青混合料的可压实性能。其次，混合料组成的局部调整会对混合料的压实性能造成影响，如矿粉用量增多，沥青用量减少或粗集料含量变大等，会使混合料干涩、粗糙，往往难以压实。

另外，如果集料在烘干时含水率未达到规范最小值的要求，湿的沥青混合料在压实过程中有移动的倾向，很难对其进行压实。

2. 压实温度

碾压温度是影响沥青混合料压实的最主要因素。沥青混合料在规定的温度范围内，温度越高，其塑性越大，越容易在外力作用下缩小其空隙和增加密实度，也越容易取得平整效果。而温度较低时，碾压工作变得较为困难，且容易产生很难消除的轮迹，造成道面不平整。因此，在实际施工中，要求在摊铺后及时进行碾压。

3. 环境效应

外界环境影响沥青混合料的冷却速度，进而影响混合料的可施工时间。影响冷却速度的环境因素主要有气温、湿度、风力以及混合料下部结构层的温度。凡遇气温低、湿度高、风力大以及下部面层温度低等，都会使碾压时间缩短，并增加碾压的困难。

4. 层厚

一般来说，较厚的沥青混凝土面层比较薄的面层更容易达到要求的密实度。这是因为面层越厚，保温时间越长，则允许碾压的时间也就越长。

图5-11 静力光轮压路机

二、压实机械的类型与选择

1. 常用压实机械

（1）静力光轮压路机

静力光轮压路机（图5-11）按质量可分为轻型（2~5t）、中型（5~10t）、重型（10~15t）和特重型（15~20t）等。沥青道面施工常采用两轮中、轻型压路机，依靠其自重对道面产生静压力，适用于沥青道面的初压和终压。

（2）轮胎压路机

轮胎压路机（图5-12）通常有5～11个光面橡胶轮，其工作质量一般为5～25t，常用于沥青混合料的中压阶段。经静力光轮压路机一次或多次碾压过后，铺层表面时常有热裂纹现象，通过轮胎压路机碾压的揉压作用，可减少表面的细裂纹和进一步提高摊铺层的密实度。

（3）振动压路机

振动压路机的压实能力是由压路机的自重和钢轮的振动共同产生的（图5-13）。沥青道面施工常用的振动压路机自重为7～18t。

图5-12　轮胎压路机

图5-13　振动压路机

2. 压实机械的选择

沥青道面面层碾压通常分为初压、复压和终压三个阶段。压实机械的选型应根据混合料特性、摊铺厚度、气候特点和压实质量要求确定。对摊铺厚度为3.5～7cm的沥青道面，可参照表5-29进行选型。

碾压机械选型参考表

表5-29

碾压流程	上面层	中、下面层
初压	8/10t双钢轮或6/8t双钢轮或静压自重7～10t双钢轮铰接转向振动压路机	
复压	7～10t双钢轮铰接转向振动压路机和9～16t轮胎压路机	7～10t双钢轮铰接转向振动压路机和9～16t轮胎压路机或8～18t轮胎光轮振动压路机和9～16t轮胎压路机
终压	8～10t双钢轮或6/8t双钢轮或7～10t双钢轮铰接转向压路机	8～10t双钢轮或6/8t双钢轮或7～10t双钢轮铰接转向压路机或9～16t轮胎压路机

三、压实工艺与要求

1. 初压

初压是压实的基础，其基本目的是稳定沥青混合料，同时为复压创造有利条件。初压应在混合料摊铺后及时进行，不得产生推移、发裂现象，可采用轻型钢轮式压路机或关闭振动装置的振动压路机碾压两遍,其线压力不宜小于350N/cm。

压路机应从外侧向中心碾压,碾压时为防止混合料向外推移,外侧边缘应空出30～40cm宽度,相邻碾压带应重叠1/3～1/2轮宽,压完全幅为一遍。待压完第一遍后将压路机大部分重量位于已压实过的沥青混合料面上,再压边缘预先空出地段。压路机碾压时,应将驱动轮面向摊铺机,碾压路线及方向不应突然改变而导致混合料产生推移。压路机启动、停止必须缓慢进行。

初压后立即用3m直尺检查平整度,不符合设计要求时,应予以适当修补与处理。

2. 复压

复压是压实的主要阶段,其目的是使混合料密实、稳定、成型。复压应在较高的温度下并紧跟初压进行,复压期间的温度不应低于120℃。

复压宜采用重型的轮胎压路机,也可采用振动压路机。碾压遍数一般不少于4遍,直至无明显轮迹、达到要求的压实度为止。轮胎压路机总质量不宜小于15t,碾压厚层的混合料,总质量不宜小于22t,轮胎充气压力不小于0.5MPa,各个轮胎气压应一致,相邻碾压重叠1/3～1/2的轮宽。

当采用振动压路机时,振动频率为35～50Hz,振幅宜为0.3～0.8mm,并根据混合料种类、温度和层厚选用,层厚较厚时应选较大的频率和振幅。振动压路机倒车时应停止振动,向另一方向运行时再开始振动,以避免混合料形成鼓包起拱。相邻碾压带重叠宽度为10～20cm。

3. 终压

终压是消除轮迹和保证面层有较好平整度的最后一步。由于终压要消除复压过程中表面遗留的不平整,又要保证道面的平整度,因此,沥青混合料也需要在较高但又不能过高的碾压温度下结束碾压。终压常采用静力双钢轮压路机并紧接在复压后进行,碾压遍数不少于两遍。

压路机的碾压段长度应与混合料摊铺速度相匹配。压路机每次由两端折回的位置应阶梯形地随摊铺机向前推进,使折回处不在同一横断面上。在摊铺机连续摊铺的过程中,压路机不得随意中途停顿。

碾压速度应符合规范要求,不同压路机在初压、复压和终压三个阶段的压实速度见表5-30。

压路机碾压速度(km/h)　　　　　　　　　　　　　　表5-30

压路机类型	初　压		复　压		终　压	
	适宜	最大	适宜	最大	适宜	最大
钢轮式压路机	1.5～2	3	2.5～3.5	5	2.5～3.5	5
轮胎式压路机	—	—	3.5～4.5	8	4～6	8
振动式压路机	1.5～2(静压)	5(静压)	4～5(振动)	4～6(振动)	2～3(静压)	5(静压)

碾压过程与碾压终了温度应符合表5-24和表5-25的规定,并由专人负责检测。

4. 压实技术要求

(1)碾压方向

碾压时应将驱动轮面向摊铺机(图5-14)。碾压路线及碾压方向不应突然改变而导致混合料产生推移。压路机的启动、停止必须减速缓慢进行。

（2）轮迹交错

无论何时压路机都应该从外侧向中心碾压。碾压时为防止混合料向外推移,外侧边缘应空出 30～40cm 宽度。相邻碾压带应重叠 1/3～1/2 轮宽,压完全幅为一遍。压路机应在完全退出碾压作业段后停止振动并缓缓错轮,以免错轮过急造成沥青混合料的推移。

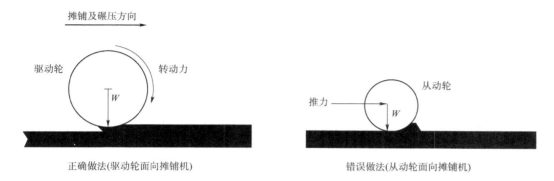

图 5-14　压路机碾压方法示意图

（3）碾压长度

压路机的碾压长度应与混合料摊铺速度相匹配。压路机每次由两端折回的位置应阶梯形地随摊铺机向前推进,使折回处不在同一横断面上。在摊铺机连续摊铺的过程中,压路机不得随意中途停顿。

（4）其他要求

①若压路机在碾压过程中出现沥青混合料粘轮或被带起现象,可向碾压轮洒少量清水或加洗衣粉的水,严禁洒柴油。在连续碾压一段时间轮胎已发热后即应停止向轮胎洒水,轮胎压路机不宜洒水。

②压路机不得在碾压成型的道面上转向、掉头或停车等候。振动压路机在已成型的道面上行驶时应关闭振动。

③在碾压成型尚未冷却的沥青混合料面层上,不得停放任何机械设备或车辆,不得散落矿料、油料等杂物。

第七节　道面接缝与接坡

一、接缝

1.接缝的分类

（1）按工艺分

沥青道面的接缝按工艺可分为热接缝和冷接缝。

热接缝是指两个摊铺机排成梯队同时进行摊铺所产生的纵向接缝。由于在碾压时具有相同或近乎相同的温度,边缘可以完全融合到一起,因而接缝的质量最好。经过碾压结成一体,且压实密度相等或差别很小。

冷接缝是已摊铺带经过了一夜或更长时间的冷却后再摊铺其相邻摊铺带时的纵向接缝。由于前一幅摊铺和碾压时,处于中间部位的摊铺带边缘没有侧限,使边缘部位沥青混合料易于向外推移,容易造成松散,致使边缘部位压实不足。而后摊铺的一侧由于有先摊铺的一侧作为侧向限制,其压实度也比前一幅要高。对于冷接缝,前一幅摊铺带搁置时间较长,已完全冷却,后铺筑混合料不能与前一摊铺带的混合料完全融合,特别是与旧的沥青道面接茬时,混合料的融合效果更差。不管采取何种工艺措施,这种接缝两侧的压实密度总有显著的差别。

(2)按方向分

沥青道面的接缝按方向可分为纵向接缝和横向接缝。在场道施工时,与摊铺带平行的接缝叫纵向接缝,热接缝和冷接缝均属于纵接缝。与摊铺方向垂直的接缝叫横向接缝,摊铺机铺筑完成后,第二天接着原摊铺带继续向前摊铺,此时与原摊铺带的接缝便是横向接缝。

2. 横向接缝

机场道面的上面层应做成垂直的平接缝,中、下面层可采用斜接缝。道面的中、下面层的横向接缝采用斜接缝时,搭接长度宜为 0.4~0.8m,搭接处应清扫干净并洒黏层油。

横向相邻两幅的横缝及道面各分层间(上、中、下面层)的横向接缝均应错位 1m 以上。铺筑接缝时,可在已压实部分上面铺设一些热混合料(碾压前应铲除),使之预热软化,以加强新老道面接缝处的黏结。

横向接缝处应先用钢轮或双轮压路机进行横向碾压,碾压外侧可放置供压路机行驶的垫木,碾压时压路机应位于已压实的沥青道面上,主轮先压新铺层上约 15cm 的宽度,然后逐步移入新铺层,直至全部压在新铺层上为止,再改为纵向碾压。当相邻已有成型铺幅并且又是相连接地段时,应先碾压相邻纵向接缝,然后再碾压横向接缝,最后进行正常的纵向碾压。为了消除横向的碾压轮迹,可将压路机调至与接缝成 45°角的位置依次碾压,接缝处理完成后,将压路机顺直,对摊铺带进行初压。

接缝处经过初步碾压后,立即用 3m 直尺检查平整度,如果发现接缝摊铺的混合料略低或略高,应采用人工方法进行找平,然后用压路机进行压实。

3. 纵向接缝

沥青道面的纵缝,宜沿跑道、滑行道的中心线向两侧设置。道面各层的纵缝应错开 30cm 以上,接缝处必须紧密、平顺。

采用梯队作业摊铺的纵缝应采用热接缝。对先摊铺的混合料附近保留 10~20cm 宽度暂不碾压,作为其后摊铺混合料的高程基准面,最后作跨缝碾压以消除轮迹。碾压时必须掌握混合料的温度,避免产生冷接缝。当不能采用热接缝时,宜用切缝机将缝边切齐或刨齐,清除碎屑,吹干水分,切缝断面要垂直,纵向要成直线(上面层中间纵缝应位于道面的中线),垂直面应涂刷黏层油。

摊铺碾压过程中,如果接缝处混合料不足,应及时向缝隙内补料,使接缝饱满。应使用 3m 直尺检查,确保平整度符合要求。

二、接坡

施工时因下雨或机械故障等原因不能继续摊铺时,为保证飞行安全,对已铺筑的道面边缘应做临时接坡(横向不大于5%,纵向不大于1%),继续施工时对未压实的混合料应铲除。

每台班沥青混合料加铺层施工的末端,必须在全幅宽度范围内做临时接坡。当加铺层厚度小于5cm时,纵坡坡度为0.5%～1.0%;当加铺层厚度大于5cm时,纵坡坡度应小于0.5%。坡度应平顺,坡脚齐平并碾压密实,接缝处应仔细操作,纵向初压后用3m直尺检查平整度,当有不符合要求者应立即纠正,以保证接缝紧密、平顺。

摊铺上层时,临时接坡的坡脚处应先在下层道面上铣刨一条长约1m、深3～4m的凹槽,使坡脚嵌入下一层中。当原道为水泥道面并用沥青油毡贴缝时,下面层摊铺时坡脚线宜设在油毡上。

下一班继续施工时,铣刨前必须将临时接坡的坡顶找准。先沿铣刨线刨去该接坡刨宽 $B \approx h/i + 0.5$ 为宜,使沿道面纵向的刨槽底坡为零或更小些,即刨成楔形。式中,i 为临时接坡的坡度,h 为铣刨深度,其值不宜小于3cm。将沟槽内的粒料和粉尘用扫地车(带吸尘器)清除干净后,在铣刨部位涂洒黏层乳化沥青。摊铺时应调整好预留高度,摊铺后接缝处应由人工仔细找平并立即碾压。

在原道面上加铺沥青混凝土面层时,与原道面相接处可做成接坡。接坡段应洒黏层油,充分碾压,连接平顺。接坡的坡脚处,应在下层道面上铣刨一条宽1m、深3～4cm的凹槽,使坡脚嵌入下层中,如图5-15所示。若原道面为水泥混凝土道面,接坡点宜设置在原道面接缝处。

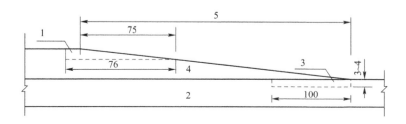

图5-15　接坡(尺寸单位:cm)

1-铣刨凹槽;2-下层;3-铣刨凹槽;4-加铺层;5-接坡长

第八节　沥青道面施工质量控制与检查验收

一、质量控制内容与标准

沥青道面施工质量控制,包括所用材料的质量检验、修筑试验段、施工过程中的质量控制和工序间的检查验收。原材料检查项目与频度按表5-31进行,其质量应符合沥青混合料组成材料要求;面层施工质量控制标准应符合表5-32的要求。

施工过程中材料质量检查 表 5-31

材　料	检 查 项 目	检查频度
粗集料	外观(石料品种、针片状颗粒、含泥量、颜色均匀性等)	随时
	颗粒组成	必要时
	压碎值	必要时
	磨光值	必要时
	洛杉矶磨耗值	必要时
	含水率	施工需要时
	松方单位重	施工需要时
细集料	颗粒组成	必要时
	含泥量	必要时
	含水率	施工需要时
	松方单位重	施工需要时
矿粉	外观	随时
	<0.075mm 含量	必要时
	含水率	必要时
石油沥青	软化点	每台班1次
	针入度	每台班1次
	延度	每台班1次
	含蜡量	每批一次
乳化沥青	黏度	抽查,每批一次
	沥青含量	抽查,每批一次

注:1. 表列内容是在材料进场时已按"批"对材料进行了全面检查的基础上,日常施工过程中质量检查的项目与要求;试验记录作为工程竣工资料。

　　2."必要时"是指施工企业、监理、质量监督部门、业主等各个部门对其质量发生怀疑,提出需要检查时,或是根据商定的检查频度。

沥青面层施工过程中工程质量的控制标准 表 5-32

项　目	检 查 频 度	单点检验质量要求	检 测 方 法
外观	随时	表面平整密实,不应有泛油、松散、裂缝、粗细料集中现象,不得有轮迹、推挤、油丁、油团、离析、花白料、结团成块现象	目测
接缝	随时	所有接缝应紧密平顺,应保持铺层新老段的连续黏结	目测,用3m直尺测量
施工温度　出厂温度	每车一次	符合本规范的规定	温度计测量
摊铺温度	每车一次		
开始碾压温度	随时		
碾压终了温度	随时		
矿料级配筛分抽提后矿料级配曲线	每台班一次	矿料重量的精确度应在指示的级配范围重量±1%以内	拌和厂取样用抽提后的矿料筛分
沥青用量	每2台班一次	±0.3%	拌和厂取样离心法抽提(用射线法沥青含量测定仪随时检查)

续上表

项　目		检查频度	单点检验质量要求	检测方法
马歇尔稳定度、流值、空隙率		每台班一次	符合本规范规定	拌和厂取样成型试验
压实度		每2 000m²钻孔1~2个检查	符合设计要求	以现场钻孔试验为准,尽量利用灯坑钻孔试件,用核子密度仪随时检查
平均纹理深度		每2 000m²一处	符合设计要求	用填砂法
高程		纵向每隔10m测一横断面,测5个点	+5mm −3mm	用水准仪
平整度	上面层	随时	不大于3mm	用3m直尺检查连续丈量10次,以最大间隙为准随机取点
	中面层	随时	不大于5mm	
	底面层	随时	不大于5mm	
宽度		纵向每隔100m用尺量3处	不小于设计宽度	用尺量
长度		跑道全长	不小于设计长度	用经纬仪
横坡度		纵向每100m检测3个断面	±0.3%	用水准仪或断面仪
摩擦系数		跑道上面层全长取3个值(纵向)	符合设计要求	摩擦系数仪
厚度	总厚度	每2 000m²测一点	−3mm	钻孔取样
	上面层厚度	每2 000m²测一点	−3mm	钻孔取样

二、交工检查与验收

跑道、滑行道、联络道、机坪道面为沥青混凝土面层时,质量检验与评定应符合表5-33中的规定。

沥青面层(跑道、滑行道、联络道、机坪)**质量检验与评定标准**　　表5-33

分类	项次	序号	项　目	规定值或允许偏差	检测频数	检测方法	规定分
检测项目	保证项目	1	压实度(%)	符合标准要求	按《民用机场飞行区工程竣工验收质量检验评定标准》(MH 5007—2000)附录B检测	按《民用机场飞行区工程竣工验收质量检验评定标准》(MH 5007—2000)附录B检测或用竣工资料	
		2	厚度(mm)	上面层和总厚度不小于设计厚度−3mm	每10 000m²一处	钻孔取芯或利用灯坑测量	
		3	平整度(mm)	上面层不大于3,中、底面层不大于5	每2 000m²一处	上面层用3m直尺法测量,中、底面层用竣工资料	
		4	表面平均纹理深度(mm)	符合标准要求	每4 000m²一处	填砂法测量	
		5	沥青用量(油石比)(%)	±0.3	每15 000m²一处	取样抽提或用竣工资料	

分类	项次	序号	项目	规定值或允许偏差	检测频数	检测方法	规定分
检测项目	一般项目	1	集料级配	符合标准要求	每15 000m²一处	取样抽提后筛分分析或用竣工资料	40
		2	高程(mm)	+5 −3	每50m测量一断面,每断面5点(机坪测点间距20m)	用水准仪测量	30
		3	长度(跑道、平行滑行道)	1/7 000	沿中线测量全长	用经纬仪或激光测距仪等测量	15
		4	宽度	1/2 000	每100m测量一处	用尺测量	15
外观鉴定			一般缺陷:局部较小的面积剥落、漏石、松散、泛油、离析、裂纹、补块、麻面、标志错误或不清,局部轻微裂缝、隆起、沉陷等; 严重缺陷:严重轮辙、推挤、裂缝、较大面积露石、剥落、松散、沉陷、隆起等				

道肩、防吹坪道面为沥青混凝土面层时,质量检验与评定应符合表5-34的规定。

沥青面层(道肩、防吹坪)质量检验与评定标准　　　　　　　　　　表5-34

分类	项次	序号	项目	规定值或允许偏差	检测频数	检测方法	规定分
检测项目	保证项目	1	压实度(%)	符合标准要求	按注释*检测	按注释*检测或用竣工资料	
		2	厚度(mm)	上面层和总厚度不小于设计厚度−3mm	每10 000m²一处	钻孔取芯或利用灯坑测量	
	一般项目	1	沥青用量(油石比)(%)	±0.3	每15 000m²一处	取样抽提或用竣工资料	25
		2	集料级配	符合标准要求	每15 000m²一处	取样抽提后筛分分析或用竣工资料	25
		3	平整度(mm)	不大于5	每3 000m²一处	上面层用3m直尺法测量,中、底面层用竣工资料	20
		4	高程(mm)	±5	每100m测量一断面,每断面3点	用水准仪测量	20
		5	宽度	1/1 000	每200m测量一处	用尺测量	10
外观鉴定			一般缺陷:局部较小面积的剥落、漏石、松散、泛油、离析、裂纹、补块、麻面、标志错误或不清,局部轻微裂缝、隆起、沉陷等; 严重缺陷:严重轮辙、推挤、裂缝、隆起等				

注:*道面土基、基础每层5 000m²取一个测点;土(石)方工程每25 000m²取一个测点;沥青混凝土面层每层8 000m²取一个测点;可利用灯坑取样。每一分部工程不应少于10个测点。

第六章　道面分区与调查

道面调查是机场道面评价与道面维护的重要内容。机场道面调查前需进行道面分区,将机场分为多个调查单元,然后分片实施道面调查。调查的形式包括日常巡查、紧急检查、详细调查和专项调查四种。获取的道面数据资料应按照明确的管理制度和规范,以统一的格式进行存档,并逐步推广到应用计算机信息技术进行道面数据动态管理。

第一节　道　面　分　区

一、概述

道面评价必须以道面分区作为位置参照系统。道面分区应与机场飞行区既有平面参照系统建立对应关系,分区确定后不得随意变动。道面分区包括室内分区与现场标识两部分。室内分区必须在机场飞行区现状平面电子地图上进行,电子地图比例尺不得小于1:1 000,水泥混凝土道面应精确到板块,沥青道面应做到边界完整、清楚。现场标识必须与室内分区成果一致。

按照《民用机场道面评价管理技术规范》(MH/T 5024—2009)的规定,道面室内分区按照"部位"→"区域"→"单元"三个层次进行。

(1)部位划分:以道面的使用功能为主要依据,同时考虑空间位置的关系。

(2)区域划分:以道面结构、荷载等级等因素为主要依据,将同一"部位"的道面划分为若干"区域"。同一"区域"的道面应:

①具有基本相同的土基强度、结构组合、材料组成和相近的承载能力。

②承受基本相同的航空交通量和荷载等级。

③具有相似的排水条件等。

(3)单元划分:针对同一"区域"的道面进行划分。各"单元"的面积:水泥混凝土道面以500m²左右的相邻板块为宜、沥青道面以450m²左右为宜。

对每个"部位"、"区域"和"单元"应分别进行统一编号。道面的单元编号应在现场设置清晰的标识(物),作为道面评价管理工作的位置参照。道面室内分区成果应以纸质图纸和电子文件的形式长期保存。

二、民用机场道面分区方法

1.道面"部位"划分

道面部位按照使用功能划分,跑道、滑行道、停机坪等功能区应划分为不同部位。同一条跑道或滑行道应划分为一个部位,不同的跑道或滑行道应划分为不同部位。停机坪面积较大时,不宜划分为一个部位,可参照机场现有的机坪编号进行部位划分。宜将停机坪中用于飞机滑行的道面(机坪滑行道)单独作为一个部位,如图6-1所示。

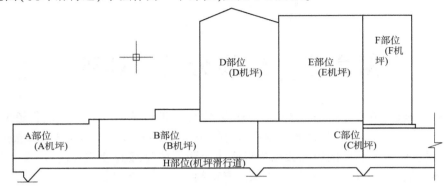

图6-1 某4E机场停机坪部位划分示例

2.道面"区域"划分

道面区域按照道面结构的差异及飞机荷载对道面的影响程度划分。同一条跑道可根据以下情况划分为多个区域:

(1)跑道的延长段或改建段应根据道面结构的差异划分为不同区域,如图6-2所示。

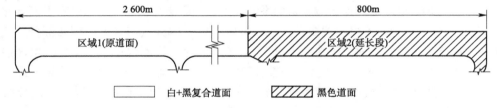

图6-2 跑道原道面与延长段的区域划分示例

(2)跑道两端与中段道面(纵向)宜划分为不同的区域,可将中间减薄部分单独作为一个区域,如图6-3所示。

图6-3 跑道中间减薄道面的区域划分示例

(3)同一条联络道宜划分为一个区域,若与跑道相接的过渡段道面结构存在较大差异,应将该过渡段单独作为一个区域,如图6-4所示。

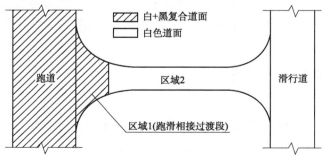

图6-4 联络道区域划分示例

（4）停机坪一个部位面积较大时，宜将机位区与非机位区划分为不同的区域，如图6-5所示。

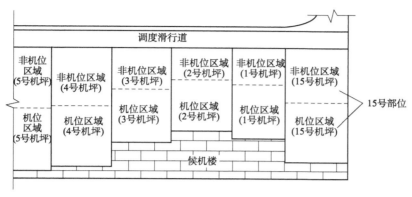

图6-5　停机坪道面区域划分示例

3.道面"单元"划分

道面单元以面积大小作为划分的主要依据。

（1）水泥混凝土道面或上面层为水泥混凝土的复合道面，一个单元面积以500m²左右为宜，同一单元的板块数以20m²左右为宜。

（2）沥青道面或上面层为沥青混凝土的复合道面，一个单元面积以450m²左右为宜。

跑道、滑行道等规则条带状道面，单元应划分为矩形。先横向均匀划分，宽度以10～25m为宜，纵向长度按照单元面积要求确定，如图6-6所示。

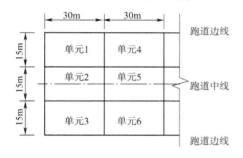

a)45m宽沥青跑道单元划分

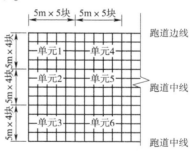

b)60m宽水泥跑道单元划分

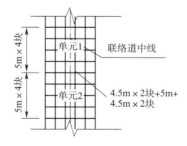

c)23m宽水泥联络道单元划分

图6-6　条带状道面单元划分示例

129

联络道、跑道及平行滑行道之间相接的不规则区域,宜先将主要区域按矩形划分,剩余的不规则区域作为特殊单元进行划分,但应满足单元面积要求,如图6-7所示。

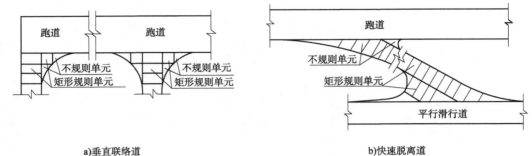

a)垂直联络道   b)快速脱离道

图6-7　联络道不规则区单元划分示例图

4.道面单元编号现场标识

道面单元应统一编号,单元编号必须唯一,且在现场进行标识。单元编号宜采用分段形式,各字段应有明确意义。如 X-M-N 三段式,其中 X 为道面部位编号(多为英文字母)、M 为道面区域编号(多为数字)、N 为道面单元编号(多为数字)。单元编号的现场标识应规范、美观,标识应设置在统一的角点位置,包括方向统一的 2 个指示箭头,如图6-8所示。跑道的单元编号不宜标识在道面上,可标识在与单元分界线平行的道肩位置。

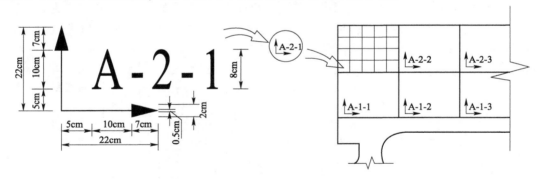

图6-8　道面单元编号现场标识示例

第二节　道面调查

一、概述

1.道面调查的目的

机场管理部门一般在两种情况下应考虑对道面进行调查和评价:一种是为了及时了解道面的使用情况而定期进行的调查评价;另一种则是为了对道面进行较大规模的修复改建所做的不定期专项调查与评价。从根本上讲,道面调查评价的目的主要是:

(1)全面、准确地掌握机场道面的现状。

(2)为机场运营管理提供科学的决策依据。

（3）为道面整修、补强和改建、扩建提供可靠的技术参数，以确定经济、合理的维修周期，制订相应的维护、大中修或改扩建方案。

（4）为未来的机场道面评价和维护管理积累系统的技术、经济数据。

2. 道面调查的依据

（1）机场基础数据包括道面修建历史（从初始结构至今的各种维护、整修和改造），地基类型及其工程地质条件，场区地下水位及排水条件，水文与气象（气温和降水量），道面结构及有关设计参数，道面分区（或分块）图和断面图，交通历史（起降架次和机型组合），以往的道面调查评价报告、照片、试验数据及其他与道面有关的资料。

（2）机场的决策与规划主要是政府或机场当局对机场的定位、最新的道面计划使用年限、最新的航空交通量预测数据（主要机型、起降架次和机型组合）。

（3）社会经济参数包括国家经济发展战略、与机场道面使用和发展有关的各种批文、最新的机场规划和总体投资计划、与道面工程有关的各种定额等。

（4）技术规范、标准和其他评价理论，包括国际民航组织和中国民用航空局的技术标准、规范或手册及 FAA（Federal Aviation Administration，美国联邦航空管理局）的咨询通报、中国空军和交通运输部的相关技术规范或规程以及其他成熟的理论和模型。

3. 道面的使用标准

为了保证航空器运行的安全、高效，运营机场的道面应达到以下标准：

（1）水泥混凝土道面必须完整、平坦，3m 范围内的高低差不得大于 10mm；板块接缝错台不得大于 5mm；道面接缝封灌完好；松散、剥落、破裂的道面必须及时修补。

（2）沥青道面必须完整、平坦，3m 范围内的高低差不得大于 15mm；道面上不得存在可能影响航空器操纵的轮辙、裂缝、坑洼、鼓包、泛油等破损现象。

（3）碎（砾）石道面必须密实、平整，不得有松散、波浪形起伏、坑洼积水和大于 30cm 深的轮辙。

（4）与道面或道肩边缘相接的土面，不得高于道面边缘，且不得低于道面 3cm。

（5）道面上的泥浆、污物、松散颗粒、垃圾、橡胶沉积物、外来物及其他污物必须及时彻底清除。

（6）跑道及快速出口滑行道的表面摩阻值，不得低于以下民航有关技术规范的规定：《民用机场道面评价管理技术规范》（MH/T 5024—2009）、《民用机场水泥混凝土道面设计规范》（MH/T 5004—2010）、《民用机场沥青混凝土道面设计规范》（MH 5010—1999）。

（7）土质跑道、滑行道、机坪、停止道、跑道端的安全区及升降带平整区的土质部分应经常碾压。采用重型击实法测量的密实度，土质跑道、滑行道、机坪不得低于 95%，停止道不得低于 92%，跑道端的安全区及升降带平整区的土质部分不得低于 87%。

（8）跑道、滑行道、机坪和机场内主要道路上的雪和冰必须迅速、及时地被控制和清除。积雪堆放必须远离活动区域，不得在助航设施保护区内堆雪。航空器主轮外侧滑至道肩边缘时，必须保证堆放的雪和冰与其发动机（或螺旋桨）垂直距离大于 40cm，与其翼展垂直距离大于 1m。

（9）场内机场排水系统保持通畅。对淤塞、漏水等现象必须迅速排除，所有排水设备应当保证处于正常运行状态。

4.道面调查的内容

(1)道面各项使用性能的调查、测试和评价,包括道面损坏状况调查,道面平整度、抗滑性能、纵横坡和排水性能的测定,以及道面结构承载能力的测试和评价;损坏状况的调查内容包括每个调查单元(分区)中道面的损坏类型、各种损坏的程度[轻微(L)、中等(M)和严重(H),个别损坏不进行分级]、数量和密度以及主要损坏类型的恶化(发展)速率。机场水泥混凝土和沥青道面的主要损坏类型,见表6-1。

道面主要损坏类型　　　　　　　　　　　　　　　　　表6-1

道面类型	道面损坏类型				
	裂缝类	变形类	接缝损坏类	表面损坏类	修补损坏类
水泥混凝土道面	①纵向、横向、斜向裂缝 ②板角断裂 ③交叉裂缝和破碎板	①沉陷 ②错台 ③唧泥 ④拱起	①填缝料损坏 ②接缝破碎	①网裂或纹裂 ②剥落或起皮 ③坑洞	修补损坏
沥青道面	①纵向、横向裂缝 ②块裂 ③龟裂	①轮辙 ②搓板 ③沉陷 ④胀起 ⑤泌水和唧泥		①泛油 ②松散和老化 ③坑槽 ④磨光	

(2)道面对于当前和今后航空交通量的适应性分析与评价。

(3)各种条件下道面剩余使用寿命预估。

(4)道面损坏成因机理及影响因素分析。

(5)根据现场条件及有关设计标准和规范,提出道面修复对策,制订项目计划。

5.道面调查的方法

道面调查包括日常巡查、紧急检查、详细调查、专项调查4种形式。机场管理机构应建立明确的道面调查制度,按照《民用机场道面评价管理技术规范》(MH/T 5024—2009)的技术要求实施。机场管理机构应在道面调查的基础上进行道面损坏状况的季度统计与分析,以反映损坏的分布区域和位置,各种损坏的类型、程度和数量,道面损坏对机场运行的影响等。

机场管理机构应在道面季度统计分析的基础上进行年度分析,并根据道面详细调查的结果,对道面各项使用性能进行每五年一次综合评价。道面调查工作应由机场管理机构负责,必要时应委托或者联合其他专业机构开展具体调查工作。

二、道面日常巡查

1.日常巡查的频率与要求

道面日常巡查包括每日的道面巡视检查和每季度的道面徒步检查两种形式。巡查对象包括跑道、滑行道和停机坪的所有道面(含道肩)。道面每日巡视检查的频率不得低于《民用机场运行安全管理规定》的要求,可参照表6-2执行。

道面每日巡视检查的频率与要求　　　　表 6-2

日到达架次	道面区域	巡查频率(次/日)	巡 查 要 求
>15	跑道	≥4	每日跑道开放使用前,应对跑道全宽度范围内进行 1 次巡查,其他各次巡查的范围应包括跑道边灯以内区域
	滑行道和停机坪	≥1	视情况在早航班开始前或者晚航班结束后安排
≤15	跑道	≥1	每日跑道开放使用前,应对跑道全宽度范围内进行 1 次巡查
	滑行道和停机坪	≥1	视情况在早航班开始前或者晚航班结束后安排

注:1. 当实施不停航施工时,每日施工结束后应增加 1 次与施工相关区域的道面巡查。

　　2. 当跑道道面损坏加剧或者雨后遇连续高温天气时,应适当增加道面巡查的次数。

　　3. 当出现大风及其他不利气候条件时,应增加道面巡查的次数。

对每季度徒步检查道面的频率应不少于 1 次,可根据实际情况增加检查的次数。徒步检查范围应覆盖飞行区全部道面。

2. 日常巡查的内容

(1)水泥混凝土道面是否出现沉陷、拱起、板块断裂等损坏,接缝及裂缝处有无松动的碎块或碎粒,是否存在明显的错台(≥5mm)等。

(2)沥青道面是否出现沉陷、隆起、松散等损坏,裂缝处及边缘有无松动的块体或碎粒等。

(3)道面上是否存在可能影响机场正常运行的外来物,包括各类遗落物、动植物等。

(4)降雨后道面是否存在大面积积水,排水设施是否通畅。

(5)道面是否存在大面积的油污或其他形式的污染。

(6)道面是否存在积胶情况。

(7)道面是否存在其他可能影响机场运行安全的异常情况。

3. 日常巡查的程序

(1)开航前检查

飞行活动在每天夜航结束后,航管部门要通知驻场有关单位今日夜航结束,以及明日开航时间。在晚上夜航结束后,场务人员可以上跑道、滑行道等白天不易进入的区域维修道面,更换助航设施、碾压平整土面区、清除无铺筑地区的杂草,清理跑道、滑行道之间排水沟渠的淤泥;同时,在黎明时分(开航前 1~1.5h)将跑道、滑行道、标志牌、标志线等检查一遍;检查结束,做好记录,并报航管部门。

(2)开航后检查

上午、下午及黄昏检查是在飞行活动的间隔时间进行的。检查人员在进入跑道和滑行道前,必须得到空管部门的许可;进入跑道和滑行道时,必须请求明确的进入呼叫,例如:"塔台,是场务队,现在进入跑道(或滑行道)检查,行驶路线是从 A 号滑行道东口进入跑道,B 号滑行道撤出。"在塔台工作人员许可后,检查人员在进入跑道或滑行道检查;检查过程中,必须时刻与塔台保持不间断的联系,同时注意给定的时间;检查结束、撤离跑道后,再通知塔台。为了安全起见,所有跑道的检查,除非意外发现某处有外来物、需直接到达该点外,必须沿着与所有着陆或起飞相反的方向进行。

4. 日常巡查的方式

（1）乘车检查

乘车检查由两人相互配合、共同完成。检查时，一人开车、一人目视着前方道面。若有辨别不清的物体，可后退重新辨认。车速应控制在 20～25km/h 之间，车速太高，视物模糊，易造成某种错觉；车速太低，视物清晰，检查效果好，但要在黎明至早航前一个多小时内完成检查是十分困难的。

通常，道面上的外来物都是带颜色的。当能见度为 50m 时，视力（或矫正视力）达到 1.5 且无色盲的人，能辨别出地面上轮廓尺寸 1cm 物体的最大距离 s 为 10～13m。按照视角 90° 考虑，每幅检查的宽度和需要检查的总幅数（图 6-9）如下计算。

图 6-9　道面检查幅数与宽度的关系

每幅检查的宽度：

$$d = \sqrt{2}s = \sqrt{2}(10 \sim 13\text{m}) = 14.14 \sim 18.34\text{m} \tag{6-1}$$

设道面的总宽度为 W，需检查的总幅数：在 $N_1 \sim N_2$ 之间，其中 $N_1 = \dfrac{W}{d} = \dfrac{W}{14.14}$，$N_2 = \dfrac{W}{d} = \dfrac{W}{18.34}$。

每幅检查结束，可在道面端部掉头，开始检查道面的另一幅。由于道面检查的时间紧、区域范围大，万一遇到特殊情况，必须迅速撤出。因此要求车况好、底盘低、有可放清扫工具的后箱，进入道面后要打开车顶装有的橘黄色警示灯。

（2）人工排查

指沿道面走向，每隔 1～2 块板分配一人，细心检查。人工排查非常重要，尤其适用于飞机发生飞行事故时的特殊情况。主要目的是检查与飞行事故有关的物证材料或对道面状况进行评定，其检查的范围和时间都是不确定的。

（3）摄像机检查

指每间隔一定距离在道面边缘安装一小型摄像头的检查。摄像头在道面一定范围内扫描，并把扫描的图像通过无线传输设备传到室内计算机中。道面检查人员在室内只需要查看计算机中的图像就可以达到检查的目的。如果在计算机上发现道面上某处有外来物或其他情况，可通知有关人员，利用飞行活动的间隙，直接到达有问题的区域进行处置。

对于飞行活动比较密集的机场，乘车检查和人工检查只能等到飞行活动间隙大时，或航班结束后进行，检查具有间断性。摄像机检查可以做到每架飞机过后检查一次，检查迅速，可完全避免乘车或人工检查造成的疏忽和遗留。

三、道面紧急调查

道面紧急检查主要针对道面的突发性非常规事件，用于快速判断现状与原因，必要时提出

处置对策或建议。以下异常情况,应实施道面紧急检查:

(1)飞行员或现场人员发现道面出现不明异常情况。

(2)道面日常巡查中发现可能严重影响运行安全的道面损坏,但尚无法准确判定或及时修复的情况。

(3)道面上出现坠机、航空器碰撞、紧急迫降、火灾等重大安全事故,机场重新开放前。

(4)强风暴雨导致道面可能出现较大面积的积水,或者外来物可能被吹上道面等情况。

(5)冰雪条件下,道面可能出现结冰、积雪等情况。

(6)地震等自然灾害发生以后。

(7)机场管理机构对道面使用性能产生较大疑虑,需要立即采取对策措施的情况。

道面紧急检查的范围、内容、测试手段和设备等应针对所发生的异常情况合理确定,紧急检查可参照道面日常巡查或详细调查的相关方法执行。

道面紧急检查应形成"道面紧急检查报告",主要内容包括:

(1)紧急检查的原因。

(2)紧急检查的人员和时间。

(3)紧急检查的区域、内容、方法和设备等。

(4)紧急检查的各项数据和主要结论,包括出现异常情况的原因、道面现状及其对机场运行安全的影响,以及对该非常规事件的处置对策或具体措施等。

四、道面详细调查

道面详细调查用于全面、准确掌握道面的各项使用性能,为道面维护管理的重要决策提供技术依据。道面详细调查包括道面损坏状况调查、结构性能测试、功能性能测试三方面内容。详细调查方案应根据调查评价的目的分析确定,各项调查测试的技术要求按规范的相关条文执行。以下情况应实施道面详细调查并形成调查评价报告:

(1)跑道、滑行道和停机坪道面至少每五年进行一次道面详细调查。

(2)对拟实施加铺等重大改建工程的道面,需要确定既有道面(包括土基)的相关技术参数。

(3)道面使用性能在短时间内快速衰减,或衰减速度明显加快。

"道面详细调查评价报告"应包括以下主要内容:

(1)道面详细调查的背景和目的。

(2)道面调查评价的实施方案。

(3)道面各项使用性能的调查与分析结果。

(4)调查评价的基本结论和主要建议。

(5)现场调查测试的各项原始数据(可作为附件)。

五、道面专项调查

以下情况可实施相应的道面专项调查:

(1)水泥混凝土道面接缝嵌缝料损坏普遍或者计划大面积更换时,应实施嵌缝料专项调查。

（2）水泥混凝土道面出现唧泥、错台等现象且程度比较严重或分布范围较大时,应对相关区域实施板底脱空状况专项测试与评定。

（3）机场航空交通量的机型组合中大型飞机的数量或比例显著增加时,应对关键区域进行道面结构承载能力的专项测试与评定。

（4）道面雨后积水现象普遍时,应对积水区域及其周边进行高程的全面测量,并调查排水设施的排水能力。

（5）沥青道面出现较大范围的松散、泛油、老化、唧泥、集料磨光等损坏时,应对损坏区域进行沥青混凝土材料性能的专项测试。

道面专项调查,应针对具体内容制订相应的调查测试方案,应尽量采取全面调查的形式实施,并形成专项调查评价报告。

六、围场路调查

围场路也称巡场路,是专为飞行区巡视检查车辆、消防救援车辆和场务维修机具建的通道。通常设置在围界边缘内侧,宽度 3.5~7m 不等,面层一般采用水泥混凝土、沥青混凝土或泥结碎(砾)石等。

围场路和飞行区道面一样,是暴露在自然环境之中的空间线形建筑物,在光照、雨淋、温差等自然应力作用下,同样也会出现错台、拱起、灌缝料老化(对水泥混凝土路面而言)和拥包、泛油、龟裂、搓板(对沥青混凝土路面)及积水、坑洼、车辙(对泥结碎石路面)等问题。检查方法、修补方法与道面修补基本相同。

第七章　道面损坏状况评价

机场道面运营过程中,受持续机轮荷载作用和外部环境影响,道面会出现形态和特征多种多样的损坏现象。机场道面损坏状况一般可由三个方面特征表征:损坏类型、损坏严重程度和损坏的范围或密度。为了保证各类损坏描述的一致性,应根据损坏的形态、特征和肇因,对道面损坏进行分类和命名,并为每一类损坏规定明确的定义和量测标准,这是损坏状况检测与评价的基础。机场损坏状况检测可采用人工目测、设备检测和经验判断的方法来完成。

道面各种损坏对其使用性能有着不同的影响,应建立科学的机场道面损坏状况评价方法,包括选取评价指标、构建量化的评价指标和评价模型以及制定评价标准等。

第一节　水泥混凝土道面损坏鉴别及计量标准

根据机场道面损坏的分类原则,机场水泥混凝土道面损坏现象分成四大类:断裂类、接缝破坏类、表面损坏类及其他类。根据《民用机场道面评价管理技术规范》(MH/T 5024—2009)的规定,水泥混凝土道面损坏类别、计量单位与程度分级如表7-1所示。

水泥混凝土道面损坏类别　　　　　　　　　　　　　表7-1

损坏类别	损坏类型	量测单位	严重程度等级
断裂类	纵向、横向和斜向裂缝	m	轻微、中等、严重
	角隅断裂	m²	轻微、中等、严重
	破碎板或交叉裂缝	m²	轻微、中等、严重
	收缩裂缝	个	不分等级
接缝破坏类	胀裂	m²	轻微、中等、严重
	嵌缝料损坏	m	轻微、中等、严重
	接缝破碎	m²	轻微、中等、严重
	唧泥和板底脱空	个	不分等级
	耐久性裂缝	m²	轻微、中等、严重
表面损坏类	坑洞	个	不分等级
	起皮、龟裂和细微裂纹	m²	轻微、中等、严重
	板角剥落	个	轻微、中等、严重
其他类	沉陷或错台	个	轻微、中等、严重
	小补丁	m²	轻微、中等、严重
	大补丁和开挖补块	m²	轻微、中等、严重

一、断裂类

水泥混凝土道面使用期间,因飞机荷载、外界环境和工程质量原因,道面会发生断裂现象,严重影响飞机运行安全。断裂类损坏主要包括纵向、横向和斜向裂缝,角隅断裂,破碎板或交叉裂缝,收缩裂缝四种类型。

1. 纵向、横向和斜向裂缝

(1)特征描述

由于重复荷载、温度翘曲应力和温度收缩应力等综合作用引起的板块开裂,将板块分成2~3块。

(2)损坏程度判别

①轻微:裂缝边缘没有或仅有轻微剥落,未产生碎块。若裂缝未填补,其平均宽度小于3mm;若已填补,则嵌缝料完好;或者道面板被程度轻微的裂缝分成3块。

轻度裂缝在平面上一般未裂通,或是刚裂不久的裂缝。裂缝处于初始发育形态,在素混凝土板中,一般不会维持很久(图7-1~图7-3)。对于未裂通的轻度裂缝,原则上不予处理,对于已裂通的裂缝,应采取灌封或封缝处理。

②中等:为以下情形之一。

A. 裂缝边缘中等程度剥落,剥落长度为10%~50%缝长,或者裂缝边缘道面板块存在着中等错台,即错台量在6~10mm之间。

B. 裂缝未填补,平均宽度在3~15mm之间。

C. 裂缝已填补,裂缝边缘没有或仅有轻微剥落,但嵌缝料已经损坏。

D. 板块被裂缝分成3块,其中最少1条裂缝为中等程度。

③严重:为以下情形之一。

A. 裂缝边缘严重剥落,发生严重错台(错台量大于10mm)、沉陷、唧泥。

B. 裂缝未填补,其平均宽度大于15mm。

C. 板块被裂缝分成3块,其中最少1条为严重程度的裂缝。

(3)损坏量计量

记录发生损坏的板块数量,如需为裂缝填补提供依据,应记录各条裂缝的长度作为补充。

(4)备注及图例

中等程度以上时,可以判断为结构性损坏,如图7-1~图7-3所示。

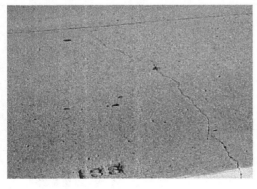

图7-1 纵向、横向和斜向裂缝(轻微)　　图7-2 纵向、横向和斜向裂缝(中等)

2. 角隅断裂

（1）特征描述

由于重复重荷载、板底支撑强度不足或者翘曲应力等综合因素的作用，在角隅处产生的与接缝斜交的裂缝。从板角到裂缝两端的距离均小于或等于板边长的一半（否则为斜向裂缝），裂缝贯穿整个板厚（否则为板角剥落）。

（2）形成原因

①接缝处夹有石子或其他外来物，在夏季温度应力作用下，挤碎板边和板角。

②断裂后的板边、板角没有及时修补，以致多次碾压形成碎块。

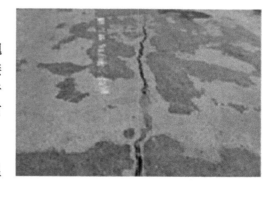

图7-3　纵向、横向和斜向裂缝（严重）

③若灌缝不及时，水从该处进入断缝中，产生碱集料反应。

④企口断裂或传力杆断裂，造成板块在接缝处形成应力集中而被压碎。

（3）损坏程度判别

①轻微：裂缝边缘没有或仅有轻微剥落，未产生碎块，且角隅断块上没有其他裂缝。如果裂缝未填补，平均宽度小于3mm；如果已填补，则嵌缝料完好，如图7-4所示。

②中等：为以下情形之一。

A. 裂缝边缘存在中等程度剥落，可能产生碎块。

B. 裂缝未填补，平均宽度在3～25mm之间。

C. 裂缝已填补，裂缝边缘没有或仅有轻微剥落，但嵌缝料已损坏。

D. 角隅断块上出现其他轻微裂缝，即1条轻微程度的裂缝将角隅断块分成两块，如图7-5所示。

③严重：为以下情形之一。

A. 裂缝边缘严重剥落，已经产生碎块。

B. 裂缝未填补，平均宽度大于25mm。

C. 角隅断块上出现中等程度以上的裂缝，如图7-6所示。

（4）损坏量计量

记录发生损坏的板块数量，如需为裂缝填补提供依据，应记录各条裂缝的长度作为补充。

（5）备注及图例

①角隅断裂与板角剥落可以根据裂缝是否贯穿板块进行区分。如无法判断裂缝贯穿与否，则按照如下方法区别：若断块两边边长之一大于600mm，记为角隅断裂；否则记为板角剥落，除非能够证实裂缝贯穿板厚。

②如果一块板上有多处角隅断裂，应按照其中损坏最严重的程度记录损坏程度。

③如果角隅断裂处存在错台，且错台量大于3mm，应将损坏程度等级提高一级；如果断裂处错台量大于13mm，角隅断裂的损坏程度直接判定为严重。

④角隅断裂可以判断为结构性损坏，如图7-4～图7-6所示。

图 7-4   角隅断裂(轻微)

图 7-5   角隅断裂(中等)

3.破碎板或交叉裂缝

(1)特征描述

由于道面结构承载能力不足或者严重超载引起的板块断裂,裂缝数量不小于 2 条,将板块

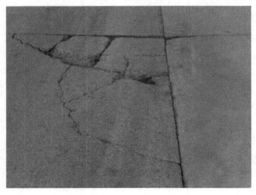

图 7-6   角隅断裂(严重)

分割成 4 块或以上。对于已经影响行车安全的破碎病害,应当立即进行换板处治。

(2)形成原因

①道面施工时,切缝深度不够或混凝土本身强度不均匀,但薄弱处不在切缝部位;当冬季道面正常收缩时,道面被拉裂。

②基础局部出现不均匀下沉,形成板块局部底面与基础脱空。当机轮荷载施加在该处板表面后,由于荷载产生的弯曲变形大于混凝土板的允许变形,所以引起板块断裂。

③基础进水后,存留在基础与面层夹缝中的

水,在冬季结冰膨胀,且块板四周又受传力杆、拉筋或企口缝的约束,板块受冻膨胀、顶起断裂。

④道面板的实际厚度小于设计厚度、地基反应模量假定不合理或者道面在使用期限内超负荷、超频率使用,也可能引起断板。

(3)损坏程度判别

①轻微:板块被轻微的裂缝分割成 4 ~ 5 块。

对于道面的轻微破碎病害,一般是轻微裂缝病害进一步发展形成的。轻微破碎病害道面板,应采取封闭裂缝等方法控制其发展,以维持道面正常使用。

②中等:为以下情形之一。

A.板块被轻微和中等裂缝(裂缝平均宽度不大于 25mm)分割成 4 ~ 5 块。

B.板块被轻微裂缝(裂缝平均宽度不大于 3mm)分割成 6 块或 6 块以上,如图 7-7 所示。

③严重:为以下情形之一。

A.板块被裂缝分割成 4 ~ 5 块,其中有严重裂缝(平均宽度大于 25mm)。

B.板块被中等裂缝(裂缝平均宽度在 3 ~ 25mm 之间)分割成 6 块或 6 块以上,如图 7-8

所示。

（4）损坏量计量

记录发生损坏的板块数量,如需为板块处治提供依据,应记录损坏所影响的面积作为补充。

（5）备注及图例

①板块出现破碎板或交叉裂缝,且程度为中等或严重时不再记录其他损坏类型。

②如图7-7、图7-8所示道面可以判断为结构性损坏。

图7-7 破碎板或交叉裂缝(中等)   图7-8 破碎板或交叉裂缝(严重)

4.收缩裂缝

（1）特征描述

板块表面出现数厘米长的细微裂缝,其深度不会贯穿板厚。

（2）形成原因

①施工中养护方法不当、养护不及时或养护期短等问题导致的裂纹。

②空气中的 CO_2 与混凝土中碱性物质化合产生碳化收缩导致的裂纹。

③施工中天气干热和风大,混凝土表面失水过快而产生的裂纹。

（3）损坏程度判别

不分损坏等级。

（4）损坏量计量

按发生损坏的板块数计。

（5）备注

可以判断为非结构性损坏。

二、接缝破坏类

接缝破坏类的损坏主要包括胀裂、嵌缝料损坏、接缝破碎、唧泥和板底脱空、耐久性裂缝五种类型。

1.胀裂

（1）特征描述

由于接缝或者裂缝中(或者与其他构筑物相接位置)存在硬粒或者宽度不足,引起板块的翘曲、开裂或者破碎。

（2）损坏程度判别

①轻微：翘曲现象随着温度降低而消失，道面出现轻微的不平整，无碎裂现象。

②中等：翘曲现象随着温度降低而消失，道面出现中等程度的不平整，并存在出现碎裂的可能。

③严重：翘曲现象已无法随温度变化而改变，接缝（裂缝）附近已经出现碎裂现象，如图7-9所示。

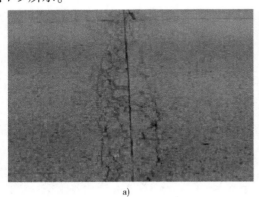 

a)　　　　　　　　　　　　　　　　　　b)

图7-9　胀裂（严重）

（3）损坏量计量

记录发生损坏的板块数量，胀裂发生在板块裂缝上时按1块板的数量记录，发生在2块板之间的接缝上时按2块板记录。如需为局部修补提供依据，应记录胀裂影响区域的面积作为补充。

（4）备注及图例

可判断为结构性损坏；出现后应立即修复，如图7-9所示。

2. 嵌缝料损坏

（1）特征描述

道面接缝处，因嵌缝料老化，在环境和荷载因素的共同作用下，与接缝缝壁剥离，嵌缝料被挤出或者被车轮带出，从而失去弹性和封堵的作用，无法阻止地表水渗入和防止硬物进入接缝，接缝整条脱粘、开裂、渗水或者1/3以上缝长出现空缝（包括被砂、石、土填塞）。

（2）形成原因

①施工时缝内灰尘、灰浆没有清理干净，导致料与缝壁单边脱开。

②嵌缝料的弹性差，导致料与缝壁两边都脱开。

③嵌缝料低温延伸率差，导致灌缝料从中间裂开。

④嵌缝料高温稳定性差，导致道面夏季软化、泛油或隆起。

⑤冬季使用吹雪车除雪，热气的吹蚀使嵌缝料表面产生微小裂纹。

（3）损坏程度判别

①轻微：嵌缝料表观状况良好，无挤出、缺失、长草等现象，少数嵌缝料与接缝间存在微小缝隙，但仍具有一定的黏结性。

②中等：为以下情形之一。

A.嵌缝料没有缺失，且与接缝间存在不大于 3mm 的缝隙，无法有效地防止地表水渗入。

B.接缝附近有唧泥痕迹。

C.嵌缝料已老化而失去弹性但未脆化。

D.植物在接缝内生长，但看得清接缝槽口，如图 7-10 所示。

③严重：为以下情形之一。

A.10% 以上的嵌缝料存在中等程度的损坏。

B.10% 以上的嵌缝料缺失，丧失了封堵作用，如图 7-11 所示。

（4）损坏量计量

一般情况下无需计量损坏量，而应以道面"单元"为单位记录损坏程度，以该"单元"20%以上接缝中损坏等级高的损坏程度作为该"单元"嵌缝料的损坏程度。如需为嵌缝料更换提供依据，应记录嵌缝料出现损坏的接缝总长度。

（5）备注及图例

如图 7-10、图 7-11 所示，道面可以判断为非结构性损坏。

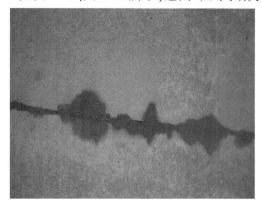

图 7-10 嵌缝料损坏（中等）

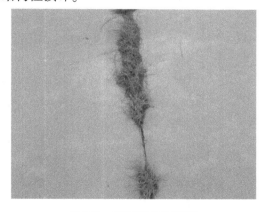

图 7-11 嵌缝料损坏（严重）

3.接缝破碎

（1）特征描述

接缝两侧各 60cm 范围内出现的裂缝，这些裂缝没有贯穿板块厚度，一般情况下与板边斜交，容易引起板块表层的脱落现象。

（2）形成原因

①横向缩缝经过若干次冻缩，假缝逐渐折断成真缝；随着嵌缝料的老化，也会像胀缝一样导致板边破损。

②嵌缝料经长期环境因素作用已老化、失去弹性，甚至断裂脱落，致使硬物进入板缝，阻碍了板块由于高温引起的膨胀变形，使板体承受较高的挤压应力，在接缝处附近裂碎。

（3）损坏程度判别

①轻微：为以下情形之一。

A.接缝两侧各 60cm 范围内的板块被轻微或者中等裂缝（裂缝宽度不大于 25mm）分割成3 块以下，但不易产生碎块。

B. 接缝出现轻微的磨损(接缝表观宽度不大于25mm,而且深度不大于13mm),存在产生碎块的可能性。

②中等:为以下情形之一。

A. 接缝两侧各60cm范围内的板块被轻微或中等裂缝(裂缝平均宽度不大于25mm)分割成3块以上。

B. 接缝两侧各60cm范围内的板块被裂缝分割成3块以下,其中有严重裂缝(裂缝宽度大于25mm),较易产生碎块。

C. 接缝出现中等程度的磨损(接缝表观宽度大于25mm,或者深度大于13mm),产生碎块的可能性较大。

③严重:为以下情形之一。

A. 接缝两侧各60cm范围内的板块被裂缝分割成3块以上,其中有严重裂缝(裂缝宽度大于25mm),很容易产生碎块。

B. 接缝出现严重程度的磨损,产生碎块的可能性很大。

(4)损坏量计量

记录发生损坏的板块数量,如果仅接缝一侧的板块发生破碎,记录1块板块,如果接缝两侧的板块均发生破碎,记录2块板块。如需为板块修补提供依据,应记录各破碎区域的面积。

(5)备注及图例

①如果一块板在多条接缝处出现接缝破碎现象,损坏程度应选择程度等级高的情况记录。

②如果接缝破碎长度小于66mm,或者发生破碎的区域已经被嵌缝料填补,则不作为"接缝破碎"损坏记录。

③如图7-12、图7-13所示,道面可以判断为非结构性损坏。

图7-12　接缝破碎(轻微)

图7-13　接缝破碎(严重)

4. 唧泥和板底脱空

(1)特征描述

当水泥混凝土道面板下发生脱空时,板下汇集了积水,当飞机通过脱空的道面板时,会有明显的活动感,随即发生唧泥现象,表现为在道面板接缝处有污染、沉积着许多基层材料或土基材料。

（2）形成原因

①基层局部下沉或胀起。

②基层或下面层松散材料被水冲刷而导致流失。

③板块之间接缝施工处理不当，板体高温膨胀使板拱起，板下脱空而松动。

（3）损坏程度判别

不分损坏等级。

（4）损坏量计量

记录唧泥和板底脱空所影响到的板块数量，如图 7-14 所示。

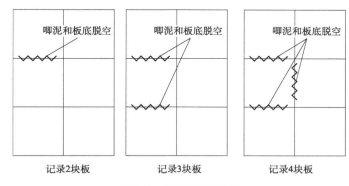

图 7-14　损坏量计量示例

（5）备注及图例

如图 7-15 所示，道面可以判断为结构性损坏，容易引起板块断裂，出现后应及时采取基础注浆加固等措施。

图 7-15　唧泥

5. 耐久性裂缝

（1）特征描述

由于环境因素（如冻融循环、活性集料反应等）的影响或者施工期间混凝土塑性收缩因素作用，在接缝附近产生的平行于接缝的发丝状表层裂缝，裂缝周围通常呈现暗色，严重情况下，可能导致接缝周边 0.3 ~ 0.6m 范围内板块的碎裂。

（2）损坏程度判别

①轻微：发生范围为1个板角或1条接缝，板块无剥落现象。

②中等：为以下情形之一。

A. 发生的范围为1个板角或1条接缝，但是板块已开始出现剥落现象。

B. 发生范围在1个板角或1条接缝以上，板块尚无剥落现象。

③严重：发生范围在半块板以上，板块剥落现象明显。

（3）损坏量计量

损坏量按发生损坏的板块数计。如需为板块修补提供依据，应记录各破碎区域面积。

（4）备注及图例

①如果同一板块上同时存在耐久性裂缝和起皮、龟裂和细微裂纹2种损坏，则按耐久性裂缝记录后，不再记录起皮、龟裂和细微裂纹。

②如图7-16所示道面可以判断为非结构性损坏。

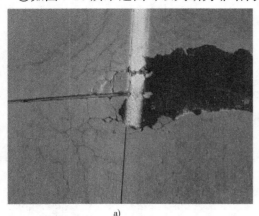 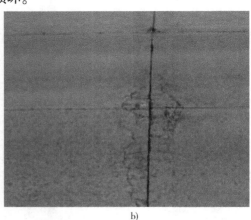

a)　　　　　　　　　　　　　　　　　　b)

图7-16　耐久性裂缝（中等）

三、表面损坏类

表面损坏类的损坏主要包括坑洞，起皮、龟裂和细微裂纹，板角剥落三种类型。

1. 坑洞

（1）特征描述

道面因粗集料脱落，或者施工时局部振捣不到位等原因，形成一些小坑。一般情况下，小坑的直径为25～100mm、深度为13～50mm。

（2）损坏程度判别

损坏程度不分损坏等级。一般处理措施为采用高强度水泥砂浆填实。

（3）损坏量计量

损坏量按发生损坏的板块数计。

（4）备注及图例

①当一板块上小坑出现的密度大于3个/m²时，则进行记录。

②如图7-17所示道面可以判断为非结构性损坏。

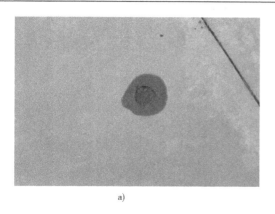

a)   b)

图 7-17　坑洞

2.起皮、龟裂和细微裂纹

（1）特征描述

道面表层掉皮或者形成网状、浅而细的发状裂纹,影响深度一般为表面以下 3 ~ 13mm,一般出现在整块板块上(耐久性裂缝仅出现在接缝附近)。

（2）形成原因

①机轮荷载冲击力和温度变化、干湿变化、光照等自然应力共同作用造成砂粒崩解。

②道面采用高压水(或钢丝轮)除胶。

③原材料本身耐磨性能差,如水泥成分中的铁铝酸四钙含量低、砂子坚固性差、含水率低、石料硬度和磨耗未达到要求,由此而造成砂浆保护层上的纹理损失。

④道面施工时的水胶比大,使砂浆保护层强度低;道面表面网状裂纹多,纹理损失快。

（3）损坏程度判别

①轻微:细微裂缝可以辨别,但表面状况尚好,且无剥落迹象。

②中等:一些区域出现剥落迹象,但面积比率不大于 5%。

③严重:出现剥落的面积比率大于 5% ,板块很容易产生碎块。

（4）损坏量计量

损坏量按发生损坏的板块数计。

（5）备注及图例

①同一板块上同时存在耐久性裂缝和起皮、龟裂和细微裂纹 2 种损坏,则按耐久性裂缝记录后,不再记录起皮、龟裂和细微裂纹。

②如图 7-18 所示道面可以判断为非结构性损坏。

图 7-18　起皮、龟裂和细微裂纹

3.板角剥落

（1）特征描述

飞机轮载作用下,板角区域(距离角点距离小于 0.6m)出现的板块开裂现象。与角隅断裂不同之处在于裂缝尚没有贯穿板的全厚度。

147

（2）损坏程度判别

①轻微：损坏区域被轻微裂缝（裂缝宽度小于3mm）分割，剥落成2块，或者被中等裂缝（裂缝宽度为3~25mm）分割，剥落成1块，不易产生碎块。

②中等：为以下情形之一。

A.损坏区域被中等裂缝（裂缝宽度为3~25mm）分割，剥落成2块以上，存在松动或者集料缺失。

B.损坏区域内存在程度严重的裂缝（裂缝宽度大于25mm），且已经出现次生裂缝。

C.损坏区域内容易产生碎块。

③严重：为以下情形之一。

A.损坏区域被严重裂缝（裂缝宽度大于25mm）分割，剥落成2块以上，存在松动或者集料缺失现象。

B.损坏区域内破碎现象明显，已产生碎块。

（3）损坏量计量

损坏量按发生损坏的板块数计。如需为板块修补提供依据，应记录各破碎区域面积。

（4）备注及图例

①如果损坏区域的长度小于76mm，而且已经采用嵌缝料填补，则不作为板角剥落记录。

②如图7-19、图7-20所示道面可以判断为非结构性损坏。

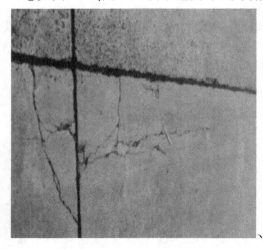 

图7-19　板角剥落（中等）　　　　　　　　图7-20　板角剥落（严重）

四、其他类

其他类的损坏主要包括沉陷或错台、小补丁、大补丁和开挖补块三种类型。

1.沉陷或错台

（1）特征描述

由于地基、土基或基层的竖向永久变形，在接缝或裂缝两侧出现高差。此时，道面板块下沉，低于相邻道面板平面或者板块正常高程。

（2）形成原因

①胀缝安装不当,在夏季温度应力作用下,道面推移产生沉陷或错台。

②冬季雪水进入基础后,水结冰膨胀,顶起一侧道面板,也形成沉陷或错台。

③基础脱空,传力杆压弯或断裂引起沉陷或错台。

(3)损坏程度判别

以邻板(接缝两侧)间高差作为判断依据,判别标准如表7-2所示。

沉陷(错台)损坏程度判别标准　　表7-2

损坏程度	邻板(接缝两侧)高差(mm)	
	跑道及滑行道	停机坪
轻微	< 6	3 ~ 13
中等	6 ~ 13	13 ~ 25
严重	> 13	> 25

(4)损坏量计量

损坏量按发生损坏的板块数量计,当两块板之间的接缝出现沉陷或错台时,按1块板记录。

(5)备注及图例

①由于施工质量等引起的沉陷或错台不作为损坏进行记录。

②由于地基、土基或基层竖向变形引起的沉陷或者错台,可以判断为结构性损坏,如图7-21、图7-22所示。

图7-21　错台　　　　　　　　　　　　　　图7-22　沉陷

2.小补丁

(1)特征描述

板块上已经进行过的局部修补,但修补区域面积不大于0.5m²。

(2)损坏程度判别

①轻微:补丁区域状况良好,没有其他损坏形式出现。

②中等:补丁区域损坏或中等剥落,较容易产生碎块。

③严重:补丁区域再次出现损坏,且沉陷或错台等现象已经影响道面平整度;或严重剥落,已产生碎块。

(3)损坏量计量

损坏量按发生损坏的板块数计。如需为板块修补提供依据,应记录补丁面积。

(4)备注及图例

①若修补裂缝的补丁宽度很小(10 ~ 25cm),可不作为小补丁记录。

②如图7-23、图7-24所示道面可以判断为非结构性损坏。

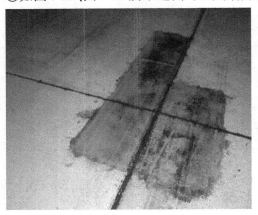

图7-23　小补丁(轻微)

图7-24　小补丁(中等)

3.大补丁和开挖补块

(1)特征描述

大补丁为板块上已经进行过的局部修补,且修补区域的面积大于0.5m²。开挖补块指因增设地下管线等设施而开挖道面后形成的补块。

(2)损坏程度判别

①轻微:补丁区域状况良好,没有其他损坏形式出现。

②中等:补丁区域损坏或中等剥落,较容易产生碎块。

③严重:补丁区域再次出现损坏,且沉陷或错台等现象已经影响了道面平整度;或严重剥落,已产生碎块。

(3)损坏量计量

损坏量按照发生损坏的板块数计。如需为板块修补提供依据,应记录补丁面积。

(4)备注及图例

①道面经过局部修补,无论修补效果如何,均认为是一种损坏形式,并予以记录。

②如图7-25所示道面可以判断为非结构性损坏。

图7-25　大补丁

第二节　沥青道面损坏鉴别及计量标准

机场沥青道面损坏现象可分成四大类:裂缝类、变形类、表面损坏类、其他类等。根据《民用机场道面评价管理技术规范》(MH/T 5024—2009)的规定,沥青道面损坏类别、计量单位与程度分级,如表7-3所示。

机场沥青道面损坏类别　　　　　　　　　　表7-3

损 坏 类 别	损 坏 类 型	量 测 单 位	严 重 程 度 等 级
裂缝类	龟裂	m^2	轻微、中等、严重
	不规则裂缝	m^2	轻微、中等、严重
	纵向、横向裂缝	m	轻微、中等、严重
	反射裂缝	m	轻微、中等、严重
	滑移裂缝	m^2	不分等级
变形类	沉陷	m^2	轻微、中等、严重
	隆起	m^2	轻微、中等、严重
	轮辙	m^2	轻微、中等、严重
	搓板	m^2	轻微、中等、严重
表面损坏类	集料磨光	m^2	不分等级
	推挤	m^2	轻微、中等、严重
其他类	松散和老化	m^2	轻微、中等、严重
	泛油	m^2	不分等级
	喷气烧蚀	m^2	不分等级
	油料腐蚀	m^2	不分等级
	补丁和开挖补块	m^2	轻微、中等、严重

一、裂缝类

裂缝类的损坏主要包括龟裂、不规则裂缝、纵向与横向裂缝、反射裂缝和滑移裂缝五种类型。

1. 龟裂

(1)特征描述

在飞机轮载反复作用下,沥青混凝土产生疲劳开裂现象,初期为相互平行的裂缝,随着次生裂缝的发展,逐渐形成网格状,一般裂缝长度不大于0.6m。出现龟裂的道面,可能伴随有沉陷变形。龟裂的产生,反映出道面的强度不足以承受飞机机轮荷载的作用。此外,基础排水不良、低温时沥青混合料变硬或变脆等,也可能产生龟裂。

(2)损坏程度判别

①轻微:沿轮迹方向(纵向)产生的相互平行的细微裂缝、相互交叉的次生裂缝很少、裂缝边缘无剥落现象。

②中等:形成网格状裂缝、裂缝边缘存在轻微剥落、网格内沥青混凝土无松动现象。

③严重:网格状裂缝明显、裂缝边缘剥落现象普遍、网格内的沥青混凝土出现松动。

(3)损坏量计量

记录损坏所影响的道面面积。

151

（4）备注及图例

①龟裂只发生在飞机轮载反复作用的道面区域（一般指轮迹带）。

②存在龟裂现象的区域如果同时存在轮辙现象,两种损坏应分别记录。

③如图 7-26、图 7-27 所示道面可以判断为结构性损坏。

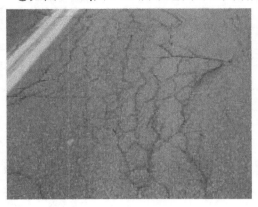 

图 7-26　龟裂（轻微）　　　　　　　　　　图 7-27　龟裂（严重）

2. 不规则裂缝

（1）特征描述

沥青混凝土由于温度应力引起的收缩裂缝,一般情况下存在沥青混凝土老化迹象,道面被裂缝分割成网格状,尺寸在 0.5m×0.5m ～ 3m×3m 之间,飞机轮迹带区域和非轮迹带区域均可能出现。

（2）损坏程度判别

①轻微:裂缝边缘无剥落现象,如果裂缝未填补,裂缝宽度小于 6mm;如果裂缝已填补,嵌缝料状况完好。

②中等:为以下情形之一。

A. 裂缝边缘存在轻度剥落现象。

B. 如果裂缝未填补,裂缝宽度大于 6mm,缝边剥落现象不明显。

C. 如果裂缝已填补,嵌缝料已出现损坏现象,但缝边剥落现象不明显。

③严重:裂缝边缘剥落现象明显,存在沥青混凝土碎粒。

（3）损坏量计量

记录损坏所影响的道面面积。

（4）备注及图例

①与龟裂相比,不规则裂缝所形成的网格面积更大,而且裂缝之间较少存在锐角相交的现象。

②对于沥青道面,同一道面上如已经记录不规则裂缝,则不再记录纵向、横向裂缝。

③对于水泥混凝土上加铺的沥青道面,同一道面上出现的不规则裂缝与其他裂缝形式（一般指反射裂缝）应分别记录。

④如图 7-28、图 7-29 所示道面可以判断为结构性损坏。

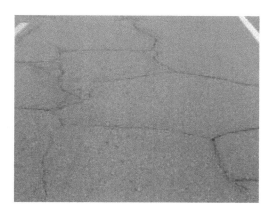

图 7-28　不规则裂缝(中等)

图 7-29　不规则裂缝(严重)

3. 纵向、横向裂缝

(1)特征描述

纵向裂缝指平行于轮迹方向的沥青混凝土开裂现象,有时伴有少量支缝。半填半挖土基或者道面加宽处,常由于压实不好,土基或基层出现沉降而产生纵向裂缝。混合料摊铺时纵向施工搭接不好,或者旧混凝土面层纵向裂接缝的反射作用,也会在路中线处出现纵向裂缝。沿轮迹带因荷载重复作用而产生的纵向裂缝,属于疲劳裂缝。

横向裂缝指与轮迹垂直方向的沥青混凝土开裂现象,有时伴有少量支缝。横向裂缝通常不是由于机轮荷载作用引起的,而是由低温收缩或者半刚性基层收缩裂缝引起的。

与龟裂和不规则裂缝相比,道面上没有被多条裂缝分割成网格状的现象。

(2)损坏程度判别

①轻微:裂缝边缘剥落现象不明显;如裂缝未填补,裂缝宽度小于 6mm;如裂缝已填补,嵌缝料状况完好。

②中等:为以下情形之一。

A. 裂缝边缘存在中等程度的剥落现象。

B. 如果裂缝已填补,嵌缝料已出现损坏现象,但缝边剥落现象不明显。

C. 如果裂缝未填补,裂缝宽度大于 6mm,缝边剥落现象不明显。

D. 裂缝周围出现一定程度的次生裂缝现象,但剥落现象不明显。

③严重:无论裂缝是否已经填补,裂缝边缘剥落现象明显,沥青混凝土中的粗集料存在明显松动现象或者已经部分缺失。

(3)损坏量计量。

损坏量以裂缝的实际长度计量。

(4)备注及图例。

①如果同一条裂缝的不同位置存在不同程度的损坏,应分别记录其长度和损坏程度。

②同一道面上如已经记录不规则裂缝,则不再记录纵向、横向裂缝。

③如图 7-30 ~ 图 7-33 所示道面可以判断为结构性损坏。

图 7-30　横向裂缝(中等)

图 7-31　横向裂缝(严重)

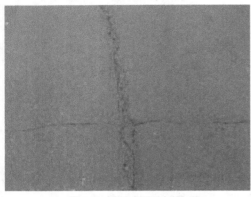

图 7-32　纵向裂缝(中等)

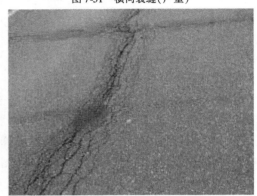

图 7-33　纵向裂缝(严重)

4.反射裂缝

(1)特征描述

仅出现在水泥混凝土道面上加铺沥青混凝土的结构形式,原水泥混凝土板块接缝(裂缝)处由于应力集中引起的加铺层开裂现象,多与原水泥混凝土板块接缝或裂缝位置对应。

(2)损坏程度判别

①轻微:裂缝边缘剥落现象不明显;如裂缝未填补,裂缝宽度小于6mm;如裂缝已填补,嵌缝料状况完好。

②中等:为以下情形之一。

A.裂缝边缘存在中等程度的剥落现象。

B.如果裂缝已填补,嵌缝料已出现损坏现象,但缝边剥落现象不明显。

C.如果裂缝未填补,裂缝宽度大于6mm,但缝边剥落现象不明显。

D.裂缝周围出现一定程度的次生裂缝现象,但剥落现象不明显。

③严重:无论裂缝是否已经填补,裂缝边缘剥落现象明显,沥青混凝土中的粗集料存在明显松动现象或者已经部分缺失。

(3)损坏量计量

损坏量以裂缝的实际长度计量。

(4)备注及图例

①如果同一条裂缝的不同位置存在不同程度的损坏,应分别记录其长度和损坏程度。

②对于水泥混凝土上加铺沥青混凝土的道面结构,同一道面上如已经记录反射裂缝,则不再记录不规则裂缝。

③如图 7-34 所示道面可以判断为非结构性损坏。

a)　　　　　　　　　　　　　　　　　　　b)

图 7-34　反射裂缝

5. 滑移裂缝

(1)特征描述

道面上出现的月牙或半月状裂缝,一般存在于飞机制动或者转向的道面区域,主要由沥青混凝土层间滑动和黏结不良或者上面层材料抗剪能力不足等原因造成。如果范围较大,其原因就可能是粘层油较少,或面层使用了软质石料,石料压碎后造成黏结不良并增加滑移。

(2)损坏程度判别

滑移裂缝病害不分损坏等级。

(3)损坏量计量

记录损坏所影响的道面面积。

(4)备注及图例

如图 7-35 所示道面可以判断为非结构性损坏。

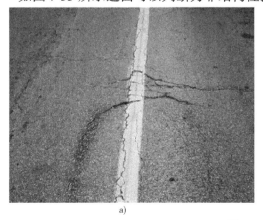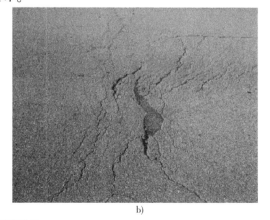

a)　　　　　　　　　　　　　　　　　　　b)

图 7-35　滑移裂缝

二、变形类

变形类的损坏主要包括沉陷、隆起、轮辙与搓板四种类型。

1. 沉陷

（1）特征描述

由于地基沉降或者道面结构层、土基压实度不足等原因,道面局部区域明显低于其周边区域的现象。

（2）损坏程度判别

①轻微:雨后道面残留水迹明显,与周边相比有明显色差,但对平整度的影响较小。

②中等:道面干燥条件下可以通过目视发现,对于平整度有一定的影响,强降水后存在明显积水。

③严重:道面干燥条件下通过目视很容易发现,对于平整度影响较大,强降水后积水较严重。

（3）损坏量计量

记录损坏所影响的道面面积。

（4）备注及图例

①可以采用 3m 直尺间隙的大小精确地判定损坏程度,判断标准见表 7-4。

②如图 7-36、图 7-37 所示道面可以判断为非结构性损坏。

沉陷损坏程度判别标准（3m 直尺法） 表 7-4

损坏程度	3m 直尺最大间隙（mm）	
	跑道和快速出口滑行道	其他滑行道和停机坪
轻微	3 ~ 13	13 ~ 25
中等	13 ~ 25	25 ~ 51
严重	>25	>51

图 7-36 沉陷（中等）　　　　　　　图 7-37 沉陷（严重）

2.隆起

（1）特征描述

由于基础冻胀、盐胀、膨胀土胀起、道面材料推移拥起等原因，导致道面局部区域明显高于其周边区域的现象，一般损坏区域还伴随开裂现象。

（2）损坏程度判别

①轻微：通过目视较难发现，巡视车辆经过时有颠簸感。

②中等：通过目视可以发现，对于平整度有一定的影响。

③严重：通过目视很容易发现，对于平整度影响较大。

（3）损坏量计量

记录损坏所影响的道面面积。

（4）备注

①可以采用3m直尺间隙的大小精确地判定损坏程度，判断标准见表7-5。

②道面可以判断为非结构性损坏。

隆起损坏程度判别标准（3m直尺法）　　　表7-5

损坏程度	3m 直尺最大间隙（mm）	
	跑道和快速出口滑行道	其他滑行道和停机坪
轻微	≥ 20	≥ 40
中等	20 ~ 40	40 ~ 80
严重	> 40	> 80

3.轮辙

（1）特征描述

由于面层混合料稳定性不足，轮迹带内的道面在飞机轮载反复作用下发生固结变形和侧向剪切变形而产生永久变形，表现为道面沿轮迹方向的凹陷，以及轮迹两侧局部道面可能的隆起。

（2）损坏程度判别

可以采用3m直尺沿垂直于轮迹方向放置，量测各个断面上的最大间隙后取平均值的方法，作为损坏程度的判定标准，如表7-6所示。

轮辙损坏程度判别标准（3m直尺法）　　　表7-6

损坏程度	3m 直尺间隙的均值（mm）
轻微	6 ~ 13
中等	13 ~ 25
严重	>25

（3）损坏量计量

记录损坏所影响的道面面积。

（4）备注及图例

①同一道面上如果轮辙与龟裂同时存在，应分别进行记录。

②如图 7-38、图 7-39 所示道面可以判断为结构性损坏。

图 7-38 轮辙（中等）

图 7-39 轮辙（严重）

4.搓板

（1）特征描述

垂直于道面轮迹方向上出现的有规则的波浪状隆起和凹陷,一般相邻隆起(凹陷)之间的距离不大于 1.5m。材料组成设计不良与施工质量较差,使面层材料不足以抵抗机轮水平力的作用,是产生搓板的主要原因。

（2）损坏程度判别

可以通过损坏对平整度的影响程度进行经验判定,也可采用 3m 直尺间隙的大小进行判定。通过选取不少于 5 个断面,量测道面隆起和沉陷之间的高差,取平均值后按照表 7-7 判定。

搓板损坏程度判别标准(3m 直尺法) 表 7-7

损 坏 程 度	3m 直尺间隙的均值(mm)	
	跑道和快速出口滑行道	其他滑行道和停机坪
轻微	<6	<13
中等	6 ~ 13	13 ~ 25
严重	>13	>25

（3）损坏量计量

记录损坏所影响的道面面积。

（4）备注及图例

如图 7-40 所示道面可以判断为非结构性损坏。

三、表面损坏类

表面损坏类的损坏主要包括集料磨光和推挤两种类型。

1.集料磨光

（1）特征描述

沥青混凝土中的集料棱角在飞机轮载的反复作用下被磨成圆滑或平滑状,从而使其逐渐丧失纹理构造的现象。该病害是由于所用集料不耐磨和车轮反复作用造成的。

（2）损坏程度判别

损坏程度不分损坏等级。

（3）损坏量计量

记录损坏所影响的道面面积。

（4）备注及图例

①判断这种损坏时，可以将轮迹带与非轮迹带区域的纹理进行对比。

②如图7-41所示道面可以判断为非结构性损坏。

图7-40 搓板（严重）

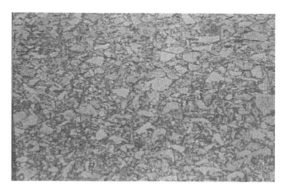

图7-41 集料磨光

2. 推挤

（1）特征描述

仅发生在水泥混凝土和沥青道面交界的区域。由于交界处构造设置不合理或者失效等原因，水泥混凝土板块在温胀作用下对沥青道面形成推挤，引起沥青道面发生隆起或者开裂等现象。

（2）损坏程度判别

①轻微：沥青道面发生推挤的面积较小，没有产生明显的开裂或者隆起现象。

②中等：沥青道面发生推挤的面积较大，存在较明显的开裂或者隆起现象，对道面平整度有一定的影响。

③严重：沥青道面发生推挤的面积很大，道面开裂或者隆起的程度严重，对道面平整度产生很大影响。

（3）损坏量计量

记录损坏所影响的道面面积。

（4）备注

道面可以判断为非结构性损坏。

四、其他类

其他类的损坏包括以下五种：松散和老化；泛油；喷气烧蚀；油料腐蚀；补丁和开挖补块。

1. 松散和老化

（1）特征描述

由于沥青混合料中沥青偏少、沥青与集料间黏结差或者沥青混凝土中胶结料老化变硬,造成中粗集料散失,表面出现微坑的现象。

(2)损坏程度判别

①轻微:沥青混凝土中的粗集料出现裸露现象,裸露部分小于粗集料最大粒径的1/4,但是粗集料尚无松动、剥落现象。

②中等:沥青混凝土中的粗集料的裸露程度达到了其最大粒径的1/4~1/2,道面表面由于少量集料的剥落出现微坑、不平整等现象。

③严重:道面表面微坑、不平整等现象严重,存在与胶结料分离的粗集料。

(3)损坏量计量

记录损坏所影响的道面面积。

(4)备注及图例

①由于道面除胶、除雪或者其他机械性破坏所引起的沥青混凝土中粗集料散失现象,应列为严重的松散和老化。

②如图7-42、图7-43所示道面可以判断为非结构性损坏。

图7-42　松散(中等)　　　　　　　　　　图7-43　松散(严重)

2.泛油

(1)特征描述

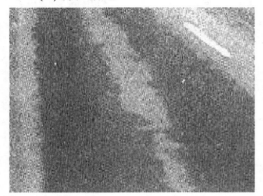

图7-44　泛油

因沥青混凝土油石比过高,或者沥青混合料空隙率过小,在高温气候和机轮荷载下,沥青混凝土中的胶结料迁移到道面表面,积聚形成一层有光泽的沥青膜。

(2)损坏程度判别

损坏程度不分损坏等级。

(3)损坏量计量

记录损坏所影响的道面面积。

(4)备注及图例

如图7-44所示道面可以判断为非结构性损坏。

3. 喷气烧蚀

（1）特征描述

沥青道面表层在飞机发动机高温尾气烧蚀的影响下发生碳化，造成胶结料黏性的丧失，一般表现为喷气烧蚀的道面与周边存在明显的色差。

（2）损坏程度判别

损坏程度不分损坏等级。

（3）损坏量计量

记录损坏所影响的道面面积。

（4）备注

道面可以判断为非结构性损坏。

4. 油料腐蚀

（1）特征描述

飞机的燃油、机油或者其他具有腐蚀性的液体洒落在道面表面，对沥青混凝土造成的污染现象。

（2）损坏程度判别

损坏程度不分损坏等级。

（3）损坏量计量

记录损坏所影响的道面面积。

（4）备注

可以判断为非结构性损坏。

5. 补丁和开挖补块

（1）特征描述

经过局部面层修补的道面。

（2）损坏程度判别

①轻微：局部修补区域状况良好，没有其他损坏形式出现。

②中等：局部修补的区域内开始出现其他形式的损坏，损坏程度轻微，对飞机行驶质量有影响，或者修补道面上可能产生碎粒。

③严重：局部修补的区域内已经出现其他形式的损坏，且损坏程度处于中等以上，显著影响了飞机行驶质量，或者修补道面上已经产生碎粒。

（3）损坏量计量

记录损坏所影响的道面面积。

（4）备注及图例

①如果同一个补丁上不同区域道面的损坏程度存在明显的差异，应分别记录各自的面积和损坏程度。

②计算 PCI 时，不再记录补丁范围内出现的其他损坏形式，但是，应考虑这些损坏形式对于补丁的影响，进而判断补丁的损坏等级。如果补丁面积很大（大于 $230m^2$），还应该将补丁上存在的其他损坏另行记录，作为损坏状况调查的补充资料。

③如图 7-45、图 7-46 所示道面可以判断为非结构性损坏。

图7-45 补丁(轻微)

图7-46 补丁(中等)

第三节 道面损坏状况调查方法

机场道面损坏状况调查是道面管理最重要的工作之一,机场管理机构应在道面调查的基础上进行道面损坏状况的季度统计与分析,统计报表应反映以下内容:

(1)损坏的分布区域和位置,各种损坏的类型、程度和数量。

(2)道面损坏对机场运行的影响。

道面损坏状况调查可通过目视判别的方法确定损坏类型,借助简单的仪器和工具判定损坏程度,量测损坏量(损坏的长度或面积等)。在满足调查要求的前提下,可运用图像识别等先进技术。

一、道面损坏状况调查的基本要求

根据《民用机场道面评价管理技术规范》(MH/T 5024—2009)中道面损坏状况调查及评价的要求,我国绝大部分机场是通过目视判别的方法确定道面损坏类型、借助简单的仪器和工具判定损坏程度及损坏量。以掌握道面总体损坏状况为目的时,可采取全面调查的形式,也可采取抽样调查的形式;以指导加铺层设计和既有道面处治为目的,或者进行道面损坏状况专项调查时,应选择全面调查的形式。对于规模不大的飞行区,道面损坏状况调查宜采用全面调查的形式。对较大面积的跑道道面采用抽样调查的方式选取调查单元,抽样的频率一般为15% ~ 45%;道面损坏状况轻微时取低值,严重时取高值;一个调查单元一般为300 ~ 500 m^2。将每个调查单元内的道面损坏类型、程度及数量记录在调查表内,如表7-8、表7-9所示。

水泥混凝土道面损坏状况调查记录表 表7-8

单元编号		单元板块数量		日期		记录人	
损坏类型代码	(1)纵向、横向和斜向裂缝;(2)角隅断裂;(3)破碎板或交叉裂缝;(4)沉陷或错台;(5)胀裂;(6)嵌缝料损坏;(7)接缝破碎;(8)唧泥和板底脱空;(9)耐久性裂缝;(10)收缩裂缝;(11)坑洞;(12)起皮、龟裂和细微裂纹;(13)板角剥落;(14)小补丁;(15)大补丁和开挖补块						
损坏程度	L-轻;M-中;H-重;N-不分等级						
行编号	列编号	损坏类型	损坏程度	损坏量			
				长度(m)	面积(m^2)	数量	

沥青道面损坏状况调查记录表　　　　　　表7-9

单元编号		单元面积(m²)		日期		记录人	
损坏类型代码		(1)龟裂;(2)不规则裂缝;(3)纵向、横向裂缝;(4)反射裂缝;(5)滑移裂缝;(6)松散和老化;(7)泛油;(8)集料磨光;(9)沉陷;(10)隆起;(11)轮辙;(12)搓板;(13)推挤;(14)喷气烧蚀;(15)油料腐蚀;(16)补丁和开挖补块					
损坏程度		L-轻;M-中;H-重;N-不分等级					
P向距离	H向距离	损坏类型	损坏程度	损　坏　量			
				长度(m)		面积(m²)	

二、道面裂缝类病害的调查方法

道面裂缝类病害调查范围包括水泥混凝土道面断裂类、接缝类破坏和沥青道面的裂缝类破坏。

1. 检测工具

一般采用直尺、测绳、裂缝尺、裂缝测定器(千分表式或放大镜式)。

2. 检测方法与步骤

(1)对于水泥混凝土道面的裂缝,实地量测其裂缝的长度,以长度计算。

(2)对于沥青道面和碎石道面的裂缝,凡成块(网)状者,则直接量测其面积;全属单条的裂缝,则测其实际长度,均按其计算宽度0.2m折算成面积。

(3)裂缝宽度应在裂缝最大处测定。

三、道面变形类病害的调查方法

道面变形类病害调查是指对沥青道面的变形类病害的调查,分为传统的人工检测方法和道面自动检测方法。

1. 人工法检测工具

(1)横断面尺:如图7-47所示,横断面尺为硬木或金属制直尺,刻度间距5cm,长度不小于3m。顶面平直,最大弯曲不超过1mm,两端有把手及高度为10～20cm的支脚,两支脚的高度相同。

(2)量尺:钢板尺、卡尺、塞尺,量程大于变形深度,刻度准确至1mm。

(3)其他:皮尺、粉笔等。

图7-47　道面横断面尺

2. 人工法检测方法与步骤

(1)将横断面尺放于测定断面上,两端支脚置于测定车道两侧。

(2)沿横断面尺每隔20cm一点,用量尺垂直立于道面上,用目平视测记横断面尺顶面与路面之间的距离,准确至1mm。如断面的最高处或最低处明显不在测定点上,应加测该点距离。

(3)记录测定读数,绘出断面图,最后连接成圆滑的横断面曲线。

（4）当不需要测定横断面,仅需要测定最大变形时,亦可用不带支脚的横断面尺架在道面上,由目测确定最大变形位置,并用皮尺量取。

3. 自动检测法检测工具

激光或超声波车辙仪:包括多点激光或超声波车辙仪、线激光车辙仪和线扫描激光车辙仪等类型,通过激光测距技术或激光成像和数字图像分析技术得到道面横断面相对高程数据,并按规定模式计算变形深度。要求激光或超声波车辙仪有效测试宽度不小于3.2m,测点不少于13点,测试精度至1mm。

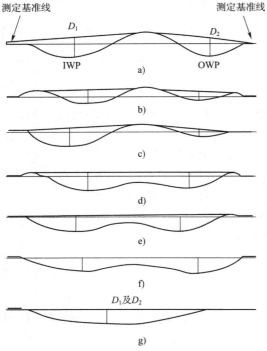

4. 自动检测法检测步骤

（1）以一个评定区域为单位,用激光车辙仪连续检测时,测定断面间隔不大于10m,在特殊需要的段落,可予加密。

（2）将检测车辆就位于测定区间起点前。

（3）启动并设定检测系统参数。

（4）启动车辙和距离测试装置,开动测试车沿轮迹位置且平行于车道线平稳行驶,测试系统自动记录出每个横断面和距离数据。

（5）到达测定区间终点后,结束测定。

（6）系统处理软件按照图7-48规定的模式,通过各横断面相对高程数据计算变形深度。

图7-48 不同形状、不同程度的道面轮辙示意图
注:IWP、OWP表示内侧轮迹带及外侧轮迹带。

四、道面沉陷和错台的调查方法

1. 检测工具

一般采用皮尺、水准仪、3m直尺、钢板尺、钢卷尺和粉笔。

2. 检测方法与步骤

（1）沉陷或错台的测定位置,以道面单元沉陷或错台最大处纵断面为准,根据需要也可以其他代表性纵断面为测定位置。

（2）构造物端部由于沉降造成的接头沉陷或错台的测试步骤如下:

①将精密水平仪架在距构造物不远的道面平顺处调平。

②从构造物端部无沉降或鼓包的断面位置起,沿道面纵向用皮尺量取一定距离,作为测点,测量高程。如此重复,直至无明显沉降的断面为止。无特殊需要,从构造物端部的2m内应每隔0.2m量测一次,2~5m内宜每隔0.5m量测一次,5m以上可每隔1m量测一次,由此得出沉降纵断面及最大沉降量,即最大沉陷或错台高度D_m,准确至1mm。

（3）测定由水泥混凝土道面或道面横向开裂造成的接缝错台、裂缝错台时,可按（2）条的方法用水平仪测定接缝或裂缝两侧一定范围内的道面纵断面,确定最大错台位置及高度D_m,准确至1mm。

（4）当发生错台变形的范围不足3m时,可在错台最大位置沿道面纵向用3m直尺架在路面上,其一端位于沉陷或错台的高出一侧,另一端位于无明显沉降变形处,作为基准线。用钢

板尺或钢卷尺每隔 0.2m 量取道面与基准线之间高度 D，同时测记最大沉陷或错台高度 D_m，准确至 1mm。

第四节　道面损坏状况评价方法

每个单元的道面可能出现各种不同类型、程度和范围的损坏。为了使各单元的损坏状况（或程度）可以进行定量比较，需要有一项综合评价指标，把这三方面的属性和影响综合起来。本节着重介绍目前我国机场道面的损坏等级评定方法，即道面状况指数（PCI）和结构状况指数（SCI）计算方法。

一、PCI 与 SCI 的定义

1. PCI 的定义

PCI（Pavement Condition Index）是反映道面破损状况的指标，它主要在对道面进行实地调查的基础上，分别按照水泥混凝土道面和沥青道面进行分析统计，计算出调查区域内道面破损的比例，最后按照公式（7-1）和公式（7-2）计算出 PCI 值。道面破损状况指数（PCI）的数值范围为 0~100。其值越大，路况越好。

$$PCI = c - \sum_{i=1}^{n} \sum_{j=1}^{m} DP_{ijk} \omega_{ij} \tag{7-1}$$

$$PCI = c - \left(\sum_{i=1}^{n} \sum_{j=1}^{m} DP_{ijk} \omega_{ij} \right) F(t, d) \tag{7-2}$$

式中：c——初始评分数，百分制时一般用 $c = 100$；

i, j——相应为损坏类型数（共 n 种）和严重程度等级数（共 m 级）；

DP_{ijk}——i 种损坏、j 级程度和 k 范围的扣分值；

ω_{ij}——多种损坏类型和严重程度的权函数；

$F(t, d)$——多种损坏的修正系数，是累计扣分数 t 和扣分次数 d 的函数。

2. SCI 的定义

SCI（Structure Condition Index）是反映道面结构状况的指标。道面的结构性能必须满足机场运行飞机的荷载要求，当道面发生各种结构性损坏病害时，就需要单独对道面的结构状况进行分析，计算出调查区域内道面结构性损坏的比例，最后可参考公式（7-1）和公式（7-2）计算出 SCI 值。道面结构状况指数（SCI）的数值范围为 0~100。其值越大，路况越好。

二、道面 PCI 与 SCI 计算方法

1. 道面 PCI 计算方法

（1）针对水泥混凝土道面或者沥青道面，分别按照第一、二节有关道面损坏的鉴别及计量标准，并参照表 7-8、表 7-9 的格式记录道面各单元的损坏类型、损坏程度和损坏量。

（2）由式（7-3）和式（7-4）分别计算各单元中各种损坏类型的损坏密度。

①水泥混凝土道面（或上面层为水泥混凝土的复合道面）的损坏密度按照板块比计算。

$$D_{ij} = \frac{N_{ij}}{N} \times 100\% \tag{7-3}$$

式中:D_{ij}——用于计算道面损坏折减值的损坏密度(%);

    N——"单元"中的板块数量;

    N_{ij}——"单元"中第 i 种损坏类型第 j 类损坏程度所出现的板块数量。

②沥青道面(或上面层为沥青混凝土的复合道面)的损坏密度按照"面积比"计算。

$$D_{ij} = \frac{A_{ij}}{A} \times 100\% \tag{7-4}$$

式中:D_{ij}——用于计算道面损坏折减值的损坏密度(%);

    A——"单元"的总面积;

    A_{ij}——"单元"中第 i 种损坏类型第 j 类损坏程度的当量损坏总面积;对于以面积计量的损坏类型,为实际损坏面积;对于以长度计量的损坏类型,为实际损坏长度(以 m 计)乘以当量面积权重系数(一般取为0.3)。

(3)根据损坏类型、损坏程度以及损坏密度,并按照《民用机场道面评价管理技术规范》(MH/T 5024—2009)附录C2、C4 提供的损坏折减曲线分别确定各种损坏类型的损坏折减扣分值(DV_i),如图 7-49 所示。

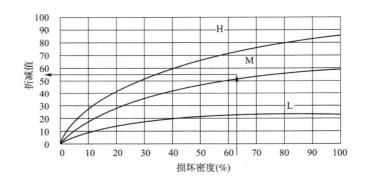

图 7-49　单项损坏类型、损坏折减扣分值计算示例(纵向、横向和斜向裂缝)

(4)道面单元的损坏最大折减值(maxCDV)按以下步骤计算:

①将道面单元中出现的所有损坏类型的折减扣分值由大到小排序,形成一维数组$\{DV_i$ $(i=1 \sim n)\}$。

②如果$\{DV_i(i=1 \sim n)\}$ 中的 $DV_i > 5$ 损坏数量不大于1,则:maxCDV $= \Sigma DV_i$。

③否则,损坏最大折减值(maxCDV)按照以下步骤计算:

A. 由式(7-5)确定可用于计算 maxCDV 的损坏类型数量 m。

$$m = 1 + (9/95) \cdot (100 - HDV) \tag{7-5}$$

式中:m——可用于计算 maxCDV 的损坏类型数量,保留小数部分两位;

  HDV——$\{DV_i(i=1 \sim n)\}$ 中最大的折减扣分值。

B. 选取 $m' = m$ 整数部分 $+1$,将$\{DV_i(i=1 \sim n)\}$ 中前 m' 个 DV_i 形成用于计算 maxCDV 的一维数组$\{DV_i(i=1 \sim m')\}$,其中,最小的折减扣分值$\overline{DV_{m'}}$由式(7-6)修正。

$$\overline{DV_{m'}} = m \text{ 的小数部分} \times DV_m \tag{7-6}$$

C. 根据附录1或者附录2中道面 PCI 计算折减值综合修正曲线,按从小到大的顺序对

$\{DV_i(i=1\sim m')\}$ 中 $DV_i \geqslant 5$ 的折减扣分值进行逐项修正,直至 $\{DV_i(i=1\sim m')\}$ 中大于 5 的 DV_i 数量不大于 1。修正过程如下:

a. 确定 $\{DV_i(i=1\sim m')\}$ 中 $DV_i > 5$ 的折减扣分值数量 q。

b. 根据 $\{DV_i(i=1\sim m')\}$ 计算扣分总和 $maxCDV_0 = DV_i$。

c. 由折减扣分值数量 q 和 $maxCDV_0$,根据 PCI 计算折减值综合修正曲线确定折减修正值 CDV_i,如图 7-50 所示。

d. 将 $\{DV_i(i=1\sim m')\}$ 中被修正的 DV_i 取值为 5,重复步骤 a ~ 步骤 c。

D. 由步骤 c 综合修正后得到 $\{DV_1(i=1\sim q)\}$,取 $maxCDV = max(CDV_i)$。

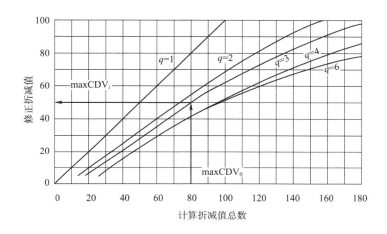

图 7-50　PCI 计算折减值修正示例($q=3$)

(5)道面"单元"的 PCI 按式(7-7)计算。

$$PCI = 100 - maxCDV \tag{7-7}$$

式中:PCI——道面状况指数;

maxCDV——损坏最大折减值。

(6)道面"区域"的 PCI 应在所辖"单元"PCI 的基础上,按式(7-8)计算。

$$PCI_s = (N - A) \times PCI_R / N + PCI_A / N \tag{7-8}$$

式中:PCI_s——道面"区域"的 PCI;

N——样本单元总数;

A——附加样本数量;

PCI_R——随机样本单元的 PCI 平均值;

PCI_A——附加样本单元的 PCI 平均值。

(7)道面"部位"PCI 应在所辖"区域"PCI 的基础上,由式(7-9)按各"区域"面积大小进行加权平均。

$$PCI_B = \frac{\sum\limits_{i=1}^{n}(PCI_{si} \cdot A_i)}{\sum\limits_{i=1}^{n}(A_i)} \tag{7-9}$$

式中:PCI_B——道面"部位"的 PCI;

PCI_{si}——所属各个道面"区域"的PCI;

A_i——各"区域"的面积(m^2);

n——所辖"区域"的数量。

2. 道面SCI计算方法

道面"单元"的SCI与道面结构性损坏类型有关,计算步骤如下:

(1)根据道面损坏的鉴别及计量标准,对表7-10中的结构性损坏类型记录相应的损坏程度和损坏量。

机场道面结构性损坏类型 表7-10

道面结构	水泥混凝土道面或上面层为水泥混凝土的复合道面	沥青道面或上面层为沥青混凝土的复合道面
结构性损坏类型	①纵向、横向和斜向裂缝; ②角隅断裂; ③破碎板或交叉裂缝; ④沉陷或错台; ⑤胀裂; ⑥唧泥和板底脱空	①龟裂; ②不规则裂缝; ③纵向、横向裂缝; ④轮辙

(2)按照公式(7-3)和公式(7-4)分别计算各种结构性损坏类型的损坏密度。

(3)按图7-49分别计算各种结构性损坏类型的损坏折减扣分值(DV_i)。

(4)道面"单元"的SCI按照公式(7-10)计算。

$$SCI = 100 - \Sigma DV_i \tag{7-10}$$

式中:SCI——道面结构状况指数;

DV_i——各类结构性损坏的折减值。

三、道面损坏状况等级评定

应按表7-11的评价标准评定损坏等级。

机场道面损坏等级评定标准 表7-11

道面损坏等级	优	良	中	次	差
PCI 范围	$PCI \geq 85$	$70 \leq PCI < 85$	$55 \leq PCI < 70$	$40 \leq PCI < 55$	$PCI < 40$

道面的结构损坏状况可采用结构状况指数(SCI)进行评定,结构损坏等级划分标准如下:

(1)$SCI \geq 80$:道面结构能够满足机场运行飞机的荷载要求。

(2)$SCI < 80$:道面的结构性损坏严重,道面结构难以满足机场运行飞机的荷载要求。

四、道面损坏状况分析

道面损坏状况分析的首要内容是根据PCI评定道面损坏等级。对于损坏等级为良或者良以下的"单元"、"区域"或"部位",应确定道面主导损坏类型,分析损坏成因。

(1)道面的主导损坏类型即为PCI计算中折减值最高或者PCI折减值次高但最为重要的损坏类型。

(2)针对主导损坏类型,应充分考虑机场的实际情况,依据技术人员的工程经验进行道面损坏的成因分析。

对水泥混凝土道面或上面层为水泥混凝土的复合道面,应就嵌缝料的失效情况进行分析。嵌缝料出现脆裂、挤出、明显老化、与板边脱离等情况,或者存在缝内长草、嵌缝料不足或缺失、接缝周边唧泥等现象时,应判定为失效。

水泥混凝土道面或上面层为水泥混凝土的复合道面出现严重的唧泥、错台(≥5mm)等现象时,应进行板底脱空状况分析。必要时可实施板底脱空状况专项调查,通过现场测试确定道面的脱空程度与脱空范围,判断脱空产生的原因。

水泥混凝土道面或上面层为水泥混凝土的复合道面出现纵向、横向和斜向裂缝、角隅断裂、破碎板或交叉裂缝等断裂类损坏,且损坏程度为严重时,应按照《民用机场道面评价管理技术规范》(MH/T 5024—2009)6.4节的技术要求分析评价道面的结构承载能力。

沥青道面或上面层为沥青混凝土的复合道面出现松散和老化,或者裂缝边缘出现明显的剥落现象时,应对沥青混合料的水稳定性、抗剥落性能、老化程度等做进一步的分析与评价。

(1)沥青混合料的水稳定性评价采用标准马歇尔稳定度及浸水马歇尔稳定度(或真空饱水马歇尔稳定度)试验,或者劈裂及冻融劈裂试验。

①密级配沥青混凝土(AC)的标准马歇尔稳定度不小于8.0kN,沥青玛蹄脂沥青混合料(SMA)的标准马歇尔稳定度不小于5.5kN;上述两种混合料的浸水马歇尔残留稳定度不小于80%。

②采用劈裂及冻融劈裂试验进行水稳定性评价时,评价指标为冻融劈裂试验强度比TSR,评价标准见表7-12。

TSR 技 术 要 求　　　　　　　　　　　　表7-12

气 候 特 征	潮湿区、湿润区	半干区、干旱区
普通沥青混合料	≥75	≥70
改性沥青混合料	≥80	≥75
SMA 混合料	≥80	

(2)沥青混合料抗剥落性能评价采用肯塔堡飞散试验。满足抗剥落性能要求的标准为:普通沥青混合料的"飞散损失率"不大于25%;改性沥青混合料的"飞散损失率"不大于20%。

(3)沥青混合料面层的沥青老化程度评价,宜对现场钻取的芯样抽提沥青,进行沥青针入度、延度、软化点试验,并与混合料组成设计时的对应指标做对比。

沥青道面或上面层为沥青混凝土的复合道面轮迹覆盖区域出现轮辙、泛油等现象时,应选用具有自湿装置的设备进行摩擦系数的测试,并按照《民用机场道面评价管理技术规范》(MH/T 5024—2009)7.2节的技术要求分析评价道面的抗滑性能。

在逐步积累道面PCI数据的基础上,应对各道面区域的PCI衰变规律进行分析,建立相应的PCI历时曲线,及时计算PCI的变化速率,作为道面维护决策或维护措施实施效果评价的技术依据。

第八章　道面结构性能测试与评价

道面结构强度检测的目的包括掌握设施的服务潜力、预测结构的剩余寿命、发现强度不足的设施、分析强度不足的原因或结构状况变化的趋势,或为结构的加固、补强设计提供设计依据或设计参数。

对下述情况必须进行道面结构性能测试与评价:

(1)道面损坏等级处于"中"或"中"以下,或者 SCI < 80。

(2)道面实际承受的荷载等级较设计荷载发生了显著变化。

(3)计划实施道面结构补强,需要掌握既有道面的补强设计参数。

(4)需要进行机场规划、改扩建以及制定运行策略等宏观决策。

第一节　道面结构性能评价参数

道面结构评价参数的合理确定是道面结构性能评价的关键。道面结构评价参数包括:道面结构有效厚度 h_e、水泥混凝土道面板的弹性模量 E_c、弯拉强度 f_{cm} 与基层顶面的反应模量 K、水泥混凝土道面接缝的弯沉比传递系数 $LTE_δ$、沥青道面中土基的加州承载比 CBR、评价期内评价机型的累计当量作用次数 N_e 等。道面结构评价参数应通过道面结构性能测试或道面技术资料分析确定,以下情况可采用技术资料分析确定结构评价参数。

(1)道面设计、施工、维修养护或者历史调查资料可提供充分、可信的技术参数。

(2)技术参数受航空交通量累计作用和环境因素的影响较稳定,或者可通过有效方法进行修正。

1. h_e 的计算方法

(1)水泥混凝土道面结构有效厚度

水泥混凝土道面结构的有效厚度 h_e 为水泥混凝土面层的实际厚度乘以道面厚度损坏折减系数 C_R。

①水泥混凝土面层的实际厚度可通过道面结构信息卡或者现场钻取芯样确定。如现场取芯,每个评价区域的芯样数量不宜少于 3 个,并按 95% 保证率计算水泥混凝土面层的实际厚度。

②水泥混凝土道面厚度损坏折减系数 C_R 可根据道面损坏等级,结合技术人员的工程经验参考表 8-1 确定。

水泥混凝土道面厚度损坏折减系数 C_R 取值范围　　　　表 8-1

道面损坏等级	优	良	中	次或差
C_R 取值范围 *	1.00	0.75 ~ 1.00	0.50 ~ 0.75	0.35 ~ 0.50

注: * 对于各损坏等级,PCI 大时 C_R 取高值,PCI 小时 C_R 取低值。

(2)沥青道面结构有效厚度

沥青道面结构的有效厚度 h_e 为面层实际厚度经过损坏折减后,与基层、垫层实际厚度分别乘以材料当量系数(α 或 α_i),折算成的碎石层材料总厚度,见式(8-1)。

$$h_e = \alpha C_F h + \sum a_i h_i \tag{8-1}$$

式中:h_e——沥青道面结构的有效厚度(cm);

$\quad \alpha$——沥青面层当量换算系数,按照表8-3取值;

$\quad C_F$——沥青面层厚度损坏折减系数,按照表8-2取值;

$\quad h$——沥青面层的实际厚度(cm);

$\quad \alpha_i$——基层和垫层的当量换算系数,按照表8-3取值;

$\quad h_i$——道面基层或垫层实际厚度(cm)。

①沥青道面面层、基层、垫层的实际厚度通过现场取芯或道面结构信息卡确定。采用现场取芯时,每个评价区域的芯样数量不宜少于3个,宜按95%保证率计算各结构层的实际厚度。

②沥青混凝土面层厚度损坏折减系数 C_F 可根据道面损坏等级,结合技术人员的工程经验参考表8-2确定。

沥青混凝土面层厚度损坏折减系数 C_F 取值范围　　表8-2

道面损坏等级	优	良	中或中以下
C_F取值范围①	1.00	0.75~1.00	0.50~0.75

注:①对于各损坏等级,PCI 大时 C_F 取高值,PCI 小时 C_F 取低值。

③沥青道面各结构层的材料当量系数(α 或 α_i)应根据材料类型,结合技术人员的工程经验参考表8-3确定。

沥青道面结构层材料当量系数(α 或 α_i)取值范围　　表8-3

层　位	材料类型	当量系数(α 或 α_i)取值范围
面层	沥青混凝土	1.7~2.0
基层	沥青碎石	1.2~1.6
	碾压水泥混凝土	1.4~1.7
	水泥稳定粒料类	1.2~1.6
	石灰粉煤灰稳定粒料类	1.1~1.3
垫层	水泥稳定类	1.5~2.0
	石灰粉煤灰稳定类	1.2~1.5
	石灰稳定类	1.2~1.4
	级配碎石、砾石	1.0
	天然砂砾石	1.0

(3)复合式道面结构有效厚度

水泥混凝土道面上加铺沥青道面的有效厚度 h_e 应根据沥青混凝土加铺层的厚度,按照以下情况分别计算。

①当沥青混凝土加铺层的厚度等于或小于原有水泥混凝土道面厚度时,按水泥混凝土道面评价,有效厚度 h_e 仅考虑原水泥混凝土板及其上加铺层的厚度,按照式(8-2)进行当量换算。

$$h_e = (0.4 C_F h_F + C_K h_K)/F \tag{8-2}$$

171

式中：h_e——复合道面的有效厚度（cm）；

$\quad$ C_F——沥青混凝土面层厚度损坏折减系数，按照表8-2取值；

$\quad$ h_F——沥青混凝土加铺层的实际厚度（cm）；

$\quad$ C_R——水泥混凝土道面厚度损坏折减系数，宜根据加铺设计资料推断原水泥混凝土道面损坏等级，按照表8-1取值；

$\quad$ h_R——原有水泥混凝土道面的实际厚度（cm）；

$\quad$ F——控制原道面开裂程度的系数，参照《民用机场沥青混凝土道面设计规范》（MH 5010—1999）取值。

②当沥青混凝土加铺层的厚度大于原有水泥混凝土道面厚度时，按沥青道面评价，有效厚度 h_e 考虑沥青加铺层、原水泥混凝土板的厚度，以及板下基层与垫层的厚度。有效厚度 h_e 的确定方法参照公式（8-1），其中，原水泥混凝土道面宜作为高质量的基层材料，厚度当量系数 α_i 的建议取值为2.0。

水泥混凝土道面上加铺水泥混凝土道面的有效厚度 h_e 根据新旧道面层间的结合形式，按照以下情况分别计算。

①采用部分结合式时，有效厚度 h_e 按照公式（8-3）进行计算。

$$h_e = \sqrt[1.4]{(C_{R1}h_{R1})^{1.4} + C_{R2}h_{R2}^{1.4}} \tag{8-3}$$

式中：h_e——复合道面的有效厚度（cm）；

$\quad$ C_{R1}——水泥混凝土加铺层厚度的损坏折减系数，按照表8-1取值；

$\quad$ h_{R1}——水泥混凝土加铺层的实际厚度（cm）；

$\quad$ C_{R2}——原有水泥混凝土道面厚度损坏折减系数，宜根据加铺设计资料推断原水泥混凝土道面损坏等级，按照表8-1取值；

$\quad$ h_{R2}——原有水泥混凝土道面的实际厚度（cm）。

②采用隔离式，且隔离层的厚度不大于10cm时，有效厚度 h_e 按照公式（8-4）进行计算。

$$h_e = \sqrt{(C_{R1}h_{R1})^2 + C_{R2}h_{R2}^2} \tag{8-4}$$

式中，各参数的意义及取值同公式（8-3）。

③采用隔离式，且隔离层的厚度大于10cm时，将原水泥混凝土道面作为基层，水泥混凝土加铺层作为面层，按照水泥混凝土道面结构有效厚度的方法计算其有效厚度 h_e。

2. E_r、f_{cm} 与 K 的计算方法

水泥混凝土道面结构评价参数宜通过 FWD 弯沉盆数据进行反演分析和计算。不具备 FWD 测试条件时，可通过现场钻芯测强确定水泥混凝土的劈裂强度，通过基层顶面的现场承载板试验确定反应模量。

（1）根据 FWD 弯沉盆数据进行模量反演分析时，宜采用基于弯沉盆面积指数的结构参数反演方法计算水泥混凝土的弹性模量 E_r 和基层顶面的反应模量 K，再根据公式（8-5）由板的弹性模量 E_r 推算弯拉强度 f_{cm}。弯沉盆面积指数法的技术要求参照第三节的内容，也可采用与之配套的机场道面结构参数反演分析程序进行参数计算。

$$f_{cm} = \frac{0.96E_r}{10 - 0.091\,5E_r} \tag{8-5}$$

式中：f_{cm}——水泥混凝土的弯拉强度（MPa）；

E_r——水泥混凝土的弹性模量(GPa)。

(2)根据水泥混凝土的劈裂强度试验测定劈裂强度f_{sp},按照公式(8-6)~公式(8-8)分别推算其弯拉强度f_{cm}和弹性模量E_r。

$$f_{cm} = 1.868 f_{sp}^{0.871} \quad (石灰岩、花岗岩碎石混凝土) \tag{8-6}$$

$$f_{cm} = 3.035 f_{sp}^{0.423} \quad (玄武岩碎石混凝土) \tag{8-7}$$

$$E_r = \frac{10 f_{cm}}{0.96 + 0.091\,5 f_{cm}} \tag{8-8}$$

式中:f_{cm}——水泥混凝土的弯拉强度(MPa);

f_{sp}——水泥混凝土的劈裂强度(MPa);

E_r——水泥混凝土的弹性模量(GPa)。

(3)可根据现场开挖试坑,采用承载板法测定基层顶面的反应模量K。

3. LTE_δ的计算方法

水泥混凝土道面接缝荷载传递系数包括弯沉比传递系数LTE_δ和应力比传递系数LTE_σ。弯沉比传递系数LTE_δ根据FWD板边中点跨缝测量的结果,按式(8-9)计算。

$$LTE_\delta = \frac{D_{unload}}{D_{load}} \tag{8-9}$$

式中:LTE_δ——弯沉比传递系数(%);

D_{unload}——未受荷板距离接缝15cm位置处传感器的实测弯沉(μm);

D_{load}——受荷板距离接缝15cm位置处传感器的实测弯沉(μm)。

在道面结构承载能力分析中,应按公式(8-10)通过弯沉比传递系数LTE_δ推算应力比传递系数LTE_σ。在临界荷位荷载应力折减分析时,应按公式(8-11)通过应力比传递系数LTE_σ计算应力折减率LT。

$$LTE_\delta = \frac{[10.14(a/l)]LTE_\delta - [4.3(a/l) + 3.98]LTE_\delta^2}{21.03 + [5.74(a/l) - 20.98]LTE_\delta} \tag{8-10}$$

$$LT = \frac{LTE_\delta}{1 + LTE_\delta} \tag{8-11}$$

式中:LTE_σ——应力比传递系数;

LT——板边应力折减率;

a——测试承载板的当量正方形边长的一半,采用$\phi = 30cm$承载板时,$a = 0.132\,9m$;

l——道面结构的相对刚度半径(m);

LTE_δ——弯沉比传递系数。

水泥混凝土道面接缝传荷能力评价以弯沉比传递系数LTE_δ作为指标,评价标准按表8-4执行。

水泥混凝土道面接缝传荷能力等级评定标准(LTE_δ标准)   表8-4

评定等级	好	中	次	差
LTE_δ(%)	>80	80~56	55~31	<31

4. CBR的计算方法

沥青道面土基的加州承载比CBR可通过FWD弯沉盆数据推算。在不具备FWD测试条件时,可通过土基顶面现场 CBR 试验确定,也可根据土基的土组类型进行估算。

（1）按照第三节内容或与之配套的机场道面结构参数反演分析程序,可由 FWD 弯沉盆数据反演计算土基顶面回弹模量 E_0,再按式（8-12）推算土基 CBR 值。

$$CBR = 1/\alpha \times E_0 \qquad\qquad (8-12)$$

式中:α——回归系数,取值范围 5～20,估算时可取为 10。

（2）根据土基的土组类型估算 CBR 时,可参照表 8-5 结合技术人员的工程经验取值。

常见土基 CBR 取值范围 表 8-5

土基的土组成类型	CBR(%)	土基的土组成类型	CBR(%)
均匀颗粒的砾石或砾石质沙	25～50	黏土质砂,砂—黏土混合料	10～20
粉质砾石,砾石—砂—粉土混合料	40～80	粉土、砂质粉土、砾石质粉土、贫黏土、砂质黏土、砾石质黏土、粉质黏土	5～15
黏土质砾石,砾石—砂—黏土混合料;级配良好砂,砾石质砂,粉质砂,砂—粉土混合料	20～40	有机质粉土、贫有机质黏土、云母质黏土或硅藻土	4～8
级配不良砂,砾石质砂	15～25	肥有机质黏土、肥黏土	3～5

5. N_e 的计算方法

水泥混凝土道面、水泥混凝土道面上加铺沥青混凝土,且加铺层厚度不大于原水泥混凝土厚度的道面、水泥混凝土道面上加铺水泥混凝土的道面结构类型应参照《民用机场水泥混凝土道面设计规范》（MH/T 5004—2010）中的有关规定计算评价期内评价机型的累计作用次数 N_e。其中,评价期根据机场发展规划资料、机场年起降架次与机型组合的历年统计数据,结合技术人员的经验合理确定;评价机型为机场当前实际运行机型中对道面结构厚度要求最大的机型。

沥青道面、水泥混凝土道面上加铺沥青混凝土,且加铺层厚度大于原水泥混凝土厚度的道面结构类型应参照《民用机场沥青混凝土道面设计规范》（MH 5010—1999）中的有关规定计算评价期内评价机型的累计作用次数 N_e。评价期根据机场发展规划资料、机场年起降架次与机型组合的历年统计数据,结合技术人员的经验合理确定;评价机型为机场当前实际运行机型中对道面结构厚度要求最大的机型。

第二节　道面结构性能测试方法

道面结构性能的测试有破损和非破损两类方法。对道面而言,破损性的检测与评价方法是指在道面上钻芯取样,或从道面中挖取较大尺寸的部分原状,制成试件,在试验室测定试件的物理—力学性能,以此分析评价该道面的结构性能和服务潜力。非破损性的检测与评价方法是指在不损坏道面结构的前提下测定结构的全部或部分性能参数,以此推算道面的结构性能和服务潜力。由于后者具有不破坏原有结构、测试过程快等优点,在道面结构性能测试中已经得到了越来越广泛的应用。

目前,道面结构的无损检测方法主要是采用 FWD 法,该方法对道面板的检测实现了快速、无损,并随着计算机数据处理软件的完善,检测的准确性和精度也在不断提高。

一、FWD 基本原理

落锤式弯沉仪(Falling Weight Deflectometer)是通过计算机控制下的液压系统提升并释放一定重量的重锤,冲击力作用于承载板上并传递到路面,形成施加脉冲荷载,导致路面表面产生瞬时变形,分布于距测点不同距离的传感器检测结构层表面的变形,记录系统将信号传输至计算机,即测定在动态荷载作用下产生的动态弯沉及弯沉盆,如图 8-1 所示。

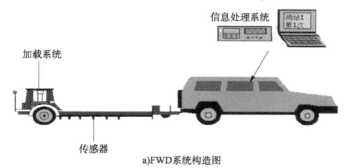

a)FWD系统构造图

b)FWD系统外观图

c)FWD系统承载板与传感系统图

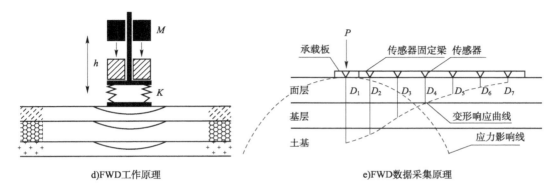

d)FWD工作原理　　　　　　　　　e)FWD数据采集原理

图 8-1　FWD 的组成

施加荷载的大小可通过改变重锤的重量和提升高度来改变。通常,FWD 施加荷载的能力为 15 ~ 125kN,用于机场道面弯沉测量的设备则可达 250kN(相当于 B747-400 飞机最大起飞全重状态下单轮最大荷载重量),荷载脉冲时间一般在 0.025 ~ 0.030s 之间。

落锤式弯沉仪具有测速快(每测点约 40s)、精度高(分辨率为 1μm),并较好地模拟了行车荷载的动力作用,特别是 FWD 能够准确测定多点弯沉,能够准确地反映弯沉盆的形状,是目前较为理想的道面无损检测设备。

采用 FWD 检测道面结构可根据弯沉盆反算道面结构各层的模量,研究道面材料在使用过程中的性能变化,获得相关技术参数,用以评价道面整体强度,为养护管理提供依据。

二、FWD 测试道面结构性能

(1)FWD 弯沉测试应满足以下技术要求:

①承载板应采用 φ30cm 或 φ45cm 两种尺寸规格。目前国际上主流的 FWD 设备类型及技术参数,如表 8-6 所示。

主流 FWD 设备的技术参数 表 8-6

技术参数	设备制造厂家			
	Dynatest	Foundation Mechanics, Inc.	KUAB	Carl Bro Group
荷载级位(kN)	7 ~ 240	7 ~ 240	7 ~ 294	7 ~ 250
荷载作用时间(ms)	25 ~ 30	可选	56	23 ~ 30
荷载提升时间(ms)	可选	可选	28	12 ~ 15
承载板类型	刚性(带橡胶缓冲垫)	刚性(带橡胶缓冲垫)	组合式或非组合式(带橡胶缓冲垫)	4 块组合(带橡胶缓冲垫)
承载板直径(mm)	300/450	300/450	300/450	300/450
弯沉盆量测范围(mm)	0 ~ 2 250	0 ~ 2 400	0 ~ 1 800	0 ~ 2 500
传感器数量	7 ~ 9	7	7	7 ~ 9
传感器最大量程(mm)	2/2.5	2	5	2.2
传感器分辨率(μm)	1	1	1	1
传感器相对精度(μm)	(2±2)%	(2±2)%	(2±2)%	(2±2)%
单点测试时间(4 锤)(s)	25	30	35	20

②荷载级位应以承载板中心弯沉 $d_0 \geq 110\mu m$ 进行控制,有条件时尽可能选用更大的荷载级位。

③弯沉传感器数量一般为 5 ~ 9 个,其中 1 个传感器必须布设在荷载中心位置,对于沥青道面,FWD 实测结果对测试位置的敏感性较小,但应避免布设在表面破损严重、裂缝较多等位置。对于水泥混凝土道面或上面层为水泥混凝土的复合道面,FWD 测试位置包括板中、板边中点和板角三种位置,板边中点测试时传感器可按照图 8-2 所示的要求布设。

④对于水泥混凝土道面或上面层为水泥混凝土的复合道面,FWD 弯沉测试可采用随机抽样的方法确定测试板块,抽样板块数量应满足公式(8-13)的要求,也可按不少于板块总数的 10% 进行抽样。

$$n = \frac{n_0}{1 + n_0/N}$$

(8-13)

式中：n——满足95%置信水平的最小抽样板块数量；

　　　n_0——计算参数，取值为 $n_0 = 216$；

　　　N——板块总数。

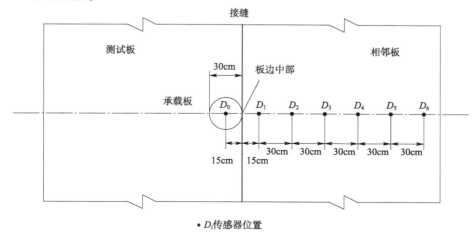

图8-2　板边中点 FWD 弯沉传感器布设示意

⑤对于沥青道面或上面层为沥青混凝土的复合道面，可按照不小于1点/单元的抽样频率确定 FWD 弯沉测试点的数量。

⑥对跑道、滑行道进行 FWD 测试时，测点应沿机场主要使用机型的两条轮迹线交替布置，测点纵向间距不大于50m，对于特殊位置可酌情增加测点；对停机坪进行 FWD 测试时，测点宜按网格状布置，测点间距一般为50~100m，特殊位置可酌情增加测点。

⑦沥青混凝土的模量随温度变化而变化，因此在对沥青道面或上面层为沥青混凝土的复合道面进行 FWD 测试时，应考虑温度变化对弯沉的影响。

（2）通过 FWD 弯沉测试和已有资料分析仍无法确定必需的技术参数时，应进行道面有损检测。有损检测可根据实际需要选择以下方法：

①钻取道面各结构层的芯样，量取其厚度，并通过室内试验测定其强度和（或）模量。

②选择适宜的位置开挖道面，形成试验坑，量取各结构层厚度，并进行现场承载板试验和（或）CBR 试验等。

（3）有损检测宜选择有代表性的区域，并尽量避开飞机轮迹带等交通密集区域。

三、FWD 检测流程

（1）牵引 FWD 到测试地点，并且将承载板中心对准测试点。土基或粒料层表面的松散颗粒应清扫干净。

（2）打开测试软件，输入测试日期、地点、荷载、温度等参数，接好数据线和电源线。

（3）降低承载板和传感器，观察测试点处是否平整和稳定，若否，在附近换另一测点进行测试。

（4）将落锤提升至不同高度标定测试荷载。

（5）提升落锤至合适高度并落锤，并记录弯沉盆和最大荷载。

（6）比较同一测点不同落锤的弯沉值，如果弯沉值的变化大于3%，最大荷载的变化大于

10%,应做好记录,并考虑重新测量。

(7)牵引仪器至下一测点,速度不超过50km/h。

(8)测试结束后,关闭电源,并检查仪器各个装置的使用情况。

第三节 道面结构的反演分析

对于一个道面结构,当已知其结构组成和力学参数时,可以准确地计算出道面表面的弯沉(盆)值;此时,弯沉与结构的组成、力学参数之间是一一对应的。结构组成和力学参数的任何改变都将造成道面弯沉盆的变化,而且这种变化是唯一的。反过来,既然道面弯沉盆与道面结构组成、力学参数之间是一一对应的,那么,根据实测的道面弯沉盆理应能够推算出道面结构的组成和各层的力学参数,这便是道面结构的反演分析。

就一般的 FWD 而言,实测的道面弯沉盆上一般有 5 ~ 9 个独立的实测弯沉点;从理论上说,每一个弯沉点都可以建立一个方程,共可建立 5 ~ 9 个独立的方程,形成方程组;求解这个方程组,可以解出 5 ~ 9 个未知参数。如果将实测弯沉盆看成是一个连续的曲线,则能够反算出更多的未知参数来。

在一般的反演分析过程中,道面结构的组成(各层的厚度和材料类型)一般是已知的(可以从数据库或原始设计图中获取,或到现场去取样调查),为了减少反算的参数数量,提高反算的精度,考虑到道面评价的具体需求,一般仅反算结构层的模量这一力学参数。

一、水泥道面多块板反演分析方法

水泥混凝土道面结构主要采用弯沉盆面积指数法来反演道面的结构参数,并适用于以下几种结构类型:

(1)水泥混凝土道面结构包括在基层上直接铺筑混凝土板和直接在土基上铺筑混凝土板的道面结构。

(2)水泥混凝土道面上加铺沥青混凝土的道面结构,当沥青混凝土加铺层的厚度等于或小于原有水泥混凝土道面厚度时。

(3)水泥混凝土道面上加铺水泥混凝土的道面结构,包括部分结合式与分离式结构,当采用隔离式且隔离厚度大于10cm时,仅对水泥混凝土加铺层进行结构参数反演。

1. 水泥混凝土道面结构参数反演分析理论

弯沉盆面积指数法是基于弹性地基板理论,可以反演水泥混凝土的弹性模量 E_r 和基层顶面的反应模量 K,反演流程如下:

(1)弯沉盆面积指数计算

宜选择间距为 0.30m,距离荷载中心 1.50m 范围内各个传感器的弯沉计算弯沉盆面积指数 A_w,计算公式如下:

$$A_w = \frac{s}{2d_0}\left[d_0 + 2(d_1 + d_2 + d_3 + d_4) + d_5\right] \tag{8-14}$$

式中:A_w——用于道面结构参数反演的弯沉盆面积指数(m);

  s——传感器之间的间距,取值为 0.3m;

d_0——荷载中心处弯沉值(m);

d_i——第 i 个传感器的弯沉值(m)。

(2)道面结构相对刚度半径计算

由图 8-3 确定道面结构的相对刚度半径 l。如果 A_w 超出图中的取值范围,可由 A_w 与 l 之间的多项式回归公式(8-4)计算 l 值。

$$l = a_1 A_w^7 + a_2 A_w^6 + a_3 A_w^5 + a_4 A_w^4 + a_5 A_w^3 + a_6 A_w^2 + a_7 A_w^1 + a_8 \qquad (8\text{-}15)$$

式中:l——道面结构的相对刚度半径(m);

A_w——用于道面结构参数反演的弯沉盆面积指数(m);

a_i——回归系数,取值见表 8-7。

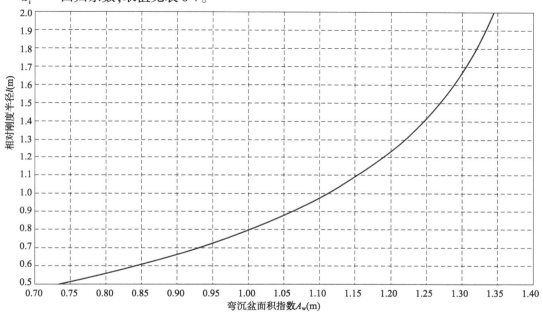

图 8-3　弯沉盆面积指数 A_w 与道面结构相对刚度半径 l 的关系

弯沉盆面积指数 A_w 与相对刚度半径 l 多项式回归系数　　　　表 8-7

a_1	a_2	a_3	a_4	a_5	a_6	a_7	a_8
282	-1 951	5 779	-9 477	9 289	-5 438	1 761	-243

(3)对基层顶面的反应模量 K 的计算

按式(8-16)计算基层顶面的反应模量 K。式中的弯沉系数是与道面结构相对刚度半径 l 有关的单调递减函数,可查图 8-4 确定,如果 l 超出图中的取值范围,可根据 l 与之间的多项式回归公式(8-17)计算。

$$K = \frac{qr\overline{w}(l)}{d_0} \qquad (8\text{-}16)$$

式中:K——基层顶面的反应模量(MN/m³);

q——FWD 测试承载板接地应力(MPa);

r——FWD 测试承载板半径,取值为 0.15m;

$\overline{w}(l)$——荷载中心位置处的弯沉系数(m⁻¹),按照图 8-4 或者公式(8-17)计算;

d_0——荷载中心处弯沉值（m）。

$$\overline{w}(1) = b_1l^7 + b_2l^6 + b_3l^5 + b_4l^4 + b_5l^3 + b_6l^2 + b_7l^1 + b_8 \tag{8-17}$$

式中：$\overline{w}(l)$——荷载中心位置处的弯沉系数（m^{-1}）；

　　　l——道面结构的相对刚度半径（m）；

　　　b_i——回归系数，取值见表8-8。

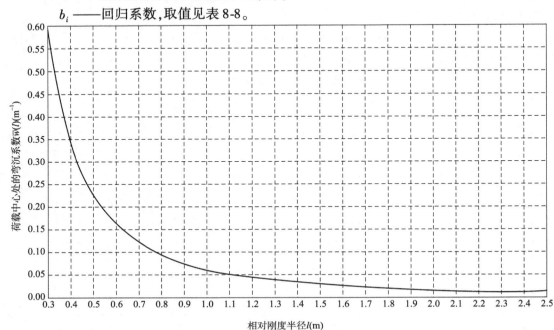

图8-4　道面结构相对刚度半径 l 与荷载中心处弯沉系数 $\overline{w}(l)$ 的关系

相对刚度半径 l 与荷载中心位置处弯沉系数 $\overline{w}(l)$ 的多项式回归系数　　　　　　　表8-8

b_1	b_2	b_3	b_4	b_5	b_6	b_7	b_8
−0.2	2.0	−8.9	21.8	−31.1	26.1	−12.1	2.5

（4）水泥混凝土板的弹性模量 E_r 的计算

按式（8-18）计算水泥混凝土板的弹性模量 E_r，如道面结构为水泥混凝土道面上加铺沥青混凝土或者加铺水泥混凝土等复合道面，所计算的弹性模量应作为复合道面的综合弹性模量，用于道面结构承载能力的分析与评价。

$$E_r = \frac{12(1-\mu^2)Kl^4}{h^3} \times 10^{-3} \tag{8-18}$$

式中：E_r——水泥混凝土板的弹性模量（GPa）；

　　　μ——水泥混凝土材料泊松比，取值为0.15；

　　　K——基层顶面的反应模量（MN/m^3）；

　　　l——道面结构的相对刚度半径（m）；

　　　h——道面结构的有效厚度（m）。

（5）由水泥板的弹性模量推算弯拉强度

$$f_{cm} = \frac{0.96E_r}{10 - 0.0915E_r} \tag{8-19}$$

式中：f_{cm}——水泥混凝土的弯拉强度（MPa）；

E_r——水泥混凝土的弹性模量(GPa)。

(6)根据试验测定劈裂强度得到弯拉强度和弹性模量

根据水泥混凝土的劈裂强度试验测定劈裂强度f_{sp},按照公式(8-19)~公式(8-22)分别推算其弯拉强度f_{cm}和弹性模量E_r。

$$f_{cm} = 1.868 f_{sp}^{0.871} \quad (石灰岩、花岗岩碎石混凝土) \tag{8-20}$$

$$f_{cm} = 3.035 f_{sp}^{0.423} \quad (玄武岩碎石混凝土) \tag{8-21}$$

$$E_r = \frac{10 f_{cm}}{0.96 + 0.091\,5 f_{cm}} \tag{8-22}$$

式中:f_{cm}——水泥混凝土的弯拉强度(MPa);

f_{sp}——水泥混凝土的劈裂强度(MPa);

E_r——水泥混凝土的弹性模量(GPa)。

(7)测试前提条件

在必要的工作步骤之外,进行水泥混凝土道面反演还需要考虑到各种客观因素的影响,包括道面结构类型等,具体如下:

①根据道面结构类型的不同来确定水泥混凝土道面结构层的有效厚度。

②FWD测试设备的测试荷载、承载板尺寸,以及在板中测试时获得的弯沉盆数据。

③当距离荷载中心近的传感器弯沉小于距离荷载中心远的传感器弯沉时,不宜用于道面结构参数反演分析。

④当相邻两个传感器的挠度衰减斜率大于同一区域平均相邻传感器弯沉衰减斜率的2倍时,所测得的弯沉盆不宜用于道面结构参数反演分析。

2. 水泥混凝土道面结构参数反演分析示例

(1)确定道面的有效厚度h_e

某4E机场跑道为水泥混凝土道面结构,厚度$h = 40$cm。通过现场损坏状况调查,道面的PCI均值为88,损坏等级为优。按表8-1取道面损坏折减系数$C_R = 1.0$。道面结构的有效厚度$h_e = C_R \times h = 40 \times 1.0 = 40$cm。

(2)FWD弯沉数据分析处理

现场FWD弯沉测试原始数据,如表8-9所示,经过分析都满足要求,取其平均值用于结构参数的反演分析,如表8-10所示。

FWD弯沉测试数据表　　　　　　　　　　　　　　　　　表8-9

测点	d_0(μm)	d_1(μm)	d_2(μm)	d_3(μm)	d_4(μm)	d_5(μm)	荷载接地应力(MPa)
1	135	123	114	103	90	78	2.0
2	118	108	101	92	81	71	2.1
3	101	90	83	75	66	57	2.1
4	116	105	96	87	75	65	2.0
5	124	112	104	94	84	74	2.0
6	141	127	116	102	88	75	2.0
7	97	88	81	74	64	55	2.0
8	128	117	110	100	91	81	2.1
9	92	78	66	55	43	34	2.1

用于结构参数反演的弯沉盆 表8-10

测点	$d_0(\mu m)$	$d_1(\mu m)$	$d_2(\mu m)$	$d_3(\mu m)$	$d_4(\mu m)$	$d_5(\mu m)$	荷载接地应力(MPa)
均值	117	105	97	87	76	65	2.0

（3）道面结构参数反演

①由式（8-14）计算弯沉盆面积指数 A_w。

$$A_w = \frac{s}{2d_0}\big[d_0 + 2(d_1 + d_2 + d_3 + d_4) + d_5\big]$$
$$= 0.3 \times \big[117 + 2 \times (105 + 97 + 87 + 76) + 65\big]/2/117 = 1.17\mathrm{m}$$

②由式（8-15）计算道面相对刚度半径 l。

$$l = a_1 A_w^7 + a_2 A_w^6 + a_3 A_w^4 + a_4 A_w^4 + a_5 A_w^3 + a_6 A_w^2 + a_7 A_w^1 + a_8$$
$$= 282 \times 1.17^7 - 1\,951 \times 1.17^6 + 5\,779 \times 1.17^5 - 9\,477 \times 1.17^4 + 9\,289 \times$$
$$1.17^3 - 5\,438 \times 1.17^2 + 1\,761 \times 1.17 - 243$$
$$= 1.14\mathrm{m}$$

③由式（8-17）计算荷载中心的弯沉系数 $\overline{w}(l)$。

$$\overline{w}(l) = b_1 l^7 + b_2 l^6 + b_3 l^5 + b_4 l^4 + b_5 l^3 + b_6 l^2 + b_7 l^1 + b_8$$
$$= -0.2 \times 1.14^7 + 2.0 \times 1.14^6 - 8.9 \times 1.14^5 + 21.8 \times 1.14^4 - 31.1 \times 1.14^3 + 26.1 \times$$
$$1.14^2 - 12.1 \times 1.14 + 2.5$$
$$= 0.045\mathrm{m}^{-1}$$

④由式（8-16）计算基层顶面的反应模量 K。

$$K = \frac{qrw(l)}{d_0} = 2.0 \times 0.15 \times 0.045/(117 \times 10^{-6}) = 115\mathrm{MN/m}^3$$

⑤由式（8-18）计算水泥混凝土的弹性模量 E_r。

$$E_r = \frac{12(1 - \mu^2)Kl^2}{h^3} \times 10^{-3} = 12 \times (1 - 0.15^2) \times 115 \times 1.14^4/0.43 \times 10^{-3} = 36\mathrm{GPa}$$

⑥由式（8-19）计算水泥混凝土道面弯拉强度。

$$f_{cm} = \frac{0.96E_r}{10 - 0.091\,5E_r} = 0.96 \times 36/(10 - 0.091\,5 \times 36) = 5.15$$

二、沥青道面结构的反演分析方法

沥青道面结构的反演方法和步骤与水泥道面结构的反演方法和步骤基本一致,不过与水泥混凝土道面相比,沥青道面的结构层次更多,其典型设计模式是三层结构。此外,沥青道面需要通过采集的 FWD 现场测试弯沉盆来反演土基顶面的回弹模量 E_0。沥青道面的结构主要有两种,即常见的沥青道面结构和水泥混凝土道面上加铺沥青混凝土,不过后者仅考虑沥青混凝土加铺厚度大于原有水泥混凝土道面厚度的复合式道面结构这种情况。

（1）土基顶面回弹模量反演的前提条件

①根据不同的道面结构类型来确定沥青道面结构。

②FWD 测试设备的测试荷载、承载板尺寸和测试弯沉盆。一般要求最远端传感器距离荷载中心 1.8～2.4m（有效厚度较小时取低值,较大时取高值）。

（2）由公式(8-23)计算土基顶面的回弹模量 E_0。

$$E_0 = \frac{0.24P}{rl_r}$$ 　　　　　　　　　（8-23）

式中：E_0——土基顶面的回弹模量(MPa)；

　　P——测试荷载(kN)；

　　r——弯沉测点传感器离荷载中心的距离(一般取最远端传感器)(m)；

　　l_r——距离荷载中心 r(m)处的传感器实测弯沉值(μm)。

第四节　机场道面结构性能评价

道面结构性能评价应重点分析道面结构对航空交通量的适应程度，包括道面结构评价参数确定和道面结构承载能力分析两个方面。评价应针对水泥混凝土和沥青混凝土两种道面结构类型，采用不同的分析评价方法，复合道面可简化为水泥混凝土道面结构，或沥青道面结构。评价方法可采用 ACN-PCN 法或者(和)道面结构厚度适应性评价法，对于水泥混凝土道面，还应对板底脱空状况和道面接缝传荷能力作出评价。评价应以"区域"为基本单位，结果宜在道面分区图上进行标识。

机场道面结构承载能力需要同时满足道面对机场实际运行机型的适应性和道面对机场航空交通量的适应性两个方面。对于道面结构对机场实际运行机型的适应性评价，应采用 ACN-PCN 评价法；道面结构对机场航空交通量的适应性评价，应采用道面结构厚度适应性评价法。

一、ACN-PCN 评价

1. ACN-PCN 评价方法(强度通报)

机场道面强度必须能承受飞机的荷载，飞机荷载不允许超过道面的承载能力，否则道面会产生过大的应力和变形，以致遭受破坏，妨碍正常使用和飞行安全。由于飞机的起落架构形、机轮胎压不同，即使不同飞机的总质量相等，其对道面的影响也不同。为了安全有效地使用机场道面，也为了道面的维护和管理，机场当局应对道面承载强度进行技术评定、划分等级并予以通报。

国内外通报机场道面强度的方法有许多种，有的用飞机总质量，有的用一个主起落架上的质量，有的用当量单轮荷载(ESWL)法，有的用荷载等级号码(LCN)法，还有使用飞机分类等级法和荷载分类等级法等。由于各国通报机场道面强度的方法不统一，使用起来很不方便。为此，国际民航组织的一个专门小组提出了 ACN-PCN 法，随即获得批准，并于 1981 年公布，要求各成员国从 1983 年起必须且 ACN-PCN 法通报最大起飞质量大于 5 700kg 的飞机使用的道面强度。

ACN 即飞机等级号(Aircraft Classification Number)，表示一架飞机对某种道面(具有一定的土基强度等级)的相对作用的一个数字。这个数字规定为该飞机作用于道面的推导单轮质量(或称标准单轮荷载，以吨计)的两倍。由于与道面类型和土基强度有关，一种给定的飞机将具有不同的 ACN 值。ACN 按《民用机场飞行区技术标准》确定，也可通过飞机手册查取。

PCN 即道面等级号(Pavement Classification Number)，表示道面可供无限次使用的承载强度数字。这个数字是该道面可以安全承受的推导单轮质量(或称标准单轮荷载,以吨计)的2倍。轮胎压力规定为1.25MPa。PCN数值一般以整数来通报,小数应四舍五入为整数。但必要时,公布的道面等级号精确度可为整数的1/10。若机场道面强度随当地季节有显著变化,可以报告几个不同的道面等级号。对于各地段强度不同的道面,道面最薄弱部分的PCN数值应通报作为该道面的强度。PCN参照下文"ACN-PCN评价计算示例"中的经验评定法或技术评定法进行计算。

当飞机的ACN值等于或小于道面的PCN值时,说明道面可不加限制地使用。如果飞机的ACN值大于道面PCN,则表示飞机超载。飞机的运行将受到限制或禁止。

为便于使用ACN-PCN方法,飞机生产厂按两种质量(即最大停机坪质量和有代表性的基本质量),分别对两种类型(刚性和柔性)道面以及四种标准土基强度类型计算并公布ACN值。这里的质量是静质量,未考虑动荷载效应。当飞机质量介于两种质量之间时,应采用直线插入方法求出ACN值。

飞行区各部位的道面PCN应列为道面评价管理的基础资料。"部位"的PCN取其所辖各"区域"PCN中的最小值。在通报机场道面强度时,除报告PCN值外,还要报告道面的类型、土基强度类型、最大允许胎压和评价道面等级所用的方法。

2. ACN-PCN评价计算示例

1)示例1　采用经验评定法确定某机场的道面等级号(PCN)

(1)工程竣工资料表明,土基CBR=9,土基顶面的反应模量$K_0 = 50MN/m^3$。沥青混凝土和水泥混凝土道面的土基强度类型代码分别为"B"和"C"。

(2)航空交通量信息(表8-11)

某机场航空交通量信息表

表8-11

机型名称	最大运行重量 (kN)	胎压 (MPa)	年起降架次	ACN值 (柔性道面,"B"类土基强度)	ACN值 (刚性道面,"C"类土基强度)
B727-200	770	1.15	400	44	52
B737-300	623	1.40	6 000	37	44
A319-100	690	1.07	1 200	40	42
B747-400	3 905	1.38	3 000	66	77
B767-300ER	1 784	1.38	2 000	59	68
DC8-63	1 593	1.35	800	59	69
A300B4-200	1 627	1.28	1 500	57	66
B777-200ER	2 822	1.38	300	71	89

(3)机场运行机型中,主起落架轮胎压力最大值为1.38MPa,沥青道面的最大允许胎压类型代码为"X",由于水泥混凝土对轮胎压力具有较强的适应性,水泥混凝土道面的最大允许胎压类型代码确定为"W"。

(4)根据表8-11,B777-200ER的ACN值最大,但其年起降架次占年总起降架次的2%,不宜作为评价机型。ACN值次大的机型为B747-400,其年起降架次占年总起降架次的20%,确定为评价机型。

（5）B747-400 在最大运行重量（3 905kN）时的 ACN 值分别为：66（柔性道面）和 77（刚性道面），作为道面等级号代码中的 PCN 值。

（6）两种道面结构的道面等级号代码如下：

①沥青道面：PCN 66/F/B/X/U。

②水泥混凝土道面：PCN 77/R/C/W/U。

2）示例 2　采用技术评定法确定刚性道面的道面等级号（PCN）

（1）道面结构参数

①道面有效厚度 h_e。某 4D 机场水泥混凝土道面的实际厚度 $h = 34\text{cm}$，道面损坏等级为优，厚度折减系数 $C_R = 1.0$，因此，道面结构有效厚度 h_e 为：

$$h_e = C_R \times h = 1.0 \times 34 = 34\text{cm}$$

②E_r、f_{cm}、K 及 LTE_δ。

道面结构性能现场测试的分析结果见表 8-12。

道 面 结 构 参 数　　　　　　　　　　　　　　　　　表 8-12

E_r(GPa)	F_{cm}(MPa)	K(MN/m^3)	LTE_δ(%)	LTE_δ
35	5.0	145	85	0.328

根据基层顶面反应模量 K 与基层当量厚度推算土基顶面反应模量，得到 $K_0 = 123\text{MN/m}^3$，因此土基强度类型为"高强度"，代码为"A"。

（2）航空交通量参数

①年起降架次和机型组合。道面结构性能评价的评价期为 5 年，航空交通量统计如表 8-13 所示。

某机场各类机型起降架次统计（5 年评价期）　　　　　　　　表 8-13

起 降 机 型	年平均起降架次	累计起降架次	起 降 机 型	年平均起降架次	累计起降架次
CRJ-200	960	4 800	B767-300	960	4 800
B737-300	12 480	62 400	B747-400D(Domestic)	714	3 570
B757-300	4 800	24 000	累计运行架次	19 914	99 570

②评价机型。按《民用机场水泥混凝土道面设计规范》（MH/T 5004—2010）道面厚度设计方法进行试算，对道面结构厚度要求最大的机型是 B767-300，确定为评价机型。

③评价机型的累积作用次数 N_e 参照《民用机场水泥混凝土道面设计规范》（MH/T 5004—2010），评价机型（B767-300）评价期内累积作用次数 N_e 为 31 899。

（3）最大允许胎压类型考虑水泥混凝土对于轮胎压力具有较强的适应性，最大允许胎压类型代码确定为"W"。

（4）评价机型的最大容许重量 G

①弯拉疲劳强度 f_{rm}。

$$f_{rm} = f_{cm}(0.885 - 0.063 \times \lg N_e) = 5.0 \times (0.885 - 0.063 \times \lg 31\,899) = 3.01\text{MPa}$$

②板边应力 σ_e。

采用有限元软件建立温克勒地基上四边自由的弹性薄板结构分析模型，计算参数见表 8-14，临界荷位见图 8-5。

B767-300 板边应力 σ_e 计算参数   表 8-14

计 算 参 数	取 值	计 算 参 数	取 值
飞机重量 G（kN）	待拟定	胎压（MPa）	1.35
主起落架个数 n_e	2	轮印面积（m^2）	与单轮荷载 P_s 有关
机轮数 n_w	4	轴距（m）	1.42
主起落架荷载分配系数 p	0.95	同轴轮距（m）	1.14
主起落架单轮荷载 P_s（kN）	与飞机重量 G 有关		

③板边计算应力 σ_p。由应力比传递系数 LTE_σ 计算得到板边应力折减率 $LT=0.25$，按 $\sigma_p = (1-LT)\sigma_e$ 确定板边计算应力。

④最大容许重量 G。分别拟定评价机型（B767-300）的重量为：1 700kN、1 600kN、1 500kN、1 400kN、1 300kN，板边计算应力 σ_p 见表 8-15。

不同重量评价飞机的板边计算应力 σ_P   表 8-15

拟定重量 （kN）	板边应力 σ_e （MPa）	板边计算应力 σ_p （MPa）	拟定重量 （kN）	板边应力 σ_e （MPa）	板边计算应力 σ_p （MPa）
1 700	4.27	3.20	1 400	3.51	2.64
1 600	3.93	2.95	1 300	3.25	2.44
1 500	3.76	2.82			

当拟定飞机重量 $G=1\ 600$kN 时，$|\sigma_P - f_{rm}| \leqslant 0.025 f_{rm}$，评价机型的最大容许重量 $G=1\ 600$kN。

（5）道面等级号中的 PCN 值

查阅《民用机场飞行区技术标准》（MH 5001—2013），B767-300（刚性道面，A 类地基）的最大和最小重量分别为 1 566kN 和 860kN，对应 ACN 分别为 44 和 21。采用线性外延法计算得到 $G=1\ 600$kN 时的 ACN 为 45。

（6）刚性道面的道面等级号代码：PCN45/R/A/W/T

3）示例 3　采用技术评定法确定柔性道面的道面等级号（PCN）

（1）道面结构参数

①道面有效厚度 h_e。某 4E 机场沥青道面结构，面层为 16cm 沥青混凝土，基层为 40cm 水泥稳定碎石，垫层为 20cm 级配碎石。道面损坏等级为优，面层折减系数 $C_F=1.0$，面层、基层和垫层的材料当量换算系数分别取 1.9、1.3、1.0。道面有效厚度 h_e 为：

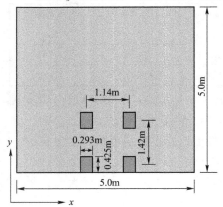

图 8-5　B767-300 主起落架上的轮载分布和作用位置

$$h_e = 16 \times 1.9 + 40 \times 1.3 + 20 \times 1.0 = 102\text{cm}$$

②沥青道面的典型结构厚度。

$$h_s^{10} = h_e - 10(\alpha - 1) = 102 - 10 \times (1.9 - 1) = 93\text{cm}$$

③土基 CBR 根据道面结构性能现场测试结果，土基 CBR = 12%，道面等级号代码中的土

基强度类型为"中强度",代码为"B"。

（2）航空交通量参数

①年起降架次和机型组合道面结构性能评价的评价期为 15 年,航空交通量统计见表 8-16。

某机场各类机型年起降架次统计　　　　　　　　表 8-16

起降机型	年平均起飞架次	年平均降落架次	起降机型	年平均起飞架次	年平均降落架次
MD82	11 900	11 900	MD-11	4 200	4 200
A300-600	10 675	10 675	B747-400	2 975	2 975

②评价机型。按《民用机场沥青混凝土道面设计规范》（MH 5010—1999）道面厚度设计方法进行试算,对道面结构厚度要求最大的机型是 B747-400,确定为评价机型。

③评价机型的累积作用次数 N_e。参照《民用机场沥青混凝土道面设计规范》（MH 5010—1999）,将其他机型作用次数换算为评价机型（B747-400）的作用次数,换算过程中各类机型的 ESWL 根据道面典型结构厚度 $h_s^{\frac{19}{8}}$ 与飞机最大起飞重量确定。评价机型（B747-400）评价期内的累计作用次数 N_e 为 24 620。

（3）最大允许胎压类型

表 8-16 中 B747-400 和 MD-11 主起落架的容许轮胎压力最大,均为 1.38MPa,道面等级号代码中最大允许胎压类型可确定为"中",代码为"X"。

（4）评价机型的最大容许重量 G

①道面标准结构厚度 h_s。根据评价机型的累积作用次数 N_e,计算得到厚度疲劳修正系数 $\alpha = 1.16$。因此,道面标准结构厚度 h_s 为:

$$h_s = h_s^{\frac{19}{8}}/\alpha = 93/1.16 = 80\text{cm}$$

②评价机型的 ESWL。拟定评价机型（B747-400）的重量 $G = 3\,800\text{kN}$,评价机型 ESWL 的计算参数见表 8-17。

评价机型（B747-400）ESWL 计算参数　　　　　　表 8-17

计 算 参 数	取 值	计 算 参 数	取 值
飞机重量 G(kN)	3 800	胎压(MPa)	1.38
主起落架个数 n_e	4	轮胎接地面积 A_0(m²)	0.17
机轮数 n_w	4	轮胎接地面积等值圆半径 r_0(m)	0.23
主起落架荷载分配系数 p	0.96	道面标准结构厚度 h_s(m)	0.80
一个主起落架重量 W_p(kN)	915.80	计算深度($h_s \cdot r_{0-1}$)	3.48
主起落架单轮荷载 P_s(kN)	228.95		

参照《民用机场沥青混凝土道面设计规范》B747 系列的 PRD 曲线,确定 PRD = 51%。因此,评价机型的 ESWL 为:

$$\text{ESWL} = \text{PRD} \times W_p = 0.51 \times 915.80 = 467.1\text{kN}$$

③道面标准结构厚度 h_s 校验。

$$h_s' = 1.78 \times \sqrt{\left(\frac{56.2}{\text{CBR}} - \frac{1}{q_e}\right) \times \text{EWSL}} = 1.78 \times \sqrt{\left(\frac{56.2}{12} - \frac{1}{1.38}\right) \times 467.1} = 77\text{m}$$

由于 $|h_s - h_s'|/h_s = 3.8\% < 5.0\%$,满足迭代要求,所以拟定重量 $G = 3\,800\text{kN}$ 即为评价机

型的最大容许重量。

（5）道面等级号中的 PCN 值

查阅《民用机场飞行区技术标准》（MH 5001—2013），B747-400（柔性道面，B 类地基）的最大和最小重量分别为 3 905kN 和 1 800kN，对应 ACN 分别为 66 和 24，采用线性内插的方法计算得到 $G = 3\,800$kN 时的 ACN 为 64。

柔性道面的道面等级号代码：PCN 64/F/B/X/T 6.4.4。

尽管道面结构适应性厚度 h_a 的计算流程与新建道面结构厚度设计相同，但是两者计算参数的选取存在很大差异。新建道面结构厚度设计中的结构参数是拟定的，而道面结构性能评价中的结构参数则由现场调查测试确定。

二、道面结构厚度适应性评价法

1. 道面结构厚度适应性评价法简介

尽管道面结构适应性厚度 h_a 的计算流程与新建道面结构厚度设计相同，但是两者计算参数的选取存在很大差异。新建道面结构厚度设计中的结构参数是拟定的，而道面结构性能评价中的结构参数则由现场调查测试确定。道面结构厚度适应性评价法即通过道面结构适应性厚度 h_a 与有效厚度 h_e 的比较进行判断。

当 $h_a \leqslant h_e$ 时，道面结构可满足机场航空交通量的要求。

当 $h_a > h_e$ 时，道面结构对机场航空交通量适应程度的判断标准如下：

（1）当水泥混凝土道面 $h_a > 1.05h_e$，沥青道面 $h_a > 1.10h_e$ 时，道面结构无法适应航空交通量的要求。

（2）当水泥混凝土道面 $h_a \leqslant 1.05h_e$，沥青道面 $h_a \leqslant 1.10h_e$，且道面尚未出现明显的结构性损坏，土基强度也未明显减弱时，道面结构对于航空交通量处于临界适应状态。

道面结构适应性厚度 h_a 是根据道面现场调查测试确定的道面结构评价参数，按现行民用机场道面设计规范结构厚度设计流程，计算得到的评价期内道面的理论厚度。

（1）对于水泥混凝土道面、水泥混凝土道面上加铺水泥混凝土，以及水泥混凝土道面上加铺沥青混凝土且加铺层厚度小于或等于原水泥混凝土厚度的道面，应参照《民用机场水泥混凝土道面设计规范》（MH/T 5004—2010）中素混凝土板厚计算方法确定结构适应性厚度。

（2）对于沥青道面、水泥混凝土道面上加铺沥青混凝土且加铺层厚度大于原水泥混凝土厚度的道面，应按照《民用机场沥青混凝土道面设计规范》（MH 5010—1999）计算得到的标准道面结构厚度，经疲劳系数修正并将沥青面层的厚度等效换算成碎石材料层的厚度后，作为道面结构适应性厚度。

以下非减薄区域的道面应进行道面结构适应性厚度 h_a 的计算和评价：

（1）跑道端部。

（2）评价机型全重量通过的滑行道、停机坪、等待机坪。

（3）未设置平行滑行道的跑道中部。

2. 水泥混凝土道面结构适应性厚度 h_a 计算示例

（1）航空交通量

选用某机场近三年的飞机年起降架次和机型组合数据作为航空交通量参数，如表 8-18 所示。评价期为 6 年,不考虑评价期内航空交通量的增长。

某机场近三年的机型组合及飞机年起降架次　　　表 8-18

机 型	年起降架次	机 型	年起降架次	机 型	年起降架次
A300	685	B737	83 780	B777	4 398
A320	54 502	B747	985	MD11	20
A330	10 299	B757	12 581	MD82	1 161
A340	102	B767	5 600	MD90	3 990
其他					8 978

(2)评价机型及其累积作用次数 N_e 通过试算,选择 B737-800 作为评价机型,累计作用次数 N_e 见表 8-19。

评价机型的累积作用次数(评价期:6 年)　　　表 8-19

机型	年起降架次	换算架次	机型	年起降架次	换算架次	机型	年起降架次	换算架次
A300	685	488	B737	83 780	41 890	B777	4 398	4 291
A320	54 502	22 685	B747	985	1 718	MD11	20	44
A330	10 299	66 524	B757	12 581	3 667	MD82	1 161	374
A340	102	122	B767	5 600	3 266	MD90	3 990	1 375
累计运行架次			146 444					
累计轴载作用次数			33 874					

(3)道面结构参数根据现场道面结构性能测试分析,道面结构参数见表 8-20。

道 面 结 构 参 数　　　表 8-20

项 目	模 量	弯拉强度(MPa)	板边应力折减率 LT
面层	47(弹性模量,GPa)	5.50	0.20
基础	149(基层顶面反应模量,MN/m³)	—	—

(4)弯拉疲劳强度 f_{rm}

$$f_{rm} = f_{cm}(0.885 - 0.063 \lg N_e) = 5.5 \times (0.885 - 0.063 \times \lg 33\,874) = 3.30 \text{MPa}$$

(5)板边计算应力 σ_p

道面结构适应性厚度 h_a 分别拟定为 34cm、35cm、36cm、37cm,采用有限元软件计算板边应力 σ_e,并根据 LT = 0.2 计算板边计算应力 σ_p,计算结果如表 8-21 所示。

不同拟定厚度时板边应力有限元计算结果　　　表 8-21

道面厚度 (cm)	板边应力 σ_e (MPa)	板边计算应力 σ_p (MPa)	道面厚度 (cm)	板边应力 σ_e (MPa)	板边计算应力 σ_p (MPa)
34	4.41	3.53	36	4.00	3.20
35	4.20	3.36	37	3.81	3.05

(6)道面结构适应性厚度 h_a

当道面拟定厚度 h = 35cm 时,板边计算应力 σ_p 与弯拉疲劳强度 f_{rm} 最为接近,即 $|\delta_p - f_m| \leqslant$

$0.025f_m$,因此,道面结构适应性厚度:

$$h_a = 35 \text{cm}$$

三、水泥道面脱空判别方法

脱空判别是水泥混凝土道面结构评价的主要内容之一。迄今为止,多种方法都在实践中使用,但都需要大量的经验积累,很难说哪种方法是绝对可靠的。目前,常用的方法包括:外观判别法、弯沉测定法、两次加载法、撞击法和探地雷达法。

1. 水泥道面脱空判别标准

水泥混凝土道面板底脱空状况评价应通过 FWD 测试分析进行。不具备 FWD 测试条件时,可由技术人员根据道面病害进行经验判定。

(1)采用 FWD 分别测试同一板块板中、板边中点和板角位置的弯沉(承载板中心点弯沉 d_0),并计算板边中点弯沉/板中弯沉和板角弯沉/板中弯沉 2 项弯沉比,按照表 8-22 判定板底脱空状况。

水泥混凝土道面板底脱空状况判定标准 表 8-22

评价指标	板边中点弯沉/板中弯沉	板角弯沉/板中弯沉
评价标准	>2.0	>3.0

(2)当接缝传荷能力等级为"差"时,一般可判定为道面板底脱空。

(3)当接缝附近存在明显的唧泥、错台等现象时,可判定为道面板底脱空。

2. 水泥道面脱空判别方法

(1)外观判别法

根据道面的外观状况和车辆行驶时的反应,判别道面结构是否存在脱空和脱空的严重性。

①振动情况:当车辆,尤其是重型车辆经过时,道面/道面板的振动明显加剧,这说明存在脱空,严重时道面板有明显的移动。

②唧水现象:在下雨天,车辆行经脱空处时,接/裂缝中出现泛水、唧水、冒水或甚至喷水现象。

③唧泥/唧浆现象:在下雨天,车辆行经脱空处时,泥浆/灰浆从接/裂缝中挤出,接/裂缝处出现泥/灰颜色的污迹,严重时在非雨天也能识别。

④错台:错台是脱空的重要现象之一。逆行车方向观察,如果具有明显的有规律的错台,则说明错台处也同时具有脱空。

(2)弯沉测定法

测定接裂缝边缘处的道面弯沉,根据本研究中建立的标准,判别其脱空状况。当道面结构评价结果为足够时,则认为没有脱空;当评价结果为不足时,则认为有脱空;当评价结果为临界时,则认为可能有脱空。

(3)弯沉差判别法

弯沉检测经验和研究表明:受水泥混凝土道面结构、道面板厚度、相邻板的传荷能力、基层的强度及类型和测试季节等因素影响,弯沉值变异性非常大。故根据单个弯沉值来判定板底脱空状况显然是不准确且不合适的,而采用同板的板边中点或板角与板中弯沉差进行比较分析来评定道面板脱空状况,显然可以消除上述大部分影响因素对弯沉值的影响,从而能更准确地判定板底脱空状况。同板弯沉差脱空判别的基本原理为,当实测板边中点或板角与板中弯沉差大于理论计算值时,即认为存在板底脱空。

（4）两次加载法

这是一种国际上经常使用的方法,其原理是混凝土板不承受荷载时,板的弯沉为0;根据两次加载的弯沉值与0点的关系,判别道面脱空与否。

如图8-6所示,如果混凝土板底没有发生脱空现象,则所得的两个弯沉的连线应该通过坐标的原点,如图8-6中的线1,说明整个结构呈现线性关系。如果两次加载时测得的弯沉的连线外延后不通过原点(图8-6中的线2),则说明可能存在脱空。当与横坐标的焦点值大于50μm时,一般认为已经发生了脱空。

当采用两次加载法时,两次荷载不能过于相近,并且应保证小荷载产生的弯沉小于脱空变形,大荷载产生的弯沉大于脱空变形。

（5）撞击法

撞击法是一种工程中经常使用的经验性方法,其原理是利用金属重物(如钢钎、金属锤等)击打道面板,根据所产生的声音来判断道面是否脱空。当发出"咚咚咚"的声音时,则判为有脱空,当发出"锵锵锵"的声音时,则判为无脱空。

（6）探地雷达法

由于空气的介电常数最小,电磁波在遇到空洞后反射强度将明显低于基层材料,从雷达波形图中可以清晰地分辨出空洞的区域。当道面下出现破损的空洞或者各结构层之间出现脱空时,电磁波由道面材料进入空气中,雷达波表现为一个较强的负反射即负峰,峰值高,且伴随很强的多次反射,如果脱空区充水或高含水,雷达波表现为一个较强的正反射即正峰,多次反射较弱。其具体原因是电磁波从道面材料进入空气,介电常数减小所致,如图8-7所示。

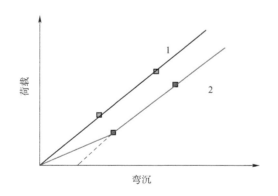

图8-6　两次加载法判定混凝土板的脱空

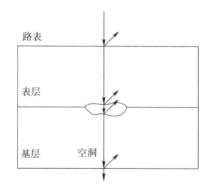

图8-7　道面出现空洞时电磁波的反射模式

（7）唧泥高度判别法

降雨结束,在道面两侧放置标尺,以道面作为零点,首先人工对车辆经过时引起的唧泥高度目测估值,一块板统计5~10次数据,求得平均值;同时,对唧泥现象进行录像、拍照等记录,然后在内业处理时进行图上测量,对目测值作出修正,最后确定唧泥高度值。然后结合钻芯取样,通过对唧泥观测记录统计分析结合钻芯检测结果,得到唧泥高度与脱空之间的量化关系,建立唧泥高度与脱空程度判别标准(表8-23)。不过,这还与道面的结构、所处的地域环境有关。

唧泥高度与脱空程度判别标准(例)　　　　　　　　表 8-23

脱空程度	轻度	中等	严重
脱空量(mm)	<6	6~12	>12
唧泥高度(cm)	<10	10~30	>30

第九章　道面功能性能测试与评价

现代飞机对机场道面的要求是,不仅应有足够的强度,还必须具有满足飞机高速滑跑的通行性能。道面的功能性能是指影响道面使用功能的道面表面性状,是道面使用者对道面使用性能的直接要求,具体包括道面的抗滑性能、排水性能和平整度等。飞机是机场道面的主要服务对象,道面的表面性状对飞机滑行的安全和稳定、舒适和经济、对环境的影响等都有重要影响。因此,在道面的使用过程中,应对其功能性进行定期测试和评价。测试方法和相应的评价标准均应满足《民用机场道面评价管理技术规范》(MH/T 5024—2009)(以下简称《规范》)的规定。由于施工质量或者使用磨损等原因,经测试如果道面的功能性能不能满足《规范》的要求,应及时采取相应补救措施,以确保机场的正常运营。

第一节　道面抗滑性能测试与评价

道面抗滑性能是道面使用性能的重要表征,飞机起飞和着陆的安全在很大程度上取决于跑道道面的抗滑性能。一般而言,干燥铺面可以提供较高的摩擦性能,潮湿或水的存在将降低抗滑性能或增加滑溜、水漂的可能性。机轮与道面间有足够的摩阻力,是防止飞机制动时打滑和方向失控的重要保证。没有足够的抗滑性能,驾驶员或飞行员将难以保持正确的行驶方向,并造成制动困难。道面抗滑性能测试与评价一般针对跑道,必要时可包括快速出口滑行道。

一、影响抗滑性能的因素

道面抗滑性能指飞机轮胎在道面上滑动时,道面表层抵抗与轮胎相互剪切滑动的能力。抵抗力越大,道面抗滑性能越好。影响抗滑性能的因素有很多,主要有道面的表面构造特征、道面表面状态(潮湿程度)和飞机滑行速度等。需要注意的是,这些因素之间相互作用,共同影响道面的抗滑性能。

1. 道面表面构造特征

抗滑性能主要与道面的表面构造状况有关,包括细构造(也称细纹理)和粗构造(也称粗纹理),两者一起为道面提供摩阻特性。粗构造是指道面面表面外露集料(骨料)之间的间隙,一般水平方向 0.5 ~ 50mm、垂直方向 0.2 ~ 10mm,常用粗糙或光滑进行描述。表面粗构造深度越大,飞机高速滑行时道面表层的抗滑能力也越大。细构造是指道面集料(骨料)自身的粗糙程度,一般指道面表面水平向 0 ~ 0.5mm、垂直方向 0 ~ 0.22mm 的微小构造,可用磨光值表示。细构造对轮胎与道面表面之间的附着力有很大影响。细构造越大,轮胎与道面表面之间的附着力越大,道面抗滑能力也就越大。因此,在道面设计和施工时,应当有效控制道面表面的构造深度,以控制道面的摩阻力。

道面的表面构造状况受行车荷载的作用而随时间发生变化。荷载的作用将导致道面表面微观构造的磨光以及集料的磨耗、转位和重新定向,从而造成道面抗滑性能的变化。随着所承受的累积交通量的增加,道面抗滑性将随之衰减。因此,《规范》按照日到达架次这一荷载作用次数指标,对机场跑道摩擦系数的测试频率进行了规定,见表9-1。另外,用同样的材料、在同一时间修建的道面,由于承受的交通量不同,其抗滑性也将不同。为避免道面不同区域所承受荷载作用的差别,《规范》规定,"测试时应沿飞机轮迹带布设多条测线"。需要注意的是,由于摊铺过程中不可避免地会有油料上浮现象,故新铺沥青道面的抗滑性偏低。随着使用磨损,一段时间后道面抗滑性升高。因此《规范》规定,"新建成的沥青道面、进行过沥青加铺的道面及进行过封层养护的沥青道面……应以道面投入使用至少半年后的测试结果为准。"

跑道摩擦系数的测试频率 表9-1

日到达架次	测试频率	日到达架次	测试频率
≤15	每年	91~150	每月
16~30	每半年	151~210	每2周
31~90	每季度	>210	每周

2.道面表面状态

当轮胎在潮湿的道面上滚动时,水会阻止轮胎与道面之间的接触及两者分子间的结合,从而削减轮胎与道面之间的摩擦作用。这种水的润滑作用,将会使道面的抗滑性能显著下降。道面抗滑性随降雨的变化,如图9-1所示。

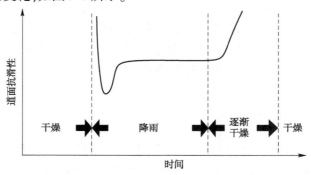

图9-1 道面抗滑性随降雨的变化

如果轮胎上的凹纹较深或者道面表面构造深度较大,轮胎和道面之间的水则可以较快排出,从而使轮胎和道面更好地接触,增大道面抗滑性。另外,为保证降水及时从道面排出,还需合理设计道面的纵横坡度。通常,跑道采用双面横坡,坡度值应适当大于纵坡,从而不令降水沿跑道纵向流淌而形成飞机水上滑跑的条件。

3.飞机滑行速度

一般而言,摩擦系数随飞机滑行速度的提高而降低;不过在干燥的道面上,这种降低非常微小,而在潮湿的道面上,这种降低则很显著。

在飞机低速滑行时,道面表面的水大部分来得及从滚动的机轮下排出,一部分水则被控制在集料表面的构造之中。由此可见,此时细构造是决定性要素,因为良好的细构造可以渗透、扩散、破除水膜,增加集料与轮胎胎面间有摩阻作用的接触。

对于高速滑跑的飞机,细构造提供的低速抗滑效能仍能发挥作用,然而粗构造对道面抗滑起决定作用。因为粗构造能为表面水从快速运转的机轮底下迅速排走提供通道,避免道面积水形成水膜,产生"飘滑"现象。"飘滑"也称"水漂",指飞机在高速滑行下,轮胎置换水困难,轮胎与道面的接触面积变小,为零时的现象。显然,飞机滑跑速度越大,为迅速排出表面水,道面所需构造深度也越大。

二、抗滑性能测试方法与评价

定期采集道面抗滑数据的目的,是为了按时掌握道面抗滑性能的衰减情况,从而及时采取养护等补救措施,以保证飞机滑行安全。

1. 评价指标和测量原理

道面抗滑性能主要评价指标包括道面摩擦系数和道面构造深度。道面摩擦系数是道面抗滑性能的直接反映,应用较为普遍,《规范》规定,"一般采用摩擦系数作为指标"。道面构造深度与道面抗滑性能有较为密切的关系,也可作为道面抗滑性能的评价指标,《规范》规定,如不具备测试"摩擦系数的"条件,可采用道面构造深度进行评价。

（1）摩擦系数

摩擦系数 f 是指两表面间的摩擦力 F 和作用在其一表面上的垂直力 W 的比值,见式(9-1)。

$$f = F/W \tag{9-1}$$

按照该定义,分别测出测试仪器运动时,与道面之间的摩擦力和作用在道面上的垂直力,即可计算得出道面的摩擦系数。《规范》中规定的测试仪器的测量原理均基于此。

需要注意的是,在测量道面的摩擦系数时,轮胎与道面之间的摩擦力 F 不仅受到道面的表面构造特征的影响,还受到道面的表面状态、轮胎的表面状态和轮胎与道面之间相对速度的影响。因此,不同的条件和测定方法,得到的摩擦系数值不同。而笼统地说某道面具有某一摩擦系数值其实是不确切的,应对轮胎在道面上的滑移条件给予规定。《规范》规定,"道面摩擦系数测试应在潮湿状态下进行",且必须申明测试条件,即测试设备、测试轮胎(轮胎类型和胎压)和测试速度等。

（2）构造深度

道面表面构造特征在很大程度上影响道面的抗滑性能。摩擦系数和道面表面的粗糙度有关,而道面平均构造深度是反映道面粗糙度的物理量。将道面的构造深度列为抗滑性能的评价指标主要是考虑到中小机场缺乏摩擦系数测试条件的实际情况。

2. 测试设备和方法

（1）摩擦系数

《规范》给出的道面摩擦系数测试仪器有6种:Mu 仪拖车、滑溜仪拖车、表面摩阻测试车、跑道摩阻测试车、TATRA 摩阻测试车和抗滑测试仪拖车。《民用机场飞行区技术标准》(MH 5001—2006)规定,应使用有自湿装置的连续摩阻测试仪测量跑道的摩擦系数。在我国民用机场使用最多的是跑道摩阻测试车,见图 9-2。这种测试设备利用车后轴附近所带的第五个轮子测量摩擦系数,垂直力由气弹簧控制,具有波动小的优点。其数据处理、测量轮收放、洒水均由计算机控制,测量结果可直接打印或者无线传输至航管部门。

（2）构造深度

道面构造深度的测量方法较多,如填砂法、填油法、立体摄影法、水流量测法、激光式表面构造深度仪等。其中,填砂法是目前最基本也是最常用的方法,如图9-3所示。

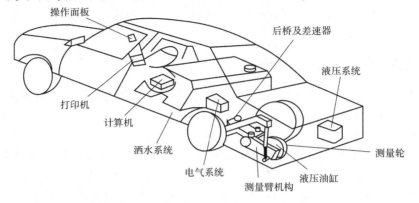

图9-2　跑道摩擦系数测试车结构图

图9-3　填砂法测量示意图

填砂法测量时,将已知体积的洁净圆形颗粒标准砂倒在已清除洁净的干燥道面上,尽量将标准砂大致成圆形抹开,使得标准砂嵌入道面纹理内,当所倒的砂已与道面切齐时,测量砂所覆盖面积的平均直径,由公式(9-2)计算道面表面构造深度。

$$\delta = \frac{1\,000V}{\pi D^2/4} = \frac{31\,831}{D^2} \tag{9-2}$$

式中:δ——平均构造深度(mm);

　V——填满圆面积内凹下部分所用砂量(cm³);

　D——砂所覆盖面积的平均直径(cm)。

3. 检测数据采集和处理

（1）摩擦系数

检测道面的摩擦系数时,宜采用分段测试的形式,即取100m作为分段区间进行检测。测试时应沿飞机轮迹带布设多条测线,且任一测线摩擦系数值应来回各检测一次,取平均值以减少误差。如果来回两次检测值有较大差异,则需探讨其原因并重新检测一次。最后,将分段区间内多条测线的摩擦系数值进行平均,取所有分段的最低值进行道面抗滑性能的评价。

分段检测的目的是为了便于对测试区间进行管理。例如,当某一测试区间的检测结果不满足规范规定时,便于采取相应的养护补救措施。

(2)构造深度

同样采用分段测试的形式,取 100m 作为分段区间进行检测。对测试路段按随机取样选点的方法,沿飞机轮迹带选择测点。一般选择道面的最不利位置和有严格要求的路段。道面构造深度以测试区域内的算术平均值表示,必要时提供标准差和变异系数。

4.评价标准

(1)摩擦系数

《规范》规定,机场跑道摩擦系数的测试频率应满足表9-1的要求,不同测试仪器的评价标准如表9-2所示。

道面摩擦系数评价标准　　　　　　　　　　　　　　　表9-2

测 试 仪 器	测试轮胎*		测试速度（km/h）	抗滑性能等级		
	类型	压力（kPa）		好	中	差
Mu 仪拖车	A	70	65	≥0.52	0.42～0.52	≤0.42
	A	70	95	≥0.38	0.26～0.38	≤0.26
滑溜仪拖车	B	210	65	≥0.60	0.50～0.60	≤0.50
	B	210	95	≥0.47	0.34～0.47	≤0.34
表面摩阻测试车	B	210	65	≥0.60	0.50～0.60	≤0.50
	B	210	95	≥0.47	0.34～0.47	≤0.34
跑到摩阻测试车	B	210	65	≥0.60	0.50～0.60	≤0.50
	B	210	95	≥0.54	0.41～0.54	≤0.41
TATRA 摩阻测试车	B	210	65	≥0.57	0.48～0.57	≤0.48
	B	210	95	≥0.52	0.42～0.52	≤0.42
抗滑测试仪拖车	C	140	65	≥0.53	0.43～0.53	≤0.43
	C	140	95	≥0.36	0.24～0.36	≤0.24

注:* 测试轮胎类型 A、B、C 的划分,参见《国际民用航空公约》附件十四中附录 A。

(2)构造深度

《规范》规定,道面构造深度的评价标准如表9-3所示。

道面构造深度等级标准　　　　　　　　　　　　　　　表9-3

抗滑性能等级	好	中	差
构造深度（mm）	≥ 0.8	0.4 ～ 0.8	≤ 0.4

5.提高道面抗滑性能的措施

对于新铺道面,为了提高水泥混凝土道面的抗滑性能,通常采取表面处理措施,增大其构造深度。而影响沥青道面抗滑性能的主要因素是石料的性质、颗粒级配、沥青质量和用量、施工质量等。

对于使用中的道面,当检测的抗滑性能等级为差时,应立即采取措施改善道面的抗滑性。

对于水泥混凝土道面,首先采用化学药剂、高压水柱、高速粒子束冲击喷砂及机械式清除法等养护方式清洗道面胎屑。当使用养护方法仍无法使跑道道面抗滑性能复测值高于标准规定时,可以采取锯缝道面槽的方法。也可视跑道现状指标等级及使用年限,翻修受损道面。

对于沥青道面,应检查跑道接地带橡胶沉积情况。当接地带跑道中线两侧被橡胶覆盖80%左右,并且橡胶呈现光泽时,应当及时除胶。另外,视跑道现状指标等级及使用年限,也可在原有道面上加铺新的沥青混凝土道面。

第二节　道面平整度测试与评价

飞机在起飞、降落的滑行状态下,机场跑道的不平整是飞机承载系的主要冲击源。飞机滑行时振动过大可能会使飞行员无法正确读取飞机各项仪表值,从而不利于飞机的安全操纵;飞机振动还会引起飞机各构件的加速损坏,降低其使用寿命。根据波音公司 1974 年、1975 年的研究成果(Boeing Coordination Sheet),飞机在起降状态下,垂直加速度为 $0.55g$ ($g = 9.8\mathrm{m/s^2}$)时飞机所受耗损为 $0.35g$ 时的 1 000 倍,长久累积之后将增加飞机的疲劳损坏。

平整度不同的道面在滑行方向不同点处所作用的飞机附加动载不同,直接影响道面各点塑形变形的发展,使各点塑形变形的累积不同,引发道面出现其他多类损坏、降低道面使用寿命。不平整的跑道也会严重影响飞行员以及旅客的舒适度,起飞和降落滑行过程中过大的振动会在旅客心里留下不安全的阴影,不利于航空业务的发展。因此,机场道面平整度是道面使用性能的一个很重要的评价指标。

一、平整度的定义

机场道面平整度(Airport Traveled Surface Roughness)是机场道面表面相对于理想平面的竖向偏差。这种偏差会影响到飞机在滑行过程中的动力特性和行驶质量、道面承受的动力荷载和道面排水性能。

道面表面相对于理想平面的竖向偏差由两种剖面的竖向变形构成:纵向的和横向的。纵向变形为道面表面沿行驶方向的高低起伏变化,会引起飞机垂直方向的加速度,从而对行驶舒适性有较大的影响;横向变形是道面表面沿垂直于行驶方向的高低起伏变化,会引起飞机侧向的加速度,从而使飞机左右摇晃。由于垂直方向的加速度对飞机的影响较大,所以目前道面平整度研究的主要对象是纵向变形。

需要注意的是,无论是人为或自然因素引起的道面上较大的隆起或凹陷,例如弹坑或由不均匀冻胀产生的道面突然隆起,均称之为障碍。障碍不属于道面平整度的范畴,它对机场道面而言是绝对不允许的。与之相对,机场道面不可能是一个理想的平面,不平整度是肯定存在的,需要将不平整度控制在规范允许的范围之内。

机场道面的不平整度主要由下列两方面引起:

首先是道面固有的不平整度。例如,道面设计中的纵向变坡、施工中道面板在接缝处允许的邻板高差和达不到设计高程的偏差等。即使这些偏差都在设计和施工规范规定的允许范围内,它们对道面不平整度的影响也是不容忽视的。

其次是道面在使用过程中由于受到荷载和自然因素的长期反复作用的影响,产生的新的不平整度,或使固有的不平整度增大。例如,由于飞机荷载的重复作用使道面在垂直方向产生的塑性累积变形;由于地下水位变化引起土基和基层的不均匀沉陷;由于冰冻引起的道面鼓胀;由于温度应力引起的道面板的翘曲、抬高;由于道面表层的磨耗、剥落、腐蚀、拥包形成的表面缺损等。

二、平整度的测试方法

采集道面平整度数据的目的,是为了监测并评价道面的舒适和安全性能。

可用的民用机场道面平整度评价指标包括:

①定基长直尺与道面之间的最大空隙(如 3m 直尺法)。

②国际平整度指数(IRI)。

③功率谱密度(PSD)。

④飞机竖向加速度。

⑤基于道面纵断面高程的可变基长下最大空隙与基长/半基长的关系。其中,国际平整度指数(IRI)法和 3m 直尺法应用最为普遍。

1. 国际平整度指数

由于测量平整度的仪器比较多,世界各国的检测结果横向比较困难,即使是同一个国家的数据也由于对硬件设备的依赖和方法的不固定而有所区别。为了建立不同平整度仪之间的关系,世界银行 1982 年在巴西进行了比较分析实验,提出了国际平整度指数 IRI 的概念,把过去世界各国不同的平整度仪测试结果指标进行了统一。

《规范》规定:"道面平整度评价一般采用国际平整度指数(IRI)作为指标","通过激光平整度仪自动测试并计算"。

激光平整度仪利用测得的静态断面高程数据,输入专用的力学模型后,经过计算得到的动态变量即为国际平整度指数 IRI。道面静态断面高程数据是通过安装在测试车上的激光平整度仪(图 9-4)连续不间断测得的。IRI 则由固化在激光平整度仪内的程序直接计算输出。

图 9-4　激光平整度仪测试车

计算 IRI 的力学模型为 1/4 理想车(图 9-5)以 80km/h 速度沿道面纵断面行驶。IRI 为单位距离内系统的相对竖向位移累积值,以 m/km 表示。

图 9-5 中,m_s 为簧载质量,即车身部分质量;m_t 为非簧载质量,即轮胎质量;k_s 为车身悬架刚度;k_t 为轮胎刚度;c_s 为悬架阻尼。

由图 9-5 所示的理想车模型,可建立运动控制方程如下:

$$\left.\begin{array}{l} \ddot{y}_s + c(\dot{y}_s - \dot{y}_t) + k_2(y_s - y_t) = 0 \\ u\ddot{y}_t + k_1(y_t - \xi) - c(\dot{y}_s - \dot{y}_t) - k_2(y_s - y_t) = 0 \end{array}\right\} \tag{9-3}$$

式中:y_s、y_t——簧载质量和非簧载质量的垂直绝对位移;

c、u、k_1、k_2——系数,取 $c = c_s/m_s = 6.0 \mathrm{s}^{-1}$,$u = m_t/m_s = 0.15$,$k_1 = k_t/m_s = 653 \mathrm{s}^{-2}$,$k_2 = k_s/m_s = 63.3 \mathrm{s}^{-2}$;

ξ——纵断面高程。

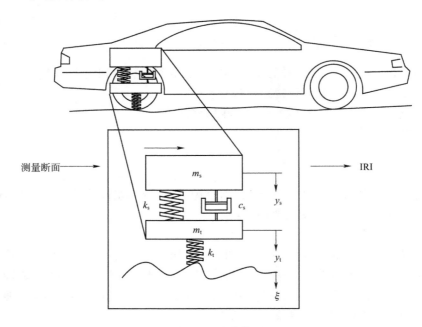

图9-5 理想车模型

y_s 和 y_t 符号上的一点与两点分别表示对时间的一阶与二阶微分,即垂直速度与垂直加速度。输入纵断面高程,解得 y_s 和 y_t,从而得到国际平整度指数为:

$$\mathrm{IRI} = \frac{1}{L} \int_0^L |y_t - y_s| \mathrm{d}x \qquad (9\text{-}4)$$

由于微分方程式(9-3)为线性,如果已知测点间的断面形状,则可以用状态转移矩阵法得到精确解。

图9-5 中的模型可以用 4 个状态变量 $z_j(j = 1, \cdots, 4)$ 来描述,其中,z_1 和 z_2 分别表示簧载质量的速度和加速度;z_3 和 z_4 分别表示非簧载质量的速度和加速度。如果前一位置 4 个变量已知,且沿轮迹到下一位置间的断面坡度 y' 也已知,则下一位置的 4 个变量可利用下述递归方程计算得到:

$$\{z_j\} = [s]\{z_j'\} + \{p\}y' \qquad (9\text{-}5)$$

式中:$\{z_j'\}$,$\{z_j\}$ ——前一位置和目前位置的状态变量,$j = 1,2,3,4$;

y'——输入的断面坡度,$y' = (y_i - y_{i-1})/d$,y_i 和 y_{i-1} 相应为目前位置和前一位置的高程,d 为测点间距;

$[s]$,$\{p\}$ ——随测点间距变化而变化的系数矩阵。

式(9-4)可用于计算除第一点以外的各抽样点的 4 个变量,除第一个测点外,要为每一个测点解 4 个变量方程式。通过下述规定,应用前 11m(80km/h 速度时为 0.5s)的平均坡度作为变量的初始值:

$$\left.\begin{array}{l} z_1' = z_3' = (y_a - y_1)/11 \\ z_2' = z_4' = 0 \\ a = 11/d + 1 \end{array}\right\} \tag{9-6}$$

式中：y_1——第 1 个测点的高程（mm）；

　　　y_a——第 a 个测点的高程（mm）；

　　　d——测点间距（m）。

如果 $d = 0.25$m，则将利用第 45 点和第 1 点的高程差来建立初始坡度。

从第 2 到第 n（n 为测点数）逐点求解以下 4 个递归方程：

$$\left\{\begin{array}{l} z_1 = s_{11}z_1' + s_{12}z_2' + s_{13}z_3' + s_{14}z_4' + p_1 y' \\ z_2 = s_{21}z_1' + s_{22}z_2' + s_{23}z_3' + s_{24}z_4' + p_2 y' \\ z_3 = s_{31}z_1' + s_{32}z_2' + s_{33}z_3' + s_{34}z_4' + p_3 y' \\ z_4 = s_{41}z_1' + s_{42}z_2' + s_{43}z_3' + s_{44}z_4' + p_4 y' \end{array}\right. \tag{9-7}$$

当测点间距 $d = 0.25$m 时，系数 s_{ij} 和 p_i 的值分别为：

$$s = \begin{bmatrix} 0.996\,607\,1 & 0.010\,915\,14 & -0.002\,083\,274 & 0.000\,319\,014\,5 \\ -0.556\,304\,4 & 0.943\,876\,8 & -0.832\,471\,8 & 0.050\,647\,01 \\ 0.021\,531\,76 & 0.002\,126\,763 & 0.750\,871\,4 & 0.008\,221\,888 \\ 3.335\,013 & 0.337\,646\,7 & -39.127\,62 & 0.434\,756\,4 \end{bmatrix}$$

$$p = \begin{bmatrix} 0.005\,476\,107 \\ 1.388\,776 \\ 0.227\,596\,8 \\ 35.792\,62 \end{bmatrix}$$

为各测点解出上述方程后，计算该路段的 IRI：

$$\mathrm{IRI} = \frac{1}{n-1}\sum_{i=2}^{n} \mathrm{RS}_i \tag{9-8}$$

式中：RS_i——计算位置的调整坡，$\mathrm{RS}_i = |z_3 - z_1|$。

2.3m 直尺法

3m 直尺法其实是利用一定区间内的间隙来表示道面平整度的方法。其测量工具是 3m 长的无支脚直尺。

《规范》规定："不具备测试条件时，可采用 3m 直尺法进行评价"，"以 3m 直尺下最大间隙（R）的平均值和最大间隙大于 5mm 所占百分比作为评价指标；对于水泥混凝土道面还应包括邻板差的平均值和邻板差大于 5mm 所占百分比。"

测量时，将 3m 直尺摆在测试地点的路面上，用有高度标线的塞尺塞进间隙处，量记其最大间隙的高度（mm），准确至 0.2mm。3m 直尺法测量示意如图 9-6 所示。

图 9-6　3m 直尺法测量示意图

三、平整度的评价方法

为了满足飞机的滑跑要求,机场道面的不平整度不能超过一定的范围。《规范》规定:"道面平整度测试与评价的范围包括跑道、平行滑行道或快速出口滑行道的轮迹带区域";"道面平整度应以调查区域内 IRI 的算术平均值进行分段评价","测试时应沿各区域的轮迹带布设多条测线"取平均值。测试路段分段区间的长度一般为100m,根据要求也可为200m、500m 或1 000m。

平整度等级的 IRI 评价标准,如表9-4 所示。

3m 直尺法评价道面平整度的标准,如表9-5 所示。

道面平整度等级评价标准(IRI 指标)   表 9-4

评价等级	好	中	差
IRI 平均值(m/km)	<2.0	2.0 ~ 4.0	>4.0

道面平整度状况等级评价标准(3m 直尺法)   表 9-5

评价等级 *	3m 直尺下最大间隙(R)		水泥混凝土道面邻板差	
	平均值(mm)	大于 5mm(%)	平均值(mm)	大于 5mm(%)
好	<3.0	<10	<2.0	<5
中	3.0 ~ 4.5	10 ~ 20	2.0 ~ 3.5	5 ~ 20
差	>4.5	>20	>3.5	>20

注: * 如果测量的道面平整度状况为差,应视道面现有状况及时采取整修、养护或罩面等措施。

第三节　道面排水性能测试与评价

在危害机场道面使用性能和运营安全的诸多因素中,水是主要原因之一。一方面,水体的侵蚀会降低道面结构的强度和稳定性,加剧道面结构的损坏,导致道面使用性能的快速衰变,缩短其使用寿命;另一方面,飞机高速滑行区域的道面积水可能导致飞机的漂滑,造成飞机升降过程中操纵稳定性下降,严重影响运营安全。因此,为了快速排出地表水,机场道面布设了以纵、横坡和集水沟(井)为主体的排水系统。

但是在运营期间,道面的纵、横坡度和集水沟(井)的泄水能力都将发生变化。因此,需要适时、准确地对道面排水性能进行评价,为选择相应的维护对策提供理论依据,以保障道面排水系统的正常功能。

我国《民用机场道面评价管理技术规范》(MH/T 5024—2009)规定:"机场道面排水性能的评价内容包括道面横坡坡度、积水点数量与面积,以及道面排水设施的排水能力等三方面。"

一、机场道面纵、横坡测试与评价

《规范》指出:"道面横坡可通过高程测量测定,应根据表9-6 的标准判断横坡是否满足要求,并分析是否存在排水反坡。"

跑道与滑行道横坡坡度标准表 表9-6

飞行区等级指标Ⅱ	A	B	C	D	E	F
横坡坡度	≤0.020	≤0.020	≤0.015	≤0.015	≤0.015	≤0.015
横坡坡度	≥0.010	≥0.010	≥0.010	≥0.010	≥0.010	≥0.010

道面横坡可通过测量各测点的高程获得,测点间距见表9-7。

高程测点间距表 表9-7

道面类型	水泥混凝土道面	沥青道面
测点间距(m)	5 或 10	20～30

由于机场道面不同区域具有不同的平面特征及功能,中华人民共和国行业标准《民用机场飞行区技术标准》(MH 5001—2013)对跑道和滑行道的纵坡评价标准进行了规定,见表9-8和表9-9。

跑道纵坡坡度标准表 表9-8

飞行区等级指标Ⅰ	4	3	2	1
跑道中线上最高,最低点高差与跑道长度的比值	1%	1%	2%	2%
跑道两端各1/4长度	0.8%	0.8%*	2%	2%
跑道其他部分	1.25%	1.5%	2%	2%
相邻两个纵向坡度的变化	1.5%	1.5%	2%	2%
变坡曲线的最小曲率半径(m)	30 000	15 000	7 500	7 500
其曲面变率,每30m为	0.1%	0.2%	0.4%	0.4%
曲面变率(每30m)	0.001	0.002	0.004	0.004

注:*指适用于Ⅱ类或Ⅲ类精密进近跑道,否则为1.5%。

滑行道纵坡坡度表 表9-9

飞行区等级指标Ⅱ		F	E	D	C	B	A
纵坡	不大于	1.5%	1.5%	1.5%	1.5%	3%	3%
	变坡曲线的变化率(最小曲率半径,m)	每30m不大于1%(3 000)	每30m不大于1%(3 000)	每30m不大于1%(3 000)	每30m不大于1%(3 000)	每25m不大于1%(2 500)	每25m不大于1%(2 500)

在纵向变坡不能避免的地方,相邻两个坡度的变化应为:飞行区等级指标Ⅰ为3或4时,应不大于1.5%;飞行区等级指标Ⅱ为1或2时,应不大于2%。

对停机坪的要求:表面不发生积水,在符合排水要求的条件下尽可能平坦;飞机机位部分的最大坡度宜不大于0.8%。

二、机场道面积水点调查与评价

《规范》指出"积水点调查可采用高程法或目测法"。

（1）高程法是通过高程测量,绘制道面等高线图,确定积水点的坐标,计算积水面积和最大积水深度。

（2）目测法是在雨后通过目测,确定积水点的位置,量测积水面积和深度。

（3）积水点调查的评价结果应以调查区域内积水点个数、积水深度和面积表示。

三、机场道面排水设施的排水能力评价

《规范》指出:"道面排水设施的排水能力一般可通过雨天日常巡查进行判定。必要时可对盖板明沟、三角沟等设施进行水力分析与评价。"

道面排水性能评价针对的是某一具体的汇流区域,因此,首先需要根据道面高程资料划分汇流区域。评价中涉及的汇流区域特征参数包括:汇流面积、径流系数和粗糙度;复合坡度 i;最长径流路径 L。

机场道面集水沟(井)泄水能力评价的流程,见图9-7。对于一般集水明沟,只需验算其出水口的泄水能力;盖板明沟需同时验算出水口的泄水能力和盖板格栅的过水能力;集水井需验算其盖板格栅的过水能力。

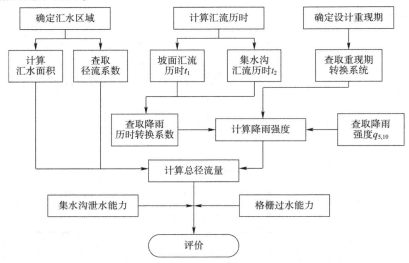

图9-7　集水沟(井)泄水能力评价流程图

在多雨地区,为增加道面的排水能力,对于飞行区指标为4D及以上的刚性跑道道面,宜在跑道表面进行刻槽。跑道刻槽范围:纵向应为跑道的全长,横向应不少于三分之二跑道宽度。刻槽应垂直于跑道中线,刻槽的尺寸为:宽、深各6mm,槽中线到中线间距为32mm。

第十章　道面维护技术

机场道面的良好性能是飞机安全运行的基本条件。受飞机荷载的持续作用和环境温度、光照、雨(冰)雪等周期循环影响,机场道面的结构性能和功能性能不断下降,必须采取适当的工程措施保证和维护道面的正常使用。道面剩余寿命预估是机场道面维护及改扩建决策的基础,针对道面结构性能、功能性能提升要求,国内外大多数民用机场通常都在不停航施工条件下进行水泥道面、沥青道面及道面基层的维护工作。

第一节　道面剩余寿命预估

机场建设管理机构通常根据运营道面的实际状况,选择合适的时机、采用最佳的养护措施进行结构补强或功能恢复,以提高道面使用性能和延长使用寿命,使得养护资金投入成本发挥最大效益。在制定机场规划、对道面实施改扩建决策时,应进行道面剩余寿命预估。对机场道面进行剩余寿命预估可使机场管理人员能够较准确地掌握机场道面性能的变化趋势,从而把握最佳的道面养护时机。

道面剩余寿命预估分为结构性剩余寿命预估和功能性剩余寿命预估两种。结构性剩余寿命预估主要考虑飞机荷载和环境因素反复作用引起的道面裂缝发展导致的疲劳开裂和道面累积变形的结构性能衰变影响;功能性剩余寿命预估主要考虑道面表面平整、抗滑能力等因素的表面性能衰变影响。各机场可根据实际情况和技术水平选择结构性或功能性剩余寿命预估方法。

一、道面结构性剩余寿命预估

道面结构性剩余寿命预估应采用设计逆过程的方法。水泥混凝土道面上沥青加铺层厚度大于原水泥混凝土厚度的复合道面可简化为沥青道面后,进行结构性剩余寿命预估,其他复合道面可简化为水泥混凝土道面后,进行结构性剩余寿命预估。

1. 水泥混凝土道面结构性剩余寿命预估

依据《民用机场道面评价管理技术规范》(MH/T 5024—2009),水泥混凝土道面结构性剩余寿命预估流程,如图 10-1 所示。

(1)根据评价机型、水泥混凝土道面板的弹性模量 E_r、基层顶面反应模量 K 和道面结构有效厚度 h_e,参照《民用机场水泥混凝土道面设计规范》有关规定计算板边弯矩。

(2)按式(10-1)计算板边计算应力。

$$\sigma_p = (1 - \mathrm{LT}) \frac{6M_e}{h_e^2} \times 10^4 \tag{10-1}$$

式中:σ_p——板边计算应力(MPa);

LT——应力折减率,根据弯沉比传递系数 LTE_δ 推算;

M_e——板边弯矩($MN \cdot m/m$);

h_e——水泥混凝土道面结构有效厚度(m)。

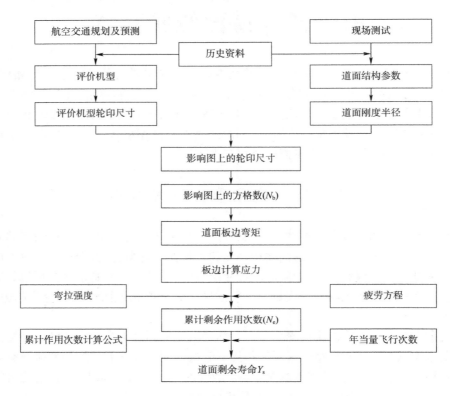

图 10-1　水泥混凝土道面结构性剩余寿命预估流程

(3)由式(10-2)计算评价机型当量的道面剩余累计作用次数。

$$N_e = 10^{(1\,450 - 15.\,87 \times \frac{f_{rm}}{f_{cm}})} \tag{10-2}$$

式中:N_e——评价机型剩余累计作用次数;

f_{rm}——水泥混凝土的弯拉疲劳强度(MPa),取 $f_{rm} = \sigma_p$;

f_{cm}——水泥混凝土的弯拉强度(MPa)。

(4)按式(10-3)计算道面剩余使用年限。

$$Y_s = \frac{100 \times N_e \times T}{0.\,75 \times n_w \times W_t \times N_s} \tag{10-3}$$

式中:Y_s——道面剩余使用年限(年);

N_e——评价机型剩余累计作用次数;

T——通行宽度(m),跑道取 11.4m,滑行道和机坪取 2.3m;

n_w——评价机型一个主起落架的轮子数;

W_t——评价机型主起落架一个轮印的宽度;

N_s——评价机型的年当量运行次数。

2.沥青道面结构性剩余寿命预估

(1)由式(10-4)确定按评价机型当量的道面剩余累计作用次数 N_e。

$$\lg N_e = \frac{h_e - 10(\alpha - 1)}{0.41\sqrt{\left(\dfrac{56.2}{\text{CBR}} - \dfrac{1}{q_e}\right) \times \text{ESWL}}} - 0.65 \qquad (10\text{-}4)$$

式中:N_e——评价机型剩余累计作用次数;

h_e——沥青道面结构有效厚度(cm);

α——沥青混凝土面层当量换算系数,建议取值范围为 1.7 ~ 2.0;

CBR——土基的加州承载比(%);

q_e——评价机型当量单轮荷载的胎压(MPa);

ESWL——评价机型的当量单轮荷载(kN),按《民用机场沥青混凝土道面设计规范》(MH 5010—1999)的有关规定确定。

(2)按式(10-5)计算道面剩余使用年限 Y_s。

$$Y_s = \frac{N_e}{\Delta \times N_s} \qquad (10\text{-}5)$$

式中:Y_s——道面剩余使用年限(年);

N_s——换算为评价机型的年运行次数;

Δ——飞机轮荷横向累计作用分布系数,按《民用机场沥青混凝土道面设计规范》的有关规定确定。

二、道面功能性剩余寿命预估

道面功能性剩余寿命预估模型的建立应以道面族为基础。机场飞行区内土基强度、结构组合与材料组成基本相同,荷载等级和环境因素差异较小的一组道面划分成同一个道面族。如道面结构或功能发生重大改变,应重新划分道面族。预估流程如下:

(1)建立道面功能性剩余寿命预估模型时,道面族 PCI 的积累数据应不少于 5 年。

(2)可采用式(10-6)作为道面功能性剩余寿命的预估模型。机场也可选择其他合适的功能性能指标回归适宜的预估模型。

$$\text{PCI}_c = 100 \times \left[1 - e^{-\left(\frac{A}{Y_s}\right)^B}\right] \qquad (10\text{-}6)$$

式中:PCI_c——道面满足使用要求的 PCI 临界值(最小值),建议取值范围为 55 ~ 70;

Y_s——道面剩余寿命(年);

A、B——模型参数,应根据实测数据回归确定。

(3)预估模型建立后,应采用实测数据进行验证;实测数据更新后,应及时对预估模型及其参数进行修正。

(4)进行道面功能性剩余寿命预估时,首先应绘制道面族的 PCI 衰变曲线;然后延长评价区域的实测 PCI 曲线,使之与该区域所属道面族的 PCI 衰变曲线平行,从而得到该评价区域的预测曲线(图 10-2);最后通过评价区域的预测曲线由 PCI_c 确定道面功能性剩余寿命。

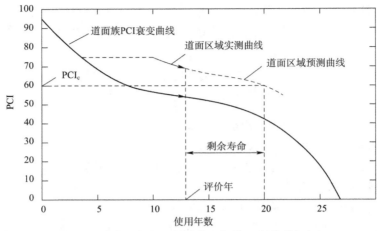

图 10-2 由道面族 PCI 衰变曲线预估道面区域的剩余寿命

第二节 机场道面不停航施工管理

一、概述

民用机场的跑道、站坪、联络道、平行滑行道和升降带等建筑物使用达到一定年限,需要进行增扩、补强及维护等飞行区工程建设。机场运营过程必须满足飞机起降的适航基本要求,而机场道面维护和改扩建等飞行区工程施工对机场净空和周边安全距离控制区必将产生干扰。机场不停航施工是在机场按航班计划、保证机场航班正常运行的情况下在飞行区内进行作业,其施工安全要求高、作业时间短且大多数需要在夜间施工,各部门之间协调工作量大。制定详尽周密的机场不停航施工管理规定对于规范和协调有关各方面的工作关系,明确其相应的权利、责任和义务,共同保证飞行安全、航班正常及工程正常进展是非常有必要的。

根据《民用机场不停航施工管理规定》(中国民航总局令第 97 号),机场不停航施工工程的主要包括:

(1)飞行区土质地带大面积沉陷的处理工程,围界、飞行区排水设施的改造工程等。

(2)跑道、滑行道、机坪的改扩建工程。

(3)扩建或更新改造助航灯光及电缆的工程。

(4)影响民用航空器活动的其他工程。

二、机场不停航施工的特点

民用机场不停航施工涉及机场管理机构、航空承运人、空中交通管理等诸多部门,隶属关系复杂,机场管理机构应当制定机场不停航施工管理规定,对不停航施工进行监督管理,最大限度地减少不停航施工对机场正常运行的影响,避免危及机场运行安全。机场不停航施工一般具有以下特点:

(1)必须以安全为中心,施工服从安全。安全是民航运输永恒的主题,在不停航条件下组织机场扩建工程施工,要解决的最主要问题是安全。机场飞行区扩建工程的安全涉及两方面,首先是在扩建工程施工条件下确保安全正常的航班运转;其次是在机场不停航条件下,确保工程建设系统严格有效的安全控制,实现安全目标。

(2)必须在有效作业时间内突击作业。机场不停航施工工程大多数在飞行敏感禁区,且在夜间进行施工,每工班作业时间被限定,为保证飞行安全,施工进度要求快,各道施工工序的安排要紧凑,施工作业必须在航班结束后进行,而且施工作业结束后必须保证航班正常起降要求。不同机场的航班运营情况不同,有效的施工作业时间也不相同,一般都难以提供大段的连续时间用于施工。有效作业时间受限,要求施工组织者切实做好准备,一旦开放施工场地,立即组织施工人员展开突击作业,在充分准备的前提下,各道施工工序的安排要紧凑,高效率生产,得到期望数量的高质量的生产成品。这是不停航施工的显著特征,也是对施工组织者的特殊要求。

(3)不停航施工条件苛严,协调工作量大。不停航施工工程涉及机场众多管理机构和工作协调,并且工程中的各个项目经常需要平行与交叉施工、施工进度要求较快,需要做到设备、人员及工序的有效协调。人员、机具和车辆进入飞行禁区要由公安部门办理通行证件;在禁区内施工作业要接受地面保安警卫人员管理;涉及飞行敏感禁区的施工作业要服从塔台空中管制人员和地面现场指挥人员的管理;每天工作开始和结束的工作交接、检查检验都涉及机场多个管理部门,要求会签书面交接文件区分责任;正常施工所必需的水、电、交通、通信等工作均应与机场相关部门进行联系沟通。凡此种种,涉及不同方面的大量协调联络工作和彼此往来,要求施工组织的管理人员具备相当的组织协调能力。

三、机场不停航施工的审批

根据《民用机场不停航施工管理规定》(中国民航总局令第 97 号),未经民航总局或者民航地区管理局批准,不得在机场内进行不停航施工。机场管理机构负责机场不停航施工期间的运行安全,并负责批准工程开工。实施不停航施工,应当服从机场管理机构的统一协调和管理。机场管理机构应当会同建设单位、施工单位、空中交通管理部门及其他相关单位和部门共同编制施工组织管理方案。

在机场内进行的不停航施工,由机场管理机构负责统一向机场所在地民航地区管理局报批。

因机场不停航施工,需要调整航空器起降架次、航班运行时刻、机场飞行程序、起飞着陆最低标准的,机场管理机构应当按照民航总局的有关规定办理报批手续。

民航地区管理局应当自收到不停航施工申请材料之日起 15 日内作出同意与否的决定。符合条件的,应当予以批准;不符合条件的,应当书面通知机场管理机构并说明理由。

机场不停航施工经批准后,机场管理机构应当按照有关规定及时向驻场空中交通管理部门提供相关基础资料,并由空中交通管理部门根据有关规定发布航行通告。涉及机场飞行程序、起飞着陆最低标准等更改的,资料生效后,方可开始施工;不涉及机场飞行程序、起飞着陆最低标准等更改的,通告发布七天后方可开始施工。

机场管理机构向民航地区管理机构申请不停航施工时,应当提交下列资料:

(1)工程项目建设的有关批准文件。

(2)机场管理机构与工程建设单位或者施工单位签订的安全保证责任书。

（3）施工组织管理方案及附图。

（4）各类应急预案。

（5）调整航空器起降架次、航班运行时刻、机场飞行程序。

四、机场不停航施工管理

与普通施工相比较，不停航施工在保证施工顺利之外，必须保证飞行安全和机场正常运营。

不停航施工方案必须满足《民用机场运行安全管理规定》（中国民航总局令第 191 号），其中明确了关于不停航施工安全管理的各项规定 21 条。如第二百三十五条规定，在跑道有飞行活动期间，禁止在跑道端之外 300m 以内、跑道中心线两侧 75m 以内的区域进行任何施工作业。第二百三十六条表明，在跑道端之外 300m 以内、跑道中心线两侧 75m 以内的区域进行的任何施工作业，在航空器起飞、着陆前半小时，施工单位应当完成清理施工现场的工作，包括填平、夯实沟坑，将施工人员、机具、车辆全部撤离施工区域。例如某机场滑行道沥青盖被工程，其根据相关规定制定的不停航施工方案为：根据安排做好安全区域的临时围界及警示标识，按照不停航施工的规定及要求组织施工，在白天能施工的安全区域内组织 24h 施工，其他部位的施工在停航以后组织进行，并在次日飞机起飞前结束施工，清理现场，做好接坡处理。沥青混凝土采用汽车运输，摊铺机摊铺，沥青搅拌站架设在飞行区以外。

为保障不停航施工的顺利开展，一般可成立不停航施工安全领导小组，并明确各机构、人员的职责与责任。制定不停航施工的安全管理措施，如对参与人员开展不停航施工的安全管理教育，采用配备专职安全员、设置严格安全标识、围栏等方式进行安全警戒及安全检查。建立必要的协调机制，与机场现场指挥机构和机场公安派出所建立可靠的通信联系，制定通报制度，确保联系通畅；制定安全应急预案并配置人员与设备。

机场飞行区的不停航施工管理是一个涉及多种因素的系统工程，不仅实际工作中应当针对具体项目展开详细研究，制定周密详细的施工组织方案、安全监督管理措施、应急预案等，保障工程安全顺利完成；而且民航科技工作者们亦当就不停航施工的各关键问题进行研究分析，形成强大的理论支撑体系，促进民航发展。

第三节　水泥道面维护技术

水泥混凝土道面常出现的故障有板块断裂，板角，板边断裂破损，板块表面剥落，表面网状裂纹，干缩裂缝，板块松动，接缝错台，道面拱起，表面纹理损失等病害。本节主要介绍其病害形成原因及维修技术。

一、板块断裂

板块断裂是指图 10-3 所示的贯通整个板厚的纵向或横向，而且位于板块部分的裂缝。产生板块断裂的原因有：

（1）道面施工时，切缝深度不够或混凝土本身强度不均匀，使薄弱处不在切缝部位。当冬季道面正常收缩时，被拉裂。

（2）基础局部出现不均匀下沉,形成板块局部底面与基础脱空。当机轮荷载施加在该处板面后,由于荷载产生的弯曲变形大于混凝土的允许变形,所以引起板块断裂。图 10-4 所示的断裂,就是如此。

（3）基础进水后,存留在基础与面层夹缝中的水冬季结冰膨胀,且板块四周又受传力杆、拉筋或企口缝的约束,板块受冻膨胀、顶起断裂。图 10-5 所示的断裂,就是此原因引起的。

（4）道面板的实际厚度小于设计厚度、地基反应模量假定不合理或者道面板在使用期限内超负荷、超频率使用,也可能引起断板。

（5）道肩板在夏季膨胀伸长时,胀缝间距过长引起道面拱起断裂。

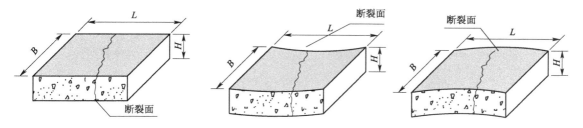

图 10-3　水泥混凝土道面板断裂形状图　图 10-4　基础下沉引起的板块断裂图　图 10-5　基础冻胀引起的板块断裂

道面板断裂后,如果属基础下沉,首先要用打孔压浆法处理基础,然后对面层断裂进行修补。修补方法有以下三种:

（1）缝宽小于 3mm、没有错台和评定等级为轻度的裂缝,宜采用较好的聚氨酯胶泥进行封灌,以防雨雪水和砂土杂物进入缝内。固化后的灌缝材料,应与裂缝黏结牢固并尽可能与混凝土颜色基本一样,其灌缝方法如下:

①用切缝机将裂缝切成宽 8～10mm、深 30～35mm 的沟槽。

②用高压水或其他方法将缝内杂物吹净、晒干。

③用塑料泡沫条压入槽底用以堵漏,裂缝很窄时可不用塑料泡沫条,见图 10-6。

④将灌缝材料按配合比搅拌均匀,然后用灌缝机或三角长漏斗灌入。灌入后用螺丝刀往返搅和均匀、密实。

（2）对于裂缝宽度大于 3mm、小于 5mm 的断裂,可沿断缝两侧各切 20cm 宽、深度是板厚 1/3 的槽（但最小厚度不能小于 10cm,形状如图 10-7 所示）,清除槽内碎块和杂物,按如下方法修补:

①沿裂缝方向,每隔 50cm 用钻孔的办法固定扒钉。

②沿槽的纵、横方向铺间距为 20cm×20cm 的 $\phi 10～\phi 18$ 的钢筋网。

③在槽的底部和四周刷新老混凝土黏结剂一遍。

④用高强度等级的混凝土或速凝混凝土按配合比制成混合料填入槽内。按道面施工的一般程序振捣、提浆、作面、拉毛和养生。当混凝土强度达到 100MPa 以上后,沿新老混凝土接茬处切缝,并用聚氨酯密封胶灌缝。

（3）对混凝土道面裂缝宽度大于 5mm ,或一侧断板内还有其他病害（如角隅断裂、板边板角严重破损）而另一侧尚有保留价值的,可作全厚度板块修补。全厚度板块修补用的混凝土应具早强、微膨胀、与旧道面黏结好和抗渗、抗冻等性能。一般都是通过掺加外加剂的办法提高混凝土的早期强度,以满足机场道面各部位在不停航条件下的修补。为方便破除和保护破除板四周道面,可按图 10-8 画线、切割、破除。

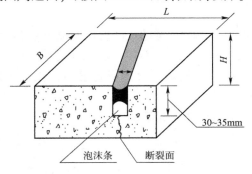

图 10-6　缝隙小于 3mm 的断板修补办法

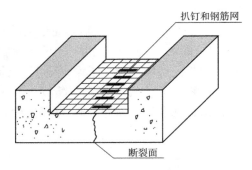

图 10-7　缝隙大于 3mm 的断板修补办法

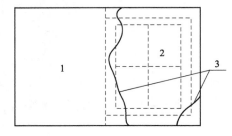

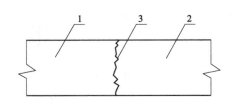

图 10-8　板的破除

1-保留板;2-破除板;3-裂缝

全厚度补块可采用集料嵌锁平缝连接法、刨挖垫板连接法和拉杆连接法进行修补。

①集料嵌锁平缝连接法。此法适用于无错台裂缝,施工方法如下:

A. 将修补的混凝土道面平行于横向缩缝画线,沿画线用切割机进行全深度切割。在全深度补块的外侧 4cm 位置锯 5cm 深的缝,然后用小钢钎将粗集料周围的砂浆剔掉,露出 1/3 左右粒径,切割面凿毛。

B. 基层需要处理时,挖掉软基后换填贫混凝土。贫混凝土也要早强,与修补的道面混凝土同步。水灰比要尽量小,以平板振捣器能振密实为准。修补的基层面要平整,比道面底层低 2cm,用砂或石屑做找平隔层。

C. 根据修补道面的部位和允许停航时间选用外加剂。采用 4h 强度达 C20 的混凝土,从拌和到振捣成型时间应不大于 90min。水灰比要小,一般应小于 0.40。

D. 浇筑后,宜采用养护剂或塑料薄膜养护,也可采用湿麻袋洒水养护。

E. 混凝土养护达到强度后,即可开放使用。

②刨挖垫板连接法。此法适用于错台断板裂缝的修补。修补后,不仅防止错台,还能起到良好的传荷作用。其他步骤同"集料嵌锁平缝连接法",只是将保留板修补连接处的板底基层挖掉,并修理整齐,如图 10-9 所示。注意一定要将保留板底下的垫板混凝土填满,用插入式振捣器振实。

③拉杆连接法。此法也适用于错台断板裂缝的修补。修补后如图 10-10 所示。具体方法如下:

A. 破损道面破除、修补块混凝土施工、养护与"集料嵌锁平缝连接法"相同。

B. 在保留板上用金刚石钻或其他手电钻以 50cm 的孔距钻孔,孔要与板面平直,偏差不大于 5°。

C. 将孔内灰尘清理干净,填满环氧树脂砂浆后插入拉杆(拉杆宜采用 $\phi18 \sim \phi20$ 的螺纹钢),使拉杆牢牢地固定在保留板中,然后浇筑修补混凝土。

以上三种形式的混凝土修补板块与保留板之间暂不切缝,待以后万一出现收缩裂缝时再切缝、灌缝。

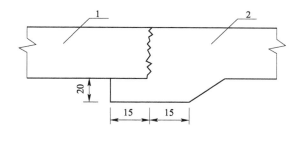

图 10-9　刨挖垫板连接法(尺寸单位:cm)
1-保留板;2-修补板

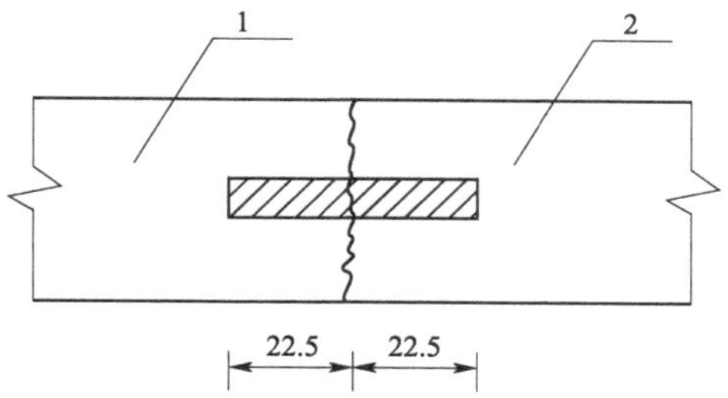

图 10-10　拉杆连接法(尺寸单位:cm)
1-保留板;2-修补板

全厚度板块修补,如图 10-11 和 10-12 所示。补块边长不宜小于 60cm,将修补范围从病害影响区域向外延伸 5 ~ 10cm 画线,修补区域取为规则的矩形,且长宽比小于 2:1(对于长宽比大于 2:1 的细长条补块,按照长宽比 2:1 进行分块修补,相邻补块间设置拉杆,或一次浇捣后按照长宽比 2:1 的要求切割补块,切缝处应灌缝);使用切缝机沿画线边界切割,最小深度不得小于 10cm;用破碎机由中央向四周方向将画线区域破碎,注意保护补块边角位置;当补块面积较大(一般长边大于 2m,短边大于 1m)时,补块与原道面之间增设拉杆;接缝方向的长度大于 2m 时,接缝处恢复原有的传力杆;用高压水枪清洗,并用高压空气清洁修补坑槽,确保坑槽内无杂物、灰尘;按照水泥混凝土道面的施工方法进行浇注、整平、作面、拉毛及养护的等环节。

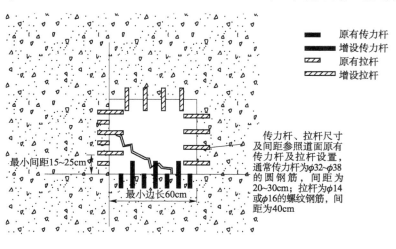

图 10-11　水凝混凝土道面全厚度板块修补(平面)

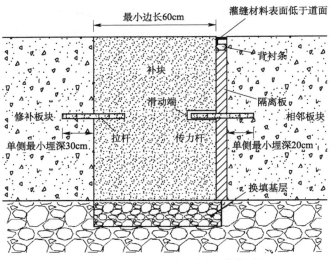

图 10-12　水泥混凝土道面全厚度板块修补(剖面)

二、板边、板角修补

板边断裂是指离板缝50cm 范围内的接缝处断裂,板角断裂是指板角隅到斜向裂缝两端的距离小于1.8m 的角隅断裂。图 10-13 所示就是板边板角断裂最常见的形状。产生板边和板角断裂的原因与前述板块断裂相同,但不同之处是在相同荷载作用下,板边、板角被板中破坏的可能性要多一些。水泥混凝土道面板块大都是长方形或正方形的,纵横缝夹角均为90°,但转弯部分的许多板角是锐角,当机轮荷载经过该处时,本身易压坏。另外,以前在设计道面厚度时,常以板中心受荷为准,未考虑板边受力的特性。

板边、板角破碎与板边、板角断裂的区别是板边板角破碎有碎块产生。其形成原因有:

(1)接缝处夹有石子或其他外来物,在夏季温度应力作用下,挤碎板边和板角。

(2)断裂后的板边、板角没有及时修补,以至多次碾压形成碎块。

(3)灌缝不及时,水从该处进入断缝中,产生碱集料反应。

(4)企口断裂或传力杆断裂,造成板块在接缝处形成应力集中而被压碎。

不论是板边、板角断裂,还是板边、板角破碎,其修补方法要根据破碎程度而定。

(1)对于板边破损宽度小于 20cm、板角两直角边之和小于 60cm、破损深度小于板厚 1/3 的轻度病害,把破损处平面切成图 10-14 所示的形状后,清除碎块。用速凝混凝土,根据配比拌制成混合料,按照混凝土道面的常用施工办法振捣、作面、拉毛及切缝、灌缝,或者在切成的区域用冷铺沥青混合料填至略高于周围道面,再用压路机碾压密实。

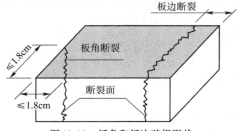

图 10-13　板角和板边破损形状

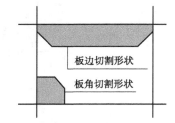

图 10-14　板边和板角轻度破损时的切割形状示意

214

（2）对板边破损宽度大于 20～50cm，板角两直角边之和为 60～100cm，破损深度为板厚的 1/3～1/2 的中度病害。修补步骤为：清除已松动的混凝土块→划定切割和修补范围（转角要大于 90°）→用风镐或钻芯取样机去掉破损区域→用切缝机把周边切齐→在底层铺钢筋网片→浇筑早强混凝土混合料至离上表面 7～8cm 处→用细粒式冷铺沥青混合料填补、碾压到与上表面平齐为止。

（3）板边破损宽度大于 50cm、板角两直角边之和大于 100cm，破损深度超过板厚的 1/2 的重度病害。

具体方法可参照前面拉杆连接修补法，见图 10-15。修补宽度应大于 5cm。修补面几何尺寸长宽比大于 3∶1 时，混凝土应加钢筋网或钢纤维补强，钢纤维含量应占混凝土体积的 1.2%～1.5%。

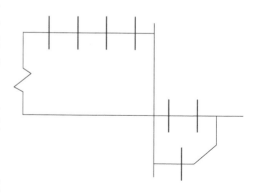

图 10-15　拉杆修补

三、表面剥落

表面剥落是指起皮、剥离、露石、坑洞等，产生的原因是很多方面的，主要有：

（1）在施工时，原材料砂子、石子本身耐磨性能差，在机轮荷载摩擦作用下，砂浆保护层脱落引起露石。

（2）施工时不是原浆作面，后抹砂浆与原混凝土黏结能力差而产生起皮。

（3）混凝土的抗渗、抗冻性能差，使表面在冬季冻融后，保护层剥离和露石。

（4）将化学药品洒在道面上产生腐蚀剥离。

（5）表面网状裂纹过多过密，久而久之，砂浆保护层容易脱落起皮。

（6）表面坑洞产生的根源在于做混凝土道面时，混合料中混有泥巴、木块，当泥巴、木块失去后就形成了坑洞。另外，混凝土中含有石灰颗粒、风化石、白云石等膨胀物，遇水、遇热膨胀破坏时，亦能形成坑洞。

表面出现的起皮、剥离、露石、坑洞等病害降低了道面的抗滑能力，增加了飞机颠簸程度，看起来也不美观，但不影响道面的结构强度。如果起皮、剥离、露石出现在不重要的道肩上，可以不修补。如果出现在跑道和主滑行道上，必须修补。方法如下：

（1）对起皮、剥离、露石不太严重的地方，清理掉表面的杂物和松动的混凝土碎块，用沥青砂或细粒式沥青混凝土罩面，并碾压密实。

（2）对起皮、剥离、露石严重的地方，估计可能影响道面的结构强度。这种情况，必须划定修补范围，用切割机将周边切齐，然后下铣或打掉 10～15cm 深，清理杂物，洒水湿润底层后，铺间距 20cm×20cm、直径 ϕ12～ϕ14 的钢筋网，按水泥混凝土道面施工要求浇筑混凝土，最后做好养生、切缝和灌缝工序。

（3）对坑洞的处理，可采用石子加填缝料或半干状态的水泥砂浆（如果坑洞较大可再加石子）填补，并用小锤夯实。

四、表面网状裂纹和干缩裂缝

表面网状裂缝是指相互贯通的龟壳状裂缝,产生原因可能是:

(1)混合料配合比不好或水灰比过大。

(2)水泥化学成分中氧化镁、游离氧化钙等含量超标,砂子、石子中混有过多的粉土。

(3)使用的是泌水性水泥,如火山灰水泥就可造成表面网状裂纹。

干缩裂缝是指:

(1)施工中养护方法不当、养护不及时或养护期短等出现的裂纹。

(2)空气中的二氧化碳与混凝土中碱性物质化合产生碳化收缩出现的裂纹。

(3)施工中天气干热和风大、混凝土表面失水过快,产生的裂纹。

网状裂纹和干缩裂纹产生的根源在混凝土施工阶段,危害在道面使用的整个过程中,最终造成表面起皮、剥离、露石、坑洞等病害。

在混凝土道面施工过程中,把握材料进场关、搞好作面和养护等环节的工序,是免除裂纹、裂缝发生的有效办法。

为了防止裂缝进一步发展,对于长度超过30cm、深度超过5cm的干缩裂缝和深度超过板厚一半的裂缝(不论长短)必须用补强材料修补。补强材料宜采用高模量的改性环氧树脂类材料或经乳化反应的环氧树脂乳液,固化后应与原混凝土带结牢固、色泽基本一致。其修补方法如下:

(1)顺着裂缝用冲击电钻将缝口扩宽成1.5~3cm沟槽,槽深可根据裂缝深度确定,最大深度不得超过2/3板厚。

(2)清除混凝土屑,用压缩空气吹净灰尘,填入粒径0.3~0.6cm的清洁石屑。

(3)采用环氧树脂类材料,按配合比混合均匀后,用灌缝机中将灌封料填入扩缝内捣实抹平。

(4)灌封材料需要加热增加强度时,宜用红外线灯或装60W灯泡的长条线灯罩加热,温度控制在50~60℃,加热1~2h,等修补材料固化达到一定强度即可。

五、板块松动或脱空

板块松动是指板块下基础支撑不在同一水平面上,导致机轮经过该处产生的晃动。产生的原因:

(1)基层局部下沉或胀起。

(2)基层或找平层松散材料被水冲刷而流失。

(3)板块之间接缝施工处理不当,板体受高温膨胀使板拱起,板下脱空而松动。

板块脱空是指基层局部下沉,或荷载压缩变形,或者有部分基层材料在水的作用下流失造成的夹空层。检查板块脱空的方法有四种:

(1)锤击即用8磅大锤敲击道面,如果声音像击鼓一样,就可判断为脱空板。

(2)弯沉测定用5.4m长杆的贝克曼梁及相当于BZZ-100的重型标准汽车。凡弯沉超过0.4mm的板,即可确定为脱空板。

(3)用道路雷达检测反射波的情况来判断是否为脱空板。

（4）通过 FWD（落锤式弯沉仪）进行道面板脱空判断。

在修补松动板块和脱空板块时，必须垫实基础。方法为：

（1）灌浆孔布设根据道面板的尺寸、下沉量大小、裂缝状况以及灌浆机械，确定打孔的尺寸、间距、数量、深度。一般孔径尺寸为 50mm，每块板可布设 5 个孔，孔距板边不得小于 0.5m。

（2）确定灌浆材料。现阶段公路部门采用的灌浆材料有沥青、水泥和水泥 + 粉煤灰三种材料，道面维护时可根据具体情况选用。

（3）沥青灌浆用空压机将孔中的混凝土碎屑粉、杂物清除干净，并保持干燥；将所选沥青加热到 210℃ 左右，用沥青洒布车或专用压力设备以 200 ~ 400kPa 压力将热沥青压入孔中，沥青压满后 30 ~ 60s 后拔出喷嘴，用木楔堵塞；待沥青温度降下来后，拔出木楔，用水泥砂浆或水泥混合料填平孔，并抹平表面。

（4）水泥或水泥 + 粉煤灰灌浆用灌注压力可达 1.5 ~ 2.8MPa 的灌注机或压力泵将提前拌和好的、具有一定稠度的水泥（或水泥 + 粉煤灰）浆压入钻好的孔中。灌浆时，应不断将灰浆池中的浆搅拌均匀，防止灰水离析。

压浆时，应先从沉陷量大的地方的灌浆孔开始，逐步由大到小。当相邻孔或接缝中冒浆甚至把板抬到原位置时停止压压浆。每灌完一个位置，必须用木楔堵住。待达到设计强度时，用水泥砂浆堵住。

六、接缝错台处治

接缝错台产生的原因有：

（1）胀缝板安装成如图 10-16a）所示的斜向。在夏季温度应力作用下，道面推移产生错台。

（2）基础进水下沉形成如图 10-16b）所示的错台。

（3）冬季消雪水进入基础后，水结冰膨胀，顶起一侧道面板，也形成错台。

（4）基础脱空，传力杆压弯或断裂引起错台。

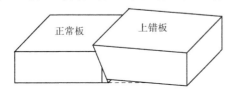

a)胀缝板安装不当引起的错台　　　　　b)基础下沉引起的错台

图 10-16　水泥混凝土道面板错台的形式

水泥混凝土道面错台的处治方法有磨平法、填补法和灌浆顶升法三种，可按错台的轻重程度和具体情况参照《民用机场道面评价管理技术规范》（MH/T 5024—2009）选定。

对于四邻板块平坦度合格、中错台高差大于 5mm 的情况，采用磨平机磨平，先从错台高点开始向四周扩展，边磨边用 3m 直尺找平，直至相邻两块板平齐为止。

对基础下沉引起的错台，如果错台量小于 5mm，可用铺沥青砂的办法填补、碾压至和正常板一样高为止；如果错台量大于 5mm，可用前述灌浆法，把板抬高到和正常板一样高。

对板拱起产生的错台，如果是基础冻胀抬高形成的，冰融化后自然会消失，但消失后要做好灌缝工作；如果因胀缝板安装不垂直引起错台，可把胀缝两侧各切 2 ~ 3cm 宽，并保证垂直，重新安装胀缝板，并灌好上部缝隙。

七、道面拱起

道面拱起的形状,如图 10-17 所示。机场水泥混凝土道面板的厚度最少都在 25cm 以上,夏季膨胀所产生的内应力是很难引起道面拱起的。如果有拱起的情况发生,要么发生在道肩,要么是道面施工缝处理不当造成的。修补时,将拱起板左右两侧 1~2 条横缝做全厚度切割,切割宽度为 3~5cm。清除缝内碎渣,待应力充分释放,拱起板回落后,安装泡沫板,上边留 3cm 罐聚氨酯填缝料。

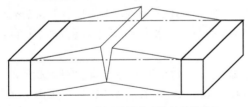

图 10-17 水泥混凝道面拱起时的形状

八、道肩冻胀抬高

道肩冻胀抬高常发生在道肩与道面交界处的纵缝上。我国大部分机场道面不设胀缝,而道肩设有间距 20m 的胀缝。在夏季温度应力作用下的道面伸长量小,道肩伸长量大,反映在道肩与道面交界处的填缝料上是错动作用。当错动量大于填缝料的最大伸长量时,必然引起填缝料与缝壁黏结失效,水从此进入道肩基础。如果冬季含在道肩面层与基层之间的水结冰后,道肩就被抬高。不过到夏季冰融化后会下降一部分,但不会完全恢复到原位(因为有错动),形成部分错台,影响道面排水。

在北方地区的道肩抬高是不可避免的。如果在设计时,道肩本身低于道面 2~3cm,抬高后正好与道面平齐。如果是已做成的道肩出现抬高。可在抬高处横向每隔一定长度切一道宽 30cm 的缝槽,使道面雨水能流到道肩上。

九、表面纹理损失

表面纹理的作用是增加道面的抗滑能力。产生纹理损失的原因有:

(1)在机轮荷载冲击力和温度变化、干湿变化、光照等自然应力共同作用下砂粒崩解。

(2)道面采用高压水(或钢丝轮)除胶。

(3)原材料本身耐磨性能差,如水泥成分中的铁铝酸四钙含量低,砂子坚固性差和含泥量小,石料硬度和磨耗未达到要求,由此而造成砂浆保护层上的纹理损失。

(4)道面施工时的水灰比大,使砂浆保护层强度低;道面表层网状裂纹多,纹理损失快。

恢复表面纹理的方法是刻槽或用加铺沥青混凝土面层。

十、接缝维修

1. 胀缝板维修

我国 20 世纪 70~80 年代修建的水泥混凝土机场道面,部分道面和道肩设置木质胀缝板。胀缝板腐烂损坏后如不及时修补,表面水、石子等杂物侵入后会严重损坏道面。反映在胀缝板方面的问题有:

(1)胀缝板本身制作成了上宽下窄的楔形。在每年夏天都有挤出道面的情况发生。为了不影响行车,可将挤出部分剔除。

(2)胀缝板安装不垂直,当道面膨胀伸长时,一侧道面抬高,形成错台。

（3）木质胀缝板年代已久，加之长期被水浸泡腐烂。对此情况，只能拆除旧胀缝板，安装新板，并灌好上部缝。

常用胀缝板维修方法如下：

（1）将损坏胀缝板剔掉或切掉3cm，清除杂物，用性能良好的聚氨酯胶泥灌缝材料封灌。

（2）对原施工设置不合格的胀缝板全部剔除，并用切缝机重新切割到底，再安放新的胀缝板。胀缝板的厚度应与原设计相符，高度低于道面表面3cm，最后用性能良好的聚氨酯胶泥封灌。

2. 灌缝材料病害

民用机场水泥混凝土道面接缝所用灌缝材料有两种：

第一种是20世纪60年代研究的聚氯乙烯。该产品价格低、短期效果好（寿命3～5年）。但夏天宜流淌，冬天宜开裂。特别是冬天脆裂形成的碎屑吸进飞机发动机还会造成飞行地面事故，因此除个别老道面还存在外，新建机场已不再使用该灌缝材料。

第二种是20世纪80年代开始普遍推广使用的聚氨酯密封胶。该灌缝材料常出现的问题有：

（1）施工时缝内灰尘、灰浆没有清理干净，导致料与缝壁单边脱开。

（2）灌缝材料的弹性差，导致料与缝壁双边脱开。

（3）灌缝材料低温延伸率差，导致灌缝材料从中间裂开。

（4）灌缝材料高温稳定性差，引起夏季发软析油或膨胀高出道面。

（5）冬季使用吹雪车除雪，热气流吹蚀使灌缝材料表面产生微小裂纹。

（6）聚氨酯灌缝料的使用寿命在8～10年之间。在西北和东北干旱地区和使用热吹式除雪设备的机场，寿命还不到6年。当超过此年限，聚氨酯灌缝材料老化变硬，失去弹性。

当灌缝料出现病害时，若属于局部和小范围，可补灌。若灌缝材料已老化，需清除旧料，重新灌缝。以聚氨酯密封胶灌缝为例，方法如下：

（1）先用如图10-18a）所示的剔缝机将旧料从缝中剔除。

（2）把切缝机刀片换下，安装如图10-18b）所示的钢丝轮，将缝壁上难于剔除的残余料和灰尘清理干净，并打毛缝壁。

（3）用高压水或其他方法将缝内杂物吹净、烘干，清扫干净遗留在道面上的废料和灰尘。

（4）将聚氨酯密封胶按配合比拌和好，装入图10-18c）所示的强制式螺旋灌缝机中，人工手推以20～30m/min的速度进行灌缝作业。

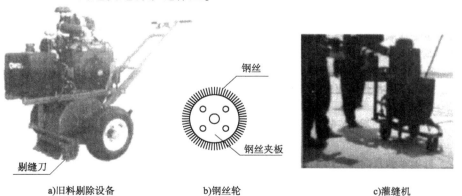

a）旧料剔除设备　　　　　　b）钢丝轮　　　　　　　　c）灌缝机

图10-18　剔除旧料和灌新料常用设备

第四节　沥青道面维护技术

沥青道面的质量和使用寿命很大程度上与日常养护有关,通过及时和良好的日常养护可有效地减缓道面损坏状况的发展,延长道面的结构和使用功能寿命。

沥青道面经过一段时间的使用后,可能出现松散、坑槽、拥包、裂缝、泛油、表面磨光、搓板、轮辙等损坏现象。需要及时地进行养护和维修,使道面的强度和使用性能处于良好的状态,确保飞行安全和畅通。

一、表面泛油

表面泛油是指沥青面层中的自由沥青在夏季高温和重复的机轮荷载共同作用下,上溢后堆积在表面的现象。表面泛油可导致表面发软和抗滑能力降低,同时也易粘轮。产生泛油的主要原因是:

(1)沥青含蜡量大。石蜡本身对温度敏感,夏季易融化,冬季易发脆。不过现在采用脱蜡沥青和烷基沥青,应该不存在含蜡量超标的问题。

(2)混合料配合比设计不合理。油量偏大、石粉偏多、密实度大、孔隙小。当机轮荷载反复作用时,自由沥青和部分结构沥青从孔隙中挤出到表面,形成泛油。

出现泛油后,根据泛油轻重程度采取相应的修补措施。在轻微泛油的区域,可撒上 3 ~ 5mm 的石屑或粗砂,然后用压路机碾压;在泛油较重的区域,可先撒上粒径 5 ~ 10mm 的碎石,用压路机碾压,待稳定后,再撒上 3 ~ 5mm 的石屑或粗砂,用压路机碾压。

面层混合料中沥青含量过高,且已形成软层的严重泛油区域,视情况采用下述方法之一进行处治:先撒一层粒径 10 ~ 15mm 的碎石,用压路机将其强行压入道面后,再分次撒上 5 ~ 10mm 粒径的碎石,并碾压成型;将沥青含量过高的软层铣刨清除后,重作面层。

泛油处治时间应选择在泛油区域已出现全面泛油的高温季节,并在当日气温最高时进行。撒料应先粗后细;做到少撒、薄撒、匀撒、无堆积、无空白。禁止使用含有粉粒的细料。碾压时要确保压路机使所撒石料均匀压入道面。

二、拥包和波浪

拥包也叫油包,是指沥青道面出现的一道道软硬程度不同、厚度不等的凸坎子。波浪是指沿道面方向波峰相距较长凹凸现象。如果波峰相距较近、距离相等,而且是连续起伏的,称为搓板。

产生拥包和波浪(搓板)的主要原因是油量偏大、沥青稠度低、集料级配不当、细粒偏多;沥青混合料拌和及摊铺不均,以及沥青面层与基层黏结不良等,造成面层抗剪能力(即抗水平荷载冲击力)差。

补救办法是:用铣刨机将拥包和波浪面铣掉→清除碎渣→洒黏层油→另铺面层。

三、麻面、松散、坑槽

麻面是指表面不够平整、坚实和致密的沥青混凝土面层。特点是:石料之间留有空隙;石子颗粒 1/3 以上的高度没有沥青黏结。形成麻面的主要原因是沥青含量少、主集料过多、嵌缝料少；次要原因是沥青老化。麻面形成后，雨水下渗量增加、基础破坏加速、道面使用寿命缩短。

松散是指集料从沥青中脱落的现象，松散集料被清理后就形成坑槽。造成局部松散的原因是集料与沥青黏结力差。产生黏结力差的原因是：

（1）使用了夹杂有土或较湿的集料。

（2）选用的粗集料中夹杂有黏附性差的酸性集料。

（3）沥青用量小或选用沥青强度等级太低。

（4）混合料加热温度过高，沥青黏结力损失太大；或碾压温度过低，沥青与集料不能充分接触。

（5）道面老化也能造成松散。

为了防止麻面、松散或坑槽中的散落吸进飞机发动机，一旦出现上述病害，不管面积大小，最好挖掉该区域，按常规做法重铺面层。

四、表面裂缝

表面裂缝反映了沥青道面的结构缺陷。按裂缝形式可以分为纵向裂缝、横向裂缝、龟裂、反射裂缝与不规则裂缝。按形成裂缝的原因可分为收缩裂缝、强度裂缝与施工裂缝。

我国北方地区，秋冬季节气温下降，沥青面层与稳定土基层均产生不同程度的收缩，使面层拉裂。这样的裂缝一般与道面走向垂直呈横向，而且裂缝之间的距离大致相等。由于基层干缩或冻缩导致的裂缝各个方向都有，但以横向较多，所以又称为反射裂缝。水泥混凝土道面用沥青混凝土加铺后，表面沿水泥混凝土缝形成的块状裂缝，也叫反射裂缝。

局部基础下沉或沥青面层老化（含沥青质量差），在机轮荷载重复作用下，会产生不规则裂缝和龟裂。

沥青道面施工时，纵向或横向接茬处理不当，久而久之，也会在原接茬部位出现施工裂缝。

对由于低温收缩引起的横向、纵向反射裂缝和施工裂缝，可沿顺裂缝部位用切缝机切宽 8 ~ 10mm、深 30 ~ 50mm 的扩宽缝，随即用水将缝内灰浆冲洗干净、擦干，必要时用喷灯烤干、烘热，选用弹性较好的聚氨酯或橡胶沥青封闭，以防雨水和雪水渗入基础引起裂缝进一步扩大。

对基础下沉引起的不规则裂缝、龟裂（含块裂），应将局部挖掉铺筑新的沥青混凝土。方法是：首先沿破损道面外侧 20 ~ 30cm 处划一条成一定几何形状的线，用切缝机沿线切割，挖掉破损道面。如果是由于基础湿化引起的破损，先清除已破损基层或软土，换成水泥或石灰稳定土（最好和原基层材料一样），并分层压实。再在基层表面和沥青混凝土面层四周刷一些黏层油，最后铺沥青混合料，并碾压密实。

五、表面磨光

沥青道面的抗滑能力是由裸露的石子棱角提供的。当沥青混合料中油量偏多、骨料为耐磨性能差的碱性集料或飞机制动轮胎摩擦，造成石子棱角被沥青覆盖、机轮胶皮覆盖或磨耗后，表面就光滑了。

当沥青混凝土表面光滑到一定程度，经测定摩擦系数达不到要求时，就要进行道面除胶、刻槽或加铺一层抗滑沥青混凝土面层等工作。

六、油料腐蚀和喷气烧蚀

修理飞机时散落在地面上的油污,大都是石油深加工产品,沥青是石油提炼后的废渣。当油污掉在道面上后,溶解了沥青,使石子外露。因此在站坪或停机坪及维修坪上,一般不修沥青面层。

喷气腐蚀是指沥青道面表层在飞机发动机高温尾气烧蚀的影响下发生碳化,造成胶结料黏性丧失,发生喷气烧蚀损坏的道面区域与周围正常道面存在明显的色差。

七、脱皮、啃边

沥青面层局部被机轮粘起带走后,就形成了脱皮。形成脱皮的原因是泛油、沥青稠度低、上面层与中面层或下面层黏结不好;当底层尘土很多、清底不净、气态水在沥青面层下积聚时,往往也造成大面积脱皮。发生大面积脱皮后,要立即用沥青混合料修补,否则,雨水进入后,会产生松散和坑槽。修补办法是将脱落及松动的部分清除,在下层沥青面上涂刷黏结沥青,并重新做沥青层。

啃边是指沥青道面边缘出现的松散和破碎。引起啃边的原因是道面边缘压实不足或受水影响承载力下降。修补方法是将破损的沥青层挖除,在接茬处涂刷适量的黏结沥青,用沥青混合料进行填补,再整平压实。确保修补后的道面边缘与原道面边缘齐顺。

第五节　道面基层养护维修技术

一、碾压混凝土基层

1. 概述

碾压混凝土(Roller Compacted Concrete,RRC)是一种单位用水量较少、坍落度为零的干硬性混凝土。碾压混凝土含水率低,通过振动碾压施工工艺达到高密度、高强度的水泥混凝土。其特干硬性的材料特点和碾压成型的施工工艺,使其具有节约水泥、收缩小、施工速度快、强度高、开放交通早等优势;与水泥稳定碎石、二灰碎石等常用半刚性基层材料相比,具有较高的强度、刚度、整体性、抗冲刷性和抗冻性能。但是,碾压混凝土本身可修复性差,道面平整度难以达标,故常用作基层。

碾压混凝土与普通混凝土所用材料基本组成相同,均为水、水泥、砂、碎(砾)石及外掺剂;不同之处是碾压混凝土为用水量很少的干硬性混凝土,比普通水泥混凝土节约水泥 10% ~ 30%。碾压混凝土配合比组成设计是按正交设计试验法和简捷设计试验法设计,以"半出浆改进 VC 值"稠度指标和小梁抗折强度指标作为设计指标。小梁抗折强度试件按 95% 压实率计算试件质量,采用上振式振动成型机振动成型。

与普通水泥混凝土相比,由于碾压混凝土的单位用水量显著减少(只需 $100kg/m^3$ 左右),拌和物非常干硬,可用高密实度沥青摊铺机、振动压路机或轮胎压路机施工。

2. 强度形成机理

碾压混凝土是一种干硬性混凝土,其成型依赖于压实机械的碾压。碾压混凝土具有较大的砂率,水泥用量较少。其拌和物不具有流动性,呈松散状态,但是拌和物经过振动碾压密实、凝结硬化后具有混凝土的特点。其中的胶凝材料经过水化生成水化产物将集料胶结成整体,随着龄期的延长,强度不断增长。由于碾压混凝土中胶凝材料浆含量较少、拌和物黏聚性较差以及施工方法与稳定土的相似性,所以可以把碾压混凝土拌和物视为类似于稳定土的物质。

碾压混凝土由固相、液相和气相组成的体系。拌和物的振动压实增密不同于常态混凝土,是依靠振动碾压压实的。拌和物在振动压路机施加的动压力作用下,固相体积一般不发生变化,但是固相颗粒位置得到重新排列。颗粒之间产生相对位移,彼此接近。小颗粒被挤压填充到大颗粒之间的空隙中,空隙里的空气受挤压而逐步逸出,拌和物逐步密实。另外,拌和物中的胶凝材料具有触变性,在振动情况下有凝胶变为溶胶"液化"而具有有限的流动性,逐渐填充空隙,将空气"排挤"出去。因此,碾压混凝土拌和物的振动压实既具有混凝土的基本特点,也具有土料压实的某些施工特性。

3. 强度影响因素

硬化后的水泥混凝土在道面结构中,受到复杂的动态复合应力,因此,对硬化后的干硬性水泥混凝土材料要求具备各种力学强度(如抗压、抗拉、抗弯、抗冲击等)。但各种力学强度都与抗压强度有一定的相关性,为了确切反映其受力状况,对于道路路面或机场道面,通常以抗折强度(或抗弯拉强度)为主要强度指标,抗压强度作为参考强度指标。

(1)水灰比

有关碾压混凝土路面材料的研究结果表明:碾压混凝土抗压强度、抗折强度在压实率一定时服从于阿布拉姆斯(D. A. AbLams)水灰比定则,即碾压混凝土抗压强度、抗折强度和其他性能完全由灰水比决定。

(2)压实率

压实率是指混合料最大密实体积占理论密实体积的百分率。大量研究表明,灰水比和压实率是影响碾压混凝土强度的主要因素。碾压混凝土的压实程度对强度影响极大。

通过对试验结果及经验式的分析可得:

①碾压混凝土抗压强度、抗折强度与压实率有极好的相关性,抗压强度及抗折强度均随压实率的降低而急剧下降;灰水比越大,压实率对抗压强度及抗折强度的影响越大。

②压实率每降低1%,抗压强度相应下降3.4MPa,抗折强度相应下降0.27MPa。因此,在碾压混凝土基层施工中,加强碾压工序的质量控制,使混凝土具有足够的压实率,对于保证混凝土强度至关重要。

(3)龄期

碾压混凝土和普通混凝土一样,其抗压强度及抗折强度与龄期有极好的相关性。其早期强度增长快,随着时间的延长,增长速度逐渐缓慢,最终强度趋于稳定。

无论碾压混凝土还是普通混凝土,抗折强度的增长速度要比抗压强度快得多,越是早期,增长速度越快。

(4)粉煤灰

由于碾压混凝土的用水量较普通混凝土低得多,因此碾压混凝土的强度增长速度比普通混凝土快;不掺粉煤灰的混凝土强度增长速度比掺粉煤灰的快。在不掺粉煤灰的情况下,碾压混凝土 3d 抗折强度可以达到 28d 的 70% 以上,而普通混凝土才可以达到 40% 左右。

(5)养护

碾压混凝土基层的早期养护非常重要,养护的好坏直接影响其强度的正常发展和能否提前开放交通。因此,在施工时要注意及时养护,并使路面在 7d 以内保持湿润。

4. 材料要求

碾压混凝土基层的材料要求应符合《公路水泥混凝土路面施工技术细则》(JTG/T F30—2014)的规定。

(1)水泥

①碾压混凝土用作基层时,可使用各种硅酸盐类水泥。不掺用粉煤灰时,宜使用强度等级 32.5 级以下的水泥。掺用粉煤灰时,只能使用道路水泥、硅酸盐水泥、普通水泥。水泥的抗压强度、抗折强度、安定性和凝结时间必须检验合格。

②采用机械化铺筑时,宜选用散装水泥。散装水泥的夏季出厂温度:南方不宜高于 65℃,北方不宜高于 55℃;混凝土搅拌时的水泥温度:南方不宜高于 60℃,北方不宜高于 50℃,且不宜低于 10℃。

③水泥进场时每批量应附有化学成分、物理及力学指标合格的检验证明。其化学成分、物理性能等路用品质应符合《公路水泥混凝土路面施工技术细则》(JTG/T F30—2014)的相关规定。

④选用水泥除满足上述规定外,还应通过碾压混凝土基层配合比试验,根据其配制弯拉强度、耐久性和工作性,优先选用适宜的水泥品种和强度等级。

(2)粗集料

①粗集料应使用质地坚硬、耐久、洁净的碎石、碎卵石和卵石。碾压混凝土基层可使用Ⅲ级粗集料,其技术指标见表 10-1。

碎石、碎卵石和卵石技术指标

表 10-1

项　目	技术要求 Ⅲ级	项　目	技术要求 Ⅲ级
碎石压碎指标(%)	<25	岩石抗压强度(MPa)	火成岩,不应小于 100;变质岩,不应小于 80;水成岩,不应小于 60
卵石压碎指标(%)	<16		
坚固性(按质量损失计,%)	<12	表观密度(kg/m³)	>2 500
针片状颗粒含量(按质量计,%)	<25	松散堆积密度(kg/m³)	>1 350
		空隙率(%)	<47
含泥量(按质量计,%)	<1.5		
泥块含量(按质量计,%)	<0.5	碱集料反应	经碱集料反应试验后,试件无裂缝、酥裂、胶体外溢等现象,在规定试验龄期的膨胀率应小于 0.10%
有机物含量(比色法)	合格		
硫化物及硫酸盐(按 SO_3 质量计)	<1.0		

②碾压混凝土粗集料最大公称粒径不宜大于 26.5mm。

(3)细集料

细集料应采用质地坚硬、耐久、洁净的天然砂、机制砂或混合砂。碾压混凝土基层可采用Ⅲ级砂,其技术指标见表10-2。

细集料技术指标 表10-2

项　目	技术要求	项　目	技术要求
	Ⅲ级		Ⅲ级
机制砂单粒级最大压碎指标(%)	<30	有机物含量(比色法)	合格
		硫化物及硫酸盐(按SO₃质量计%)	<0.5
氯化物(氯离子质量计,%)	<0.06	轻物质(按质量计,%)	<1.0
坚固性(按质量损失计,%)	<10		
云母(按质量计,%)	<2.0	机制砂母岩抗压强度(MPa)	火成岩,不应小于100;变质岩不应小于80;水成岩,不应小于60
天然砂、机制砂含泥量(按质量计,%)	<3.0		
		表观密度(kg/m³)	>2 500
天然砂、机制砂泥块含量(按质量计,%)	<2.0	松散堆积密度(kg/m³)	>1 350
		空隙率(%)	<47
机制砂 pH 值<1.4 或合格石粉含量(按质量计,%)	<7.0	碱集料反应	经碱集料反应试验后,由砂配制的试件无裂缝、酥裂、胶体外溢等现象,在规定试验龄期的膨胀率应小于0.10%
机制砂 pH 值≥1.4 或不合格石粉含量(按质量计,%)	<5.0		

在河砂资源紧缺的沿海地区,基层可使用淡化海砂;淡化海砂带入每立方米混凝土中的含盐量不应大于1.0kg;淡化海砂中碎贝壳等甲壳类动物残留物含量不应大于1.0%;与河砂对比试验,淡化海砂应对砂浆磨光值、混凝土凝结时间、耐磨性、弯拉强度等无不利影响。

(4)粉煤灰

①为节约水泥、改善和易性及提高耐久性,通常应掺加粉煤灰。

碾压混凝土基层应掺用符合表10-3规定的Ⅲ级或Ⅲ级以上粉煤灰,不得使用等外粉煤灰。

粉煤灰分级和质量指标 表10-3

等级	细度①(45μm 气流筛,筛余量)(%)	烧失量(%)	需水量比(%)	含水率(%)	Cl⁻(%)	SO₃(%)	混合砂浆活性指数② 7d	混合砂浆活性指数② 28d
Ⅰ	≤12	≤5	≤95	≤1.0	<0.02	≤3	≥75	≥85(75)
Ⅱ	≤20	≤8	≤105	≤1.0	<0.02	≤3	≥70	≥80(62)
Ⅲ	≤45	≤15	≤115	≤1.5	—	≤3	—	—

注:①45μm 气流筛的筛余量换算为80μm 水泥筛的筛余量时,换算系数约为2.4。

②混合砂浆的活性指数为掺粉煤灰的砂浆与水泥砂浆的抗压强度比的百分数,适用于所配制混凝土强度等级≥C40的混凝土;当配制的混凝土强度等级小于C40时,混合砂浆的活性指数要求应满足28d括号中的数值。

②粉煤灰宜采用散装灰,进货应有等级检验报告,应确切了解所用水泥中已经加入的掺合料种类和数量。

(5)水

饮用水可直接作为混凝土搅拌和养护用水。对水质有疑问时,应检验下列指标,合格者方可使用:

①硫酸盐含量（按 SO_4^{2-} 计）小于 0.002 7mg/mm³。

②含盐量不得超过 0.005mg/mm³。

③pH 值不得小于 4。

④不得含有油污、泥和其他有害杂质。

（6）外加剂

为改善和易性及有保障足够的碾压时间，施工时可掺加缓凝型减水剂或缓凝引气型减水剂。有抗冻要求的碾压混凝土，原则上应采用符合引气剂。

所用外加剂的品质应符合现行国家标准《混凝土外加剂》（GB 8076—2008）规定的要求。外加剂的品种应经过混凝土试验优先选取。

5. 混合料组成设计

（1）强度和压实标准

碾压水泥混凝土配合比设计应同时满足设计强度要求和施工和易性要求。设计要求一般为：一是密实填充原则，即粗集料空隙最大限度填满砂浆，细集料空隙最大限度填满灰浆；二是保证施工作业的和易性。

《民用机场水泥混凝土道面设计规范》（MH/T 5004—2010）规定，当面层使用水泥混凝土修筑时，碾压混凝土基层应满足表10-4规定。

碾压混凝土技术指标表　　　　　表10-4

层次	飞行区指标 II	技术要求
基层	E、F	7d 浸水抗压强度不小于 15MPa

《民用机场沥青混凝土道面设计规范》（MH 5010—1999）规定，当面层使用沥青混凝土修筑时，碾压混凝土基层应满足表10-5和表10-6规定。

碾压混凝土基层技术要求　　　　　表10-5

层次	技术要求
基层	7d 浸水抗压强度≥15MPa

碾压混凝土基层压实度要求　　　　　表10-6

材料类别	压实度不小于（%）	
	基层	底基层
碾压混凝土	98	—

（2）碾压混凝土配合比设计

①设计原则。碾压混凝土的配合比应按照"能满足施工作业的和易性及路用性能要求"的原则进行设计，并力求经济合理；在冰冻地区还应符合抗冻要求。所采用的配合比，在机械施工条件下，应能满足工作性、强度及耐久性的要求。

②设计指标。碾压混凝土配合比设计的指标为稠度和强度。稠度指标以"50g/cm²压重，半出浆"的改进 VC 值为准。室内试验同时测定"马歇尔压实度"，但不作为混凝土配合比设计的稠度指标。混凝土配合比设计的强度指标是采用"96% 压实率"的试件成型方法，以 10cm × 10cm ×40cm 的小梁抗折强度为标准。

③配合比设计过程。在原材料品种及料源确定后，应在施工前足够的时间内取有代表性

的样品进行混凝土配合比设计试验。配合比设计试验可采用正交设计方法或简捷设计方法。

A. 正交试验法。

a. 不掺粉煤灰的碾压混凝土正交试验可选用水量、水泥用量、粗集料填充体积率 3 个因素；掺粉煤灰的碾压混凝土可选用水量、基准胶材总量、粉煤灰掺量、粗集料填充率 4 个因素。每个因素选定 3 个水平，选用 $L_9(3^4)$ 正交表安排试验方案。

b. 对正交试验结果进行直观及回归分析，回归分析的考察指标：VC 值及抗离析性、弯拉强度或抗压强度、抗冻性或耐磨性。根据直观分析结果并依据所建立的单位用水量及弯拉强度推定经验公式，综合考虑拌和物工作性，确定满足 28d 弯拉强度或抗压强度、抗冻性或耐磨性等设计要求的正交初步配合比。

B. 简捷法。具体计算步骤按《公路水泥混凝土路面施工技术细则》（JTG/T F30—2014）中的规定计算。

C. 初步配合比的验证。采用施工现场的设备和原材料进行混凝土试拌试验，验证"初步配合比"的稠度、混合料均匀性及抗折强度，必要时可进行适当调整。

D. 施工配合比。

a. 根据现场粗细集料条件、天气及施工情况，确定施工配合比。

b. 确定施工配合比的原则：在理论配合比水泥用量不变的条件下，适当调整混凝土用水量，使现场摊铺机口混合料的稠度达到设计要求。

c. 根据调整后的施工配合比确定拌和机口的混凝土稠度控制指标。

6. 碾压混凝土基层施工

由于碾压混凝土的单位用水量显著减少，拌和物非常干硬，可用高密实度沥青摊铺机、振动压路机或轮胎压路机施工。

碾压混凝土基层工艺流程为：混凝土拌和→运输→卸入摊铺机→摊铺→钢轮压路机初压→振动压路机、轮胎压路机复压→钢轮压路机终压→切缝→填缝→养生→开放交通。

（1）碾压混凝土拌和

①拌和设备。碾压混凝土拌和物的含水率较低，稠度值较大，掺入添加剂后，需要有充分的拌和，各集料才能均匀掺和，添加剂才能充分发挥作用。根据国内外有关资料介绍及施工经验，搅拌器的形式以双卧轴强制式为主，搅拌设备见图 10-19。

与常规混凝土相比，碾压混凝土拌和物的集料种类较多，因此拌和物设备必须有足够的料仓数目和进料通道，才能满足配料要求，最基

图 10-19　碾压混凝土搅拌站

本的拌和设备至少有 4 个料仓通道和 1 个液体通道，在掺入多种添加剂及粉煤灰后，还应根据需要另外增加通道数目。

水量的多少对于干硬性混凝土拌和物的力学性能和施工性能有重要影响，原材料的含水率受气候影响很大。含水率的变化直接影响拌和过程中的供水量和集料级配的准确性。因此，一般建议拌和设备装有含水率测定装置，能够连续测定集料中含水率的变化情况，以便调

整供水量。

②基本要求。砂石料堆全部覆盖防雨,堆底严防浸水;必要时,还应对砂石料仓、粉煤灰料斗、外加剂溶液池等做防雨覆盖。在装载机料斗和料仓内的砂石料,不应有明显的湿度差别,严禁雨天拌和碾压混凝土。

拌和时,应精确检测砂石料的含水率,根据砂石料含水率变化,快速反馈并严格控制加水量和砂石料用量。除搅拌楼应配备砂(石)含水率自动反馈控制系统外,每台班至少应监测3次砂石料含水率。

碾压混凝土的最短纯拌和时间应比普通混凝土延长 15～20s。

（2）运输

①可选配车况优良、载质量 5～20t 的自卸车。自卸车后挡板应关闭紧密,运输时不漏浆撒料,车厢板应平整光滑;运料车的料斗升降性能好,底盘高度和后马槽长度合适,保证与摊铺机的配合良好,同时还应考虑车辆马槽的覆盖可能性。

②应根据施工进度、运量、运距及路况,选配车型和车辆总数。总运力应比总拌和能力略有富余。

③混凝土拌和物运输时间应在 30min 以内,以保证混凝土在拌和完成后 2h 之内压实完毕。如不能在 30min 内到达时,需采取加大缓凝剂剂量等措施。

④减少混合料在装卸过程中产生的离析,在运料车选型上应注意底盘高度与拌和机卸料口的匹配。

⑤碾压混凝土卸料时,车辆应在前一辆车离开后立即倒向摊铺机,并在机前 10～30cm 处停住,不得撞击摊铺机;然后换成空挡,并迅速升起料斗卸料,靠摊铺机推动前进。

（3）摊铺

由于碾压混凝土属于特干硬性混凝土,应尽可能采用全幅全厚的摊铺方法,避免分层摊铺时层间结合因素的不良影响。碾压混凝土基层应采用具有工作性能良好的均衡供料系统和自动找平系统并带强力熨平板的沥青摊铺机,见图 10-20。

①摊铺前须在边部安装牢固的钢侧模,清扫底基层,并同时洒水湿润。

②摊铺作业应均匀、连续,摊铺过程中不得随意变换速度或停顿。

图 10-20 沥青摊铺机

③螺旋分料器转速应与摊铺速度相适应,保证两边缘料位充足。

④摊铺过后,应立即对所摊铺混凝土表面进行检查,局部缺料部位应及时补料。局部粗料集中的部位,应采用湿筛砂浆进行弥补。

（4）碾压

利用碾压作用使混凝土密实成型是碾压混凝土基层的重要标志,为了保证碾压混凝土强度和表面特性等质量,一般使用振动压路机（图 10-21）、轮胎压路机（图 10-22）或组合压路机进行碾压。

碾压混凝土摊铺后,应立即进行碾压作业,如果出现混凝土很快变干的情况,应采取一些必要的措施来补充混凝土的水分。碾压混凝土基层的压实分为初压、复压、终压三个阶段进行。

图 10-21　振动压路机

图 10-22　轮胎压路机

初压应采用钢轮压路机或振动压路机静压,静压重叠量宜为 1/3 ~ 1/4 钢轮宽度,初压遍数宜为 2 遍。初压作用在于,使摊铺好的混凝土获得初步稳定,减少复压过程中的推挤。因此,初压使用的压路机不宜太重,一般不超过 10t。

复压应采用振动压路机振动碾压,重叠量宜为 1/3 ~ 1/2 振动碾宽度。振动压路机起步、倒车和转向均应缓慢柔顺,严禁振动压路机中途急停、急拐、紧急起步及快速倒车。复压遍数按检测达到规定压实度进行控制,一般宜为 2 ~ 6 遍。

终压应采用轮胎压路机静压。终压遍数应以弥合表面微裂纹和消除轮迹为停压标准,一般宜为 2 ~ 8 遍。

初压、复压和终压作业应密切衔接配合、一气呵成;中间不应停顿、等候和拖延,也不得相互干扰。宜尽量缩短全部碾压作业完成时间。如有局部晒干和风干迹象,应及时喷雾。压实后表面应及时覆盖,并洒水养生。

(5)养生

养生是混凝土强度形成所必需的工序。碾压结束后立即开始养生,尤其对超干硬的碾压混凝土,由于本身水分少,如果不能及时保存和补充水分、很好地进行养生,将会造成水分损失,严重影响碾压混凝土的强度发展。因此,必须充分补充水分以保证水化作用足以把孔隙率降低到能够获得所要求的强度和耐久性。

根据施工地点的具体情况选择一种保水性能较好的材料(如麻袋、草帘、土工布等),预先洒水湿养。

压实后的基层必须及时覆盖保湿膜养生,以防水分蒸发;养护期间应保持湿润,养护时间不小于 7d。由于碾压混凝土早期强度发展快的特点,非常适用于机场道面不停航施工。

二、贫混凝土基层

1. 概述

贫混凝土是由粗、细集料与一定的水泥和水配制而成的一种材料,其强度大大高于二灰稳定粒料、水泥稳定碎石等半刚性基层材料。贫混凝土具有较高的强度和刚度,水稳性好、抗冲刷能力强。贫混凝土由于胶结料含量少,空隙率一般较大,有利于界面水的排放。贫混凝土能缓和土基的不均匀变形,可消除对道面的不利影响。另外,贫混凝土还可以利用地方小泥窑生产的水泥,也可使用低标准的当地集料。

贫混凝土是用较少量水泥的混凝土,一般每立方混凝土为 100～200kg,因而又称为经济混凝土。从结构组成特征看,贫混凝土基层可分为密实贫混凝土(有湿贫和干贫之分)和多孔贫混凝土。密实湿贫混凝土即塑性贫混凝土;密实干贫混凝土采用振动碾压工艺成型,即碾压式贫混凝土;多孔贫混凝土指无砂或少砂透水贫混凝土。

贫混凝土基层属刚性基层,在原材料选择、配合比设计和施工技术要求等方面,均与半刚性基层的差异较大,而更接近于水泥混凝土,原则上可沿用水泥混凝土现有的原材料检验、配合比设计、施工设备、铺筑技术及所有的试验检测方法和手段。因此,设计和施工时可参考现行《公路水泥混凝土路面设计规范》(JTG D40—2011)和《公路水泥混凝土路面施工技术细则》(JTG/T F30—2014)。

2. 材料要求

(1)水泥

贫混凝土用作基层时,可使用各种硅酸盐类水泥。不掺用粉煤灰时,宜使用强度等级 32.5 级以下的水泥。掺用粉煤灰时,只能使用道路水泥、硅酸盐水泥、普通水泥。水泥的抗压强度、抗折强度、安定性和凝结时间必须检验合格。

(2)粉煤灰

贫混凝土基层应掺用符合表 10-7 规定的Ⅲ级或Ⅲ级以上粉煤灰。对于Ⅲ级粉煤灰,应经过试验,满足贫混凝土基层各项技术要求后,方可使用,不得使用等外粉煤灰和高钙粉煤灰。各级粉煤灰的贫混凝土中取代水泥的粉煤灰最大限量宜控制在 40% 以内。贫混凝土配合比设计宜使用超量取代法,各级粉煤灰的超量系数可按表 10-7 选用。

各级粉煤灰的超量系数　　　　　　　　　　　　　　　表 10-7

粉煤灰等级	Ⅰ	Ⅱ	Ⅲ
超量系数	1.1～1.4	1.3～1.7	1.5～2.0

注:1. 基层宜取偏高限。

2. 基层有抗冻(盐)性要求,宜取偏低限。

(3)粗集料

①贫混凝土基层可使用Ⅲ级粗集料,其技术指标见表 10-8。

②贫混凝土基层粗集料最大公称粒径不宜大于 31.5mm。

(4)细集料

贫混凝土基层可采用Ⅲ级砂,其技术指标见表 10-9。

(5)水

饮用水可直接作为混凝土搅拌和养护用水。对水质有疑问时,应检验下列指标,合格者方可使用:

①硫酸盐含量(按 SO_4^{2-} 计)小于 0.002 7mg/mm³。

②含盐量不得超过 0.005mg/mm³。

粗集料技术指标　　　　　　　　　　　　　　　　表 10-8

项　　　目	技　术　要　求		
	Ⅰ级	Ⅱ级	Ⅲ级
碎石压碎指标(%)	<10	<15	<20
卵石压碎指标(%)	<12	<14	<16
坚固性(按质量损失计,%)	<5	<8	<12
针片状颗粒含量(按质量计,%)	<5	<15	<20
含泥量(按质量计,%)	<0.5	<1.0	<1.5
泥块含量(按质量计,%)	<0	<0.2	<0.5
有机物含量(比色法)	合格	合格	合格
硫化物及硫酸盐(按 SO_3 质量计)	<0.5	<1.0	<1.0
岩石抗压强度	火成岩不应小于100MPa;变质岩不应小于80MPa;水成岩不应小于60MPa		
表观密度	>2 500kg/m³		
松散堆积密度	>1 350kg/m³		
空隙率	<47%		
碱集料反应	经碱集料反应试验后,试件无裂缝、酥裂、胶体外溢等现象,在规定试验龄期的膨胀率应小于0.10%		

细集料技术指标　　　　　　　　　　　　　　　　表 10-9

项　　　目	技　术　要　求		
	Ⅰ级	Ⅱ级	Ⅲ级
机制砂单粒级最大压碎指标(%)	<20	<25	<30
氯化物(氯离子质量计,%)	<0.01	<0.02	<0.06
坚固性(按质量损失计,%)	<6	<8	<10
云母(按质量计,%)	<1.0	<2.0	<2.0
天然砂、机制砂含泥量(按质量计,%)	<1.0	<2.0	<3.0
天然砂、机制砂泥块含量(按质量计,%)	0	<1.0	<2.0
机制砂 MB 值<1.4 或合格石粉含量(按质量计,%)	<3.0	<5.0	<7.0
机制砂 MB 值<1.4 或不合格石粉含量(按质量计,%)	<1.0	<3.0	<5.0
有机物含量(比色法)	合格	合格	合格
硫化物及硫酸盐(按 SO_3 质量计,%)	<0.5	<0.5	<0.5
轻物质(按质量计,%)	<1.0	<1.0	<1.0
机制砂母岩抗压强度	火成岩不应小于100MPa;变质岩不应小于80MPa;水成岩不应小于60MPa		
表观密度	>2 500kg/m³		
松散堆积密度	>1 350kg/m³		
空隙率	<47%		
碱集料反应	经碱集料反应试验后,试件无裂缝、酥裂、胶体外溢等现象,在规定试验龄期的膨胀率应小于0.10%		

③pH 值不得小于 4。

④不得含有油污、泥和其他有害杂质。

对拌和水是否适合配制贫混凝土有争议时,必须用这种水和饮用水同时配制混凝土,进行强度等指标对比试验,以验证其适用性。

海水和严重污染的河水、湖水不得作为贫混凝土拌和用水。

(6)外加剂

贫混凝土所用的外加剂主要有减水剂、引气剂以及调整新拌混凝土施工性能的外加剂。外加剂的产品质量应符合《公路水泥混凝土路面施工技术细则》(JTG/T F30—2014)中的各项技术指标。供应商应提供有相应资质的外加剂检测机构的品质检测报告,检测报告应说明外加剂的主要化学成分,认定对人员无毒副作用。

引气剂应选用表面张力降低值大、水泥稀浆中起泡容量多而细密、泡沫稳定时间长、不溶残渣少的产品。有抗冰(盐)冻要求地区,贫混凝土基层必须使用引气剂。

3.贫混凝土基层配合比

(1)贫混凝土基层配合比设计要求

贫混凝土基层配合比设计应符合下列三项技术要求:

①强度。贫混凝土基层设计强度应符合表 10-10 的规定:

贫混凝土基层的设计强度标准值(MPa)   表 10-10

交通等级	特重	重	中等	使用场合
7d 抗压强度(≥)	10.0	7.0	5.0	施工及质量检验
28d 抗压强度(≥)	15.0	10.0	7.0	配合比设计
28d 弯拉强度(≥)	3.0	2.0	1.5	路面结构设计

注:1.均为混凝土标准试件、成型和养生条件下的强度。28d 标准立方体或岩芯抗压强度也可用作质量检验验收。

2.当贫混凝土土基层 28d 平均弯拉强度不超过 1.8MPa,可不切缩缝;超过时,必须切纵、横向缩缝,并灌封。

②工作性。贫混凝土的坍落度宜满足表 10-11 的要求。贫混凝土基层中宜掺用粉煤灰,以保证工作性、平整度、外观及长期强度。

不同路面施工方式混凝土坍落度及最大单位用水量   表 10-11

摊铺方式	轨道摊铺机摊铺		三辊轴机组摊铺		小型机具摊铺	
出机坍落度(mm)	40~60		30~50		10~40	
摊铺坍落度(mm)	20~40		10~30		0~20	
最大单位用水量(kg/m³)	碎石	卵石	碎石	卵石	碎石	卵石
	156	153	153	148	150	145

注:1.表中的最大单位用水量系采用中砂、粗细集料为风干状态的取值,采用细砂时,应使用减水率较大的(高效)减水剂。

2.使用碎卵石时,最大单位用水量可取碎石与卵石中值。

③耐久性

A.满足耐久性要求的贫混凝土最大水灰(胶)比及最大用水量宜满足表 10-12 的要求。

表 10-12

贫混凝土基层最大水灰(胶)比及单位用水量

交通等级	特重	重	中等	最大单位用水量(kg/m³)
最大水灰(胶)比	0.65	0.68	0.70	180
抗冻最大水灰(胶)比	0.60	0.63	0.65	170

B. 在基层受冻地区,基层贫混凝土中应掺引气剂,并控制贫混凝土含气量为 4% ±1%。当对贫混凝土基层抗冲刷性及抗冻耐久性所规定的最大水灰比或最大单位用水量不能满足时,宜使用引气剂减水剂。当高温摊铺坍落度损失较大时,可使用引气缓凝剂、减水剂、引气保塑型减水剂。

(2)贫混凝土基层配合比计算

①配制抗压强度。贫混凝土配制抗压强度,应按式(10-7)计算:

$$f_{cu,o} \geqslant f_{cu,k} + t\sigma \tag{10-7}$$

式中:$f_{cu,o}$——贫混凝土配制 28d 抗压强度(MPa);

$f_{cu,k}$——立方体 28d 设计抗压强度标准值(MPa),按表 10-10 交通等级取值;

t——抗压强度保证率系数,高速公路取 1.645,一级公路取 1.28,二级公路取 1.04;

σ——抗压强度标准差,按不小于 6 组统计资料取值;无统计资料或试件组数小于 6 组时,可取 1.5MPa。

②水灰比。贫混凝土水灰比应按式(10-8)计算:

$$\frac{W}{C} = \frac{Af_{ce}}{f_{cu,o} + ABf_{ce}} \tag{10-8}$$

式中:f_{ce}——水泥实测 28d 抗压强度(MPa);无实测值时,按式(10-9)计算;

A,B——回归系数,采用水泥新标准时,碎石及碎卵石 $A = 0.46$,$B = 0.07$;卵石贫 $A = 0.48$,$B = 0.33$。

$$f_{ce} = \gamma f_{cek} \tag{10-9}$$

式中:f_{cek}——水泥抗压强度等级(MPa);

γ——水泥抗压强度富余系数,可按统计资料取值;无统计资料时,可在 1.08 ~ 1.13 范围内取值。

由式(10-8)计算出的水灰比,应与满足耐久性要求的水灰比相比较,两者中取小值。

③单位水泥用量。贫混凝土基层水泥用量可按式(10-10)计算:

$$C_p = 0.5\zeta C_0 \tag{10-10}$$

式中:C_p——贫混凝土的单位水泥用量(kg/m³);

ζ——工作性及平整度放大系数,可取 1.1 ~ 1.3;

C_0——路面混凝土单位水泥用量(kg/m³)。

掺用粉煤灰时,单位胶材总量可按式(10-11)计算:

$$J_z = 0.5C_0(1 + F_p k) \tag{10-11}$$

式中:J_z——单位胶材总量(kg/m³);

F_p——代替水泥的粉煤灰掺量,可取 0.15 ~ 0.30;

k——粉煤灰超量取代系数,可按表 10-7 取值。

不掺粉煤灰贫混凝土的单位水泥用量宜控制在 160 ~ 230kg/m³ 之间;在基层受冻地区最

小单位水泥用量不宜低于180kg/m³。掺粉煤灰时,单位水泥用量宜在130～175kg/m³之间;单位胶材总量宜在220～270kg/m³之间;基层受冻地区最小单位水泥用量不宜低于150kg/m³。

④单位用水量。根据水灰(胶)比和单位水泥(胶材)用量,计算单位用水量。单位用水量也可经过试拌或试铺试验确定,但应同时满足耐久性规定的最大单位用水量及最大水胶比。

⑤砂率。贫混凝土基层的砂率缺乏资料时,可按砂的细度模数由表10-13初步选取,再由基层表面无缺陷试铺最终确定。

基层贫混凝土的砂率   表10-13

砂细度模数		2.2～2.5	2.5～2.8	2.8～3.1	3.1～3.4	3.4～3.7
砂率 S_p(%)	碎石混凝土	24～28	26～30	28～32	30～34	32～36
	卵石混凝土	22～26	24～28	26～30	28～32	30～34

注:碎卵石可在碎石和卵石混凝土之间内插取值。

⑥砂、石料用量。基层贫混凝土的砂、石材用量可用密度法和体积法计算。在采用体积法计算时,应计入含气量。

(3)配合比确定与调整。

实验室配合比和施工期间的配合比应按《公路水泥混凝土路面施工技术细则》(JTG/T F30—2014)中的规定进行确定和调整。

①实验室配合比确定和调整。实验室的基准配合比应通过搅拌楼实际拌和检验和不小于200m试验路段的验证,并应根据料场砂石料含水率、拌和物实测视密度、含气量、坍落度及其损失,调整单位用水量、砂率或外加剂掺量。调整时,水灰(胶)比、单位用水量不得减小。考虑施工中原材料含泥量、泥块含量、含水率变化和施工变异性等因素,单位水泥用量应适当增加5～10kg。满足试拌试铺的工作性、28d(至少7d)配制弯拉强度、抗压强度和耐久性等要求的配合比,最终确定为施工配合比。

②施工期间配合比的微调与控制。

A.根据施工季节、气温和运距等的变化,可微调缓凝(高效)减水剂、引气剂或保塑剂的掺量,保持摊铺现场的坍落度始终适宜于铺筑,且波动最小。

B.降雨后,应根据每天不同时间的气温及砂石料实际含水率变化,微调加水量,同时微调砂石料称量,其他配合比参数不得变更,维持施工配合比基本不变。雨天或砂石料变化时应加强控制,保持现场拌和物工作性始终适宜摊铺和稳定。

4.贫混凝土基层施工

贫混凝土基层宜采用与面板相同机械铺筑;可采用普通混凝土面层滑模摊铺、轨道摊铺、三辊轴机组和小型机具4种施工方式中的任意一种铺筑。采用哪种施工机械与工艺,其铺筑技术要求应符合《公路水泥混凝土路面施工技术细则》(JTG/T F30—2014)中的相应规定,除此之外,还应符合下列规定。

贫混凝土基层铺筑的特殊规定:

(1)设接缝。贫混凝土基层应锯切与面板接缝位置和尺寸相对齐的纵、横向接缝,切缝深度不宜小于1/4板厚,最浅不宜小于50mm,并使用沥青灌缝。基层设封层时,混凝土面板的横向缩缝在行车前进方向可前错300～500mm。

(2)贫混凝土基层纵、横向缩缝中可不设拉杆和传力杆,胀缝中应设传力杆和胀缝板,胀缝位置应与面层胀缝对齐,板顶宜与贫混凝土基层表面齐平,传力杆、胀缝板设置精确度应符合施工规范的规定。

（3）一块贫混凝土板上纵、横向断板缝仅为一条,可不挖除重铺,宜粘贴宽度 1m 左右的油毡等做防裂处理;但当一块板上的断板缝多于 2 条或分叉,则应挖除重铺。

5. 贫混凝土基层施工质量要求

贫混凝土基层施工质量要求,见表 10-14。

贫混凝土基层质量要求 表 10-14

项次	检查项目	规定值或允许值	检查方法和频率
1	7d 抗压强度(MPa); 28d 试件或 28~56d 钻心抗压强度(MPa) n: 10~14 / 15~24 / ≥25 K_1: 1.70 / 1.65 / 1.60 K_2: 0.90 / 0.85	$f_{cue} - K_1 S_n \geq 0.9 f_{cuk}$ $f_{min} \geq K_2 f_{cue}$ f_{cue}——统计平均抗压强度(MPa) f_{cuk}——设计抗压强度(MPa) f_{min}——统计最小抗压强度(MPa) S_n——抗压强度标准差(MPa) 小于 $0.06 f_{cuk}$,取 $0.06 f_{cuk}$	标准立方体 7d 抗压强度用于施工期间的质量控制。28d 弯拉强度试件或 28~56d 钻心抗压强度用于质量验收,以钻心抗压强度作为最终判定质量的标准。当要求返工时,每车道每公里不少于 3 个芯样
2	每块板平均厚度(mm)	代表值:-5;极值:-10	尺测:每 100m 左右一处,参考芯样
3	平整度最大间歇(mm)	≤4mm,合格率应≥85%	3m 直尺:每车道 200m 两处
4	纵断高程(mm)	代表值:±5;极值:±10	水准仪:每 200m 四个点
5	相邻板高差(mm)	≤4	3m 直尺测量:每条横向胀缝、工作缝 3 点,每 200m 纵横缝 2 条,每条 3 点
6	连接摊铺纵缝高差(mm)	代表值≤5;极值≤7	3m 直尺测量,每 200m 两处,每处 3 尺
7	接缝顺直度(mm)	≤10	每 500m,20m 拉线测 2 处
8	中线平面偏位(mm)	≤20	经纬仪,每 200m 测量 4 点
9	路面宽度(mm)	±20	尺测:每 200m 测量 4 点
10	横坡度(%)	代表值≤±0.20;极值≤±0.25	水准仪:每 200m 4 个断面
11	断板率(‰)	0.2	断板数量占总板块数量(‰)
12	坑穴、拱包、接缝缺边掉脚	≤20mm/m²	尺测:每 200m 随机测 4m²
13	切缝深度(mm)	≥50 或 1/4h	尺测:每 200m 接缝 4 处
14	胀缝板连浆(mm)	≤30	尺测:每条胀缝安装时测量
15	胀缝传力杆偏斜(mm)	≤13	钢筋保护层仪:每 5 条胀缝抽测 1 条

附录 A 水泥混凝土道面损坏折减曲线

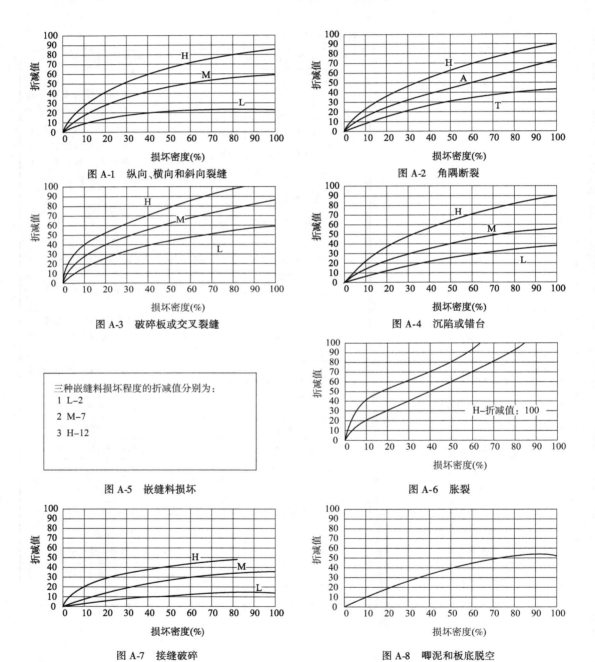

图 A-1 纵向、横向和斜向裂缝

图 A-2 角隅断裂

图 A-3 破碎板或交叉裂缝

图 A-4 沉陷或错台

三种嵌缝料损坏程度的折减值分别为：
1 L-2
2 M-7
3 H-12

图 A-5 嵌缝料损坏

图 A-6 胀裂

图 A-7 接缝破碎

图 A-8 唧泥和板底脱空

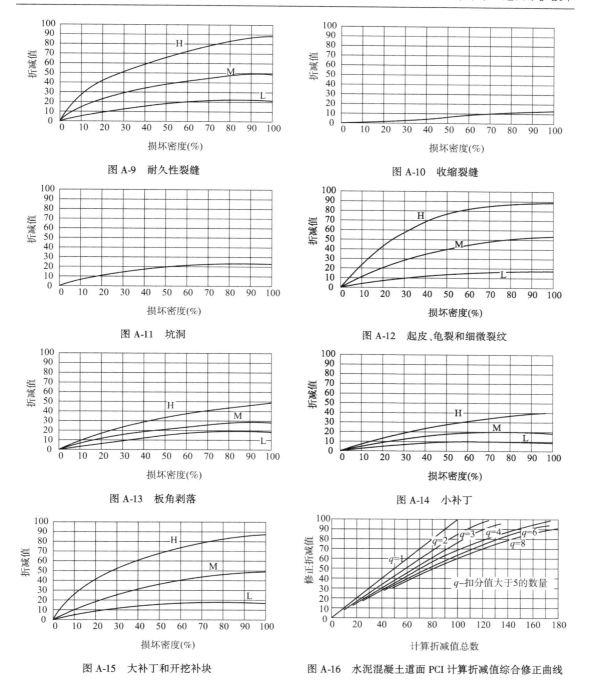

图 A-9 耐久性裂缝

图 A-10 收缩裂缝

图 A-11 坑洞

图 A-12 起皮、龟裂和细微裂纹

图 A-13 板角剥落

图 A-14 小补丁

图 A-15 大补丁和开挖补块

图 A-16 水泥混凝土道面 PCI 计算折减值综合修正曲线

附录 B 沥青道面损坏折减曲线

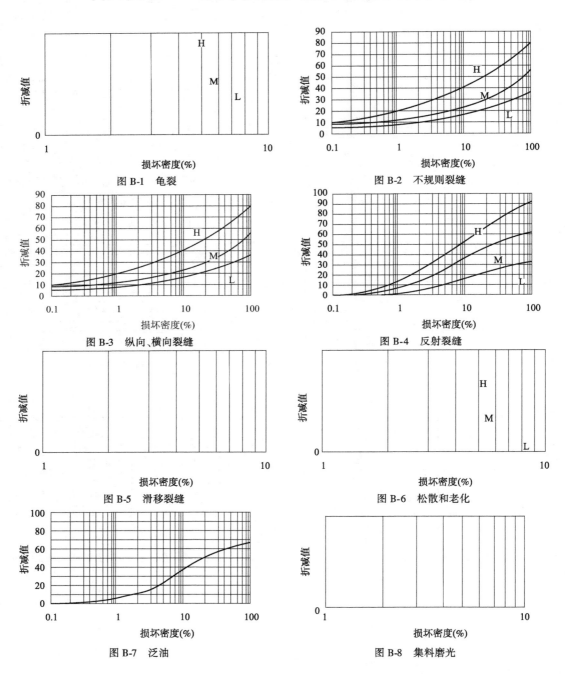

图 B-1 龟裂

图 B-2 不规则裂缝

图 B-3 纵向、横向裂缝

图 B-4 反射裂缝

图 B-5 滑移裂缝

图 B-6 松散和老化

图 B-7 泛油

图 B-8 集料磨光

238

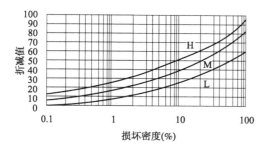

图 B-9　沉陷

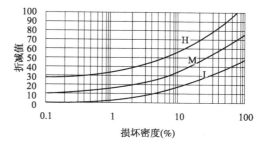

图 B-10　隆起

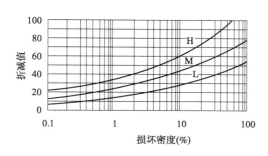

图 B-11　轮辙

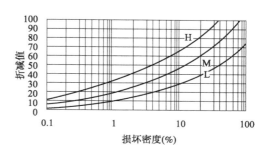

图 B-12　搓扳

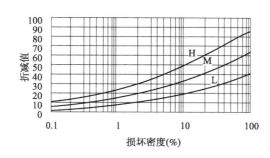

图 B-13　推挤

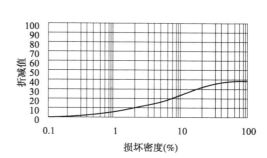

图 B-14　喷气烧蚀

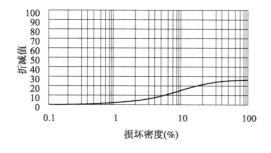

图 B-15　油料腐蚀

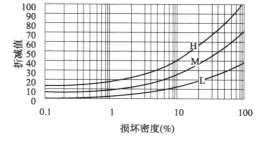

图 B-16　补丁和开挖补块

239

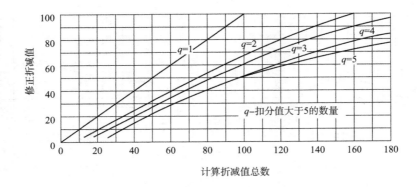

图 B-17　沥青混凝土道面 PCI 计算折减值综合修正曲线

附录 C　各种飞机型号的 ACN

各类飞机在刚性道面和柔性道面上的 ACN　　　　　　　　　　表 C-1

飞 机 类 型	重量 最大/最小（kN）	胎压（MPa）	柔性道面土基 CBR				刚性道面土基 k（MN/m²）			
			高	中	低	特低	高	中	低	特低
			A	B	C	D	A	B	C	D
			15	10	6	3	150	80	40	20
A300B,B2	1 353	1.16	39	44	54	69	35	43	51	58
	840		21	23	27	36	19	22	26	31
A300B4-200	1 627	1.28	50	57	69	86	46	56	66	75
	1 236		35	38	46	60	32	38	45	51
A300B4-200（Optional Bogie）	1 627	1.16	47	52	64	82	41	49	59	68
	1 236		33	36	42	56	28	33	40	47
A300B4-600R	1 693	1.35	54	61	74	92	51	61	71	80
	1 275		37	41	49	64	34	41	48	55
A300B4-600R（Optional Bogie）	1 693	1.21	50	56	69	88	44	54	64	74
	1 275		35	38	45	60	30	36	43	50
A300C4	1 627	1.24	48	55	67	85	44	53	63	72
	1 216		33	36	43	57	30	35	42	48
A310-200,200C	1 509	1.46	45	50	61	77	43	51	59	67
	800		20	21	24	32	19	21	25	29
A310-300	1 480	1.19	44	50	61	77	40	48	57	65
	1 108		30	33	39	52	27	32	38	44
A310-300	1 549	1.48	48	54	65	82	46	55	64	72
	1 118		31	34	40	53	30	35	41	47
A310-300	1 617	1.29	50	57	69	86	47	56	66	75
	1 118		31	34	40	53	28	33	39	45
A310-322SR,BB	1 500	1.45	44	49	60	77	42	50	59	67
	1 064		29	31	36	48	27	31	37	42
A310-324	1 540	1.21	44	49	60	77	41	50	49	67
	800		19	20	23	31	18	20	24	28
A310-325	1 608	1.38	48	54	66	84	46	55	64	73
	1 100		30	32	38	50	27	32	38	44

续上表

飞 机 类 型	重量 最大/最小（kN）	胎压（MPa）	柔性道面土基 CBR				刚性道面土基 k(MN/m^2)			
			高	中	低	特低	高	中	低	特低
			A	B	C	D	A	B	C	D
			15	10	6	3	150	80	40	20
A318-100	607	0.89	29	31	35	41	31	34	36	38
	382		17	18	20	23	18	19	21	22
A319-100	632	0.89	30	32	36	42	31	34	37	39
	382		17	18	19	23	17	19	20	22
A319-100	690	1.07	35	36	40	46	37	40	42	45
	382		18	18	20	23	18	20	21	23
A319-100	744	1.38	39	40	45	50	44	46	49	51
	382		18	18	20	23	20	21	22	24
A320-100	667	1.21	35	36	40	46	38	41	43	45
	390		19	19	21	24	30	22	23	25
A320-200	725	1.03	37	39	44	50	40	43	45	48
	402		19	19	21	25	20	21	23	24
A320-200	744	1.14	39	40	45	51	42	45	48	50
	422		20	21	22	26	22	23	25	26
A320-200	759	1.44	41	42	47	53	46	49	51	53
	441		22	22	24	28	24	26	27	29
A320-200 （Optional Bogie）	725	1.22	20	22	26	35	19	23	27	31
	402		10	10	11	15	9	10	12	14
A320-212 （Optional 4-Wheel Bogie）	764	1.22	21	23	28	38	21	24	29	33
	490		12	13	15	20	11	13	16	18
A321-100	769	1.28	42	44	49	55	47	50	52	54
	461		22	24	26	30	26	27	29	30
A321-100	818	1.36	45	48	53	59	51	54	57	59
	461		23	24	26	30	26	28	29	31
A321-200	877	1.46	49	52	58	63	56	59	62	64
	461		23	24	26	30	26	28	29	31
A330-200	2 137	1.34	57	62	72	98	48	56	66	78
	1 650		42	44	50	67	37	40	47	55
A330-200	2 264	1.42	62	67	78	106	53	61	73	85
	1 650		42	45	50	67	37	41	48	55
A330-300	2 088	1.31	55	60	70	94	46	54	64	75
	1 638		41	44	50	66	36	39	46	54

飞 机 类 型	重量 最大/最小（kN）	胎压（MPa）	柔性道面土基 CBR				刚性道面土基 k（MN/m²）			
			高	中	低	特低	高	中	低	特低
			A	B	C	D	A	B	C	D
			15	10	6	3	150	80	40	20
A330-300	2 137	1.33	57	61	71	96	47	55	65	77
	1 657		41	44	50	66	37	40	46	54
A330-300	2 264	1.42	62	68	79	107	54	62	74	86
	1 697		44	47	53	70	39	43	50	58
A340-200	2 559	1.32	56	61	71	96	47	55	65	76
	1 657		33	35	39	50	31	32	36	42
A340-200	2 706	1.42	62	67	78	106	53	62	73	85
	1 697		35	37	41	53	33	34	39	45
A340-300	2 559	1.32	56	61	70	96	47	54	65	76
	1 706		314	36	40	52	32	33	38	44
A340-300	2 706	1.42	62	68	79	107	54	62	74	86
	1 765		37	39	44	57	34	36	42	48
A340-500,600	3 590	1.42	70	76	90	121	60	70	83	97
	1 750		29	31	34	42	29	28	32	37
A380-800（6 Wheel Main Gear）	5 514	1.47	71	79	99	136	53	61	76	94
	2 758		29	31	35	48	25	26	29	34
A380-800（4 Wheel Main Gear）	5 514	1.47	62	68	80	108	55	64	76	88
	2 758		27	28	31	39	25	26	30	35
Antonov AN-24	207	0.42	6	8	11	13	8	9	11	11
	130		4	5	6	7	5	5	6	7
Antonov AN-124-100	3 844	1.03	51	60	77	107	35	48	73	100
	2 000		20	23	27	40	17	18	23	32
Antonov AN-225	5 884	1.13	63	75	95	132	45	61	89	125
	4 500		41	48	62	88	30	39	55	75
ATR 42（Aerospatiale）	182	0.72	9	10	11	13	10	11	12	12
	110		5	5	6	7	6	6	7	7
ATR 72（Aerospatiale）	211	0.79	11	12	14	15	13	14	14	15
	125		6	6	7	8	7	7	8	8
Aurora（CP-140）（P-3 Orion）	600	1.31	35	38	42	45	41	43	45	46
	275		14	14	16	18	16	17	18	19
B-52（Bomber）	2 170	1.65	80	86	97	116	103	114	126	136
	1 500		49	53	60	72	62	70	77	85

飞 机 类 型	重量 最大/最小 （kN）	胎压 （MPa）	柔性道面土基 CBR				刚性道面土基 k（MN/m²）			
			高	中	低	特低	高	中	低	特低
			A	B	C	D	A	B	C	D
			15	10	6	3	150	80	40	20
B1-B Bomber （Rockwell）	2 123	1.65	77	87	102	121	77	90	102	113
	1 400		43	47	57	72	43	50	58	65
B707-120,120B	1 150	1.17	32	35	42	55	28	34	40	47
	700		17	18	21	27	16	17	20	24
B707-320,320B,320C,420	1 484	1.24	45	51	62	78	42	50	59	67
	800		20	22	25	33	19	21	25	29
B717-100,200,300	543	1.1	32	34	38	40	36	38	40	41
	310		16	17	19	22	18	20	21	21
B720,720B	1 045	1.01	28	30	37	49	24	29	35	41
	700		17	18	21	28	15	17	20	24
B727-100,100C	756	1.14	41	43	49	54	45	48	51	53
	450		23	23	25	30	24	26	28	29
B727-200	770	1.15	42	44	50	55	47	50	52	54
	450		23	23	25	30	25	26	28	29
B727-200 （Advanced）	934	1.19	53	57	64	69	60	63	66	69
	450		23	23	26	30	25	26	28	30
B727-200F （Advanced）	907	1.15	52	54	61	66	57	60	63	66
	450		23	23	25	30	25	26	28	29
B737-100	445	1.02	23	23	26	30	25	26	28	29
	260		12	12	14	16	13	14	15	16
B737-200,200C （Advanced）	572	1.26	31	32	37	41	35	37	39	41
	300		15	15	16	19	17	18	19	20
B737-300	623	1.4	35	37	41	45	40	42	44	46
	325		16	17	18	21	19	20	21	22
B737-400	670	1.28	38	40	45	49	43	45	47	49
	350		18	18	20	23	20	21	22	23
B737-500	596	1.34	33	35	39	43	38	40	42	43
	320		16	16	18	21	18	19	20	21
B737-600	645	1.3	35	36	40	45	39	41	44	45
	357		18	18	19	22	20	21	22	23
B737-700	690	1.39	38	40	41	49	43	46	48	50
	370		18	19	20	23	21	22	23	24

续上表

飞 机 类 型	重量 最大/最小 （kN）	胎压 （MPa）	柔性道面土基 CBR				刚性道面土基 k（MN/m²）			
			高	中	低	特低	高	中	低	特低
			A	B	C	D	A	B	C	D
			15	10	6	3	150	80	40	20
B737-800	777	1.47	44	46	51	56	51	53	56	57
	406		21	21	23	26	24	25	26	27
B737-900	777	1.47	44	46	51	56	51	53	56	57
	420		21	22	24	28	24	26	27	28
B747-100,100B,100SF	3 350	1.55	49	54	65	86	46	54	64	73
	1 700		21	22	25	32	20	22	25	29
B747-100SR	2 690	1.04	36	38	46	64	29	35	43	50
	1 600		19	20	22	29	16	18	21	25
B747-200B,200C,200F,200M	3 720	1.38	55	62	76	98	51	61	72	82
	1 750		22	23	26	34	20	22	26	30
B747-300,300M,300SR	3 720	1.31	55	62	76	98	50	60	71	82
	1 760		22	23	26	34	19	22	25	30
B747-400,400F,400M	3 905	1.38	59	66	82	105	54	65	77	88
	1 800		23	24	27	35	20	23	27	31
B747-400D （Domestic）	2 729	1.04	36	39	47	65	30	36	43	51
	1 782		22	23	26	34	18	20	24	29
B747-SP	3 127	1.26	45	50	61	81	40	48	58	67
	1 500		18	19	21	28	16	18	21	25
B757-200Series	1 134	1.24	34	38	47	60	32	39	45	52
	570		4414	15	17	23	13	15	18	20
B757-300	1 200	1.24	36	41	51	64	35	42	49	56
	640		16	17	20	27	15	17	21	24
B767-200	1 410	1.31	39	42	50	68	34	41	48	56
	800		19	20	23	29	18	19	22	26
B767-200ER	1 726	1.31	50	56	68	90	45	54	64	74
	830		20	21	24	31	18	20	24	27
B767-300	1 566	1.38	44	49	59	79	40	48	57	65
	860		21	22	25	33	19	22	25	29
B767-300ER	1 784	1.38	53	59	72	94	48	57	68	78
	890		23	22	26	35	20	23	26	31
B777-200	2 433	1.38	51	58	71	99	40	50	65	81
	1 400		25	27	31	43	23	23	28	35

续上表

飞机类型	重量 最大/最小 （kN）	胎压 （MPa）	柔性道面土基 CBR				刚性道面土基 k（MN/m^2）			
			高	中	低	特低	高	中	低	特低
			A	B	C	D	A	B	C	D
			15	10	6	3	150	80	40	20
B777-200ER	2 822	1.38	63	71	90	121	53	69	89	108
	1 425		25	27	32	44	23	25	31	39
B777-200X	3 278	1.38	78	90	114	148	61	80	104	126
	1 600		29	32	38	53	27	27	34	43
B777-300	2 945	1.48	68	76	97	129	54	69	89	109
	1 600		30	32	38	53	27	28	35	43
B777-300X	3 190	1.48	76	86	110	143	61	79	101	122
	1 600		30	32	38	53	27	28	35	43
BAC-1115Series400	390	0.97	23	24	27	29	26	27	28	29
	220		11	12	13	15	13	14	14	15
BAC-111Series475	440	0.57	23	28	29	32	26	28	29	31
	230		9	11	13	16	11	13	14	14
BAC-111Series500	467	1.1	29	31	33	35	33	34	35	36
	250		13	14	16	18	15	16	17	18
Bae-146-100	376	0.84	18	20	23	26	21	22	24	25
	230		10	11	12	15	11	12	13	14
Bae-146-200	416	0.97	22	23	26	29	24	26	27	29
	235		11	12	13	15	12	13	14	15
Bae-146-300	436	1.1	24	2	31	27	28	30	31	
	245		12	12	14	16	13	14	15	16
Bae-ATP	232	0.85	12	13	14	16	13	14	15	16
	140		6	7	8	9	7	8	8	9
Beech 1900C,1900D	76	0.67	3	4	4	5	4	5	5	6
	56		2	3	3	4	3	3	3	4
Beech2000s Starship	65	0.54	2	3	4	4	3	4	4	4
	56		2	2	3	4	3	3	3	3
Beech Jet400,400A	73	0.86	6	7	7	7	6	6	6	7
	56		5	5	5	5	5	5	5	5
Beech King Aie100,200Series	56	0.73	2	3	3	4	3	3	4	4
	56		2	3	3	4	3	3	4	4
Beech King Aie300,300C,350,350C	67	0.73	3	3	4	4	4	4	4	4
	56		2	3	3	4	3	3	3	4

飞 机 类 型	重量 最大/最小 （kN）	胎压 （MPa）	柔性道面土基 CBR				刚性道面土基 k（MN/m²）			
			高	中	低	特低	高	中	低	特低
			A	B	C	D	A	B	C	D
			15	10	6	3	150	80	40	20
Bomdier BD-700	432	1.21	26	28	30	32	30	31	32	33
（Global Express）	220		11	12	13	15	13	14	15	15
C-141B Starlifter	1 553	1.31	52	60	73	88	51	61	70	78
（Lockheed）	600		15	16	18	24	14	16	19	22
C-17A	2 602	0.95	54	61	73	94	54	49	57	71
（Globemaster Ⅲ）	2 000		38	42	50	65	41	38	40	48
C-5A Galaxy	3 421	0.73	27	30	35	46	25	28	33	39
（Lockheed）	1 500		10	11	12	15	10	11	12	13
C123K Provider	267	0.69	20	22	24	25	21	21	22	22
（Fairchild/Republic）	180		13	15	16	17	14	14	15	15
Canadair CL-215,415	196	0.55	12	15	17	18	14	14	15	15
	130		8	10	11	12	9	10	10	10
Canadair Regional Jet-100,200 Srs	236	1.12	13	14	16	17	16	16	17	18
	135		7	7	8	9	8	9	9	9
Canadair Regional Jet-700 Series	335	1.24	18	19	21	24	21	22	23	24
	195		10	10	11	13	11	12	12	13
Canadair Regional Jet-900,ER Srs	367	1.24	20	21	24	26	23	25	26	27
	215		11	11	12	14	12	13	14	14
Cessna 501	56	0.69	4	5	5	5	5	5	5	5
（Citation-Eagle）	56		4	5	5	5	5	5	5	5
Cessne 550	64	0.69	5	5	6	6	5	5	5	5
（Citation Ⅱ）	56		4	5	5	5	5	5	5	5
Cessna 550	67	0.69	5	6	6	6	5	6	6	6
（Citation Bravo）	56		4	5	5	5	5	5	5	5
Cessne 560	72	0.69	5	6	6	7	6	6	6	6
（Citation Ⅴ）	56		4	5	5	5	5	5	5	5
Cessna 561 XL	90	1.05	8	8	8	9	8	8	8	8
（Citation Excel）	56		5	5	5	5	5	5	5	5
Cessna 650	99	1.02	6	6	7	7	7	7	7	7
（Citation Ⅲ,Ⅵ）	56		3	3	3	4	3	4	4	4
Cessne 650	104	1.16	6	7	7	8	7	8	8	8
（Citation Ⅶ）	62		3	3	4	4	4	4	4	5

飞 机 类 型	重量	胎压 （MPa）	柔性道面土基 CBR				刚性道面土基 k（MN/m²）			
	最大/最小 （kN）		高	中	低	特低	高	中	低	特低
			A	B	C	D	A	B	C	D
			15	10	6	3	150	80	40	20
Cessne 750 （Citation X）	160	1.16	10	11	12	12	12	12	13	13
	96		5	6	6	7	6	7	7	7
CF-18	249	1.38	21	20	20	20	21	21	21	21
	110		9	9	9	9	9	9	9	9
Challenger CL 600,601	192	0.9	10	11	13	14	12	13	13	14
	131		6	7	8	9	8	8	8	9
Challenger CL 600,601	192	1.5	11	12	13	14	14	14	14	15
	131		7	7	8	9	9	9	9	10
Challenger EL 601-3R	201	1.42	12	12	14	14	14	15	15	15
	131		7	7	8	9	9	9	9	9
Challenger CL 604	212	1.42	12	13	14	15	15	15	16	16
	140		7	8	9	10	9	10	10	10
Concorde	1 824	1.29	65	72	81	97	60	71	81	91
	1 000		28	31	37	44	27	30	35	41
Convair 240	190	0.64	7	9	10	12	9	10	10	11
	125		5	5	6	7	5	6	6	7
Convair 340,440,540	222	0.47	7	9	11	14	9	10	11	12
	140		4	5	6	8	5	6	7	7
Convair 580	280	0.59	11	13	15	19	13	14	16	17
	150		5	6	7	9	6	7	8	8
Convair 600	210	0.73	9	10	11	14	10	11	12	13
	140		5	6	7	8	6	7	8	8
DC-7（All Models）	640	0.89	34	36	42	46	37	40	42	44
	400		19	20	23	27	21	23	24	26
DC-8-10,20Series	1 226	1.01	36	41	49	62	32	39	46	53
	600		15	15	18	23	14	15	17	20
DC-8-43,55,61,71	1 470	1.3	47	54	64	79	45	54	63	71
	800		21	23	27	35	20	23	27	31
DC-8-61F,63F	1 557	1.32	51	59	69	85	50	59	68	77
	1 001		28	31	37	47	27	31	37	42
DC-8-62,62F,63,72,73	1 593	1.35	52	59	70	87	50	59	69	77
	800		21	23	26	34	20	23	27	31

飞 机 类 型	重量 最大/最小 （kN）	胎压 （MPa）	柔性道面土基 CBR				刚性道面土基 k（MN/m²）			
			高	中	低	特低	高	中	低	特低
			A	B	C	D	A	B	C	D
			15	10	6	3	150	80	40	20
DC-9-10,15	404	0.93	22	23	26	29	24	26	27	28
	300		15	16	18	21	17	18	19	20
DC-9-21	445	1.02	25	26	30	32	28	29	31	32
	300		15	16	18	21	17	18	20	20
DC-9-30,32	485	1.05	27	29	33	35	31	32	34	35
	300		15	16	18	21	17	18	19	20
DC-9-41,50,51	543	1.17	31	33	37	40	35	37	39	40
	300		15	16	18	20	17	18	19	20
DHC4 Caribou	130	0.28	3	3	5	7	4	4	5	6
	90		2	2	3	4	2	3	3	4
DHC5 Buffalo	187	0.41	6	8	10	12	8	9	10	11
	115		3	4	5	7	4	5	6	7
DHC6 Twin Otter Series 300	56	0.26	3	3	3	5	3	3	3	4
	56		3	3	3	5	3	3	3	4
DHC7 Dash7	209	0.74	10	12	13	15	12	13	14	14
	120		5	6	7	8	6	7	7	8
DHC8 Dash 8	147	0.44	5	6	8	9	6	7	8	8
	90		3	3	4	5	3	4	4	5
DHC8 Dash 8 Series 100	154	0.9	8	8	9	11	9	10	10	11
	98		5	5	5	6	5	6	6	6
DHC8 Dash 8 Series 300	183	0.8	9	9	11	12	10	11	11	12
	110		5	5	6	7	5	6	6	7
DHC8 Dash 8 Series 400	279	0.9	15	16	18	20	17	18	19	20
	150		7	8	8	10	8	9	9	10
DHC8 Dash 8 Series 400	279	1.42	15	16	18	20	18	19	20	21
	150		8	8	8	10	9	9	10	10
DHS-2 Consir Fireeat	116	0.62	8	10	10	11	9	9	10	10
	80		6	7	7	8	6	6	7	7
Dornier 228 Series	63	0.9	5	6	6	6	6	6	6	6
	56		5	5	5	5	5	5	5	5
Dornier 328 Jet	155	1.13	8	8	10	11	10	10	11	11
	93		4	5	5	6	5	6	6	6

飞机类型	重量 最大/最小 （kN）	胎压 （MPa）	柔性道面土基CBR				刚性道面土基 k（MN/m²）			
			高	中	低	特低	高	中	低	特低
			A	B	C	D	A	B	C	D
			15	10	6	3	150	80	40	20
Dornier 328-110 （Turboprop）	138	0.8	7	7	8	10	8	8	9	9
	90		4	4	5	6	5	5	5	5
Dornier SA227，Metro Merlin，Expediter	74	0.73	3	4	4	5	4	5	5	5
	56		2	3	3	4	3	3	4	4
Douglas A-26 Invader	120	0.48	7	8	10	11	8	9	9	9
	90		5	6	7	8	6	6	7	7
Doglas B-26 Invader	156	0.48	9	11	13	14	10	11	11	12
	105		6	7	9	9	7	7	8	8
Embmer Em B-110 （Bandeimnte）	59	0.62	4	5	5	5	5	5	5	5
	56		4	5	5	5	4	4	5	5
Emnhraer Em B-120 （Brasilta）	119	0.76	5	6	7	8	7	7	7	8
	71		3	3	4	4	4	4	4	4
Emnhraer ER J-145	217	0.9	12	13	15	16	14	15	15	16
	110		5	6	6	7	6	7	7	7
Fokker 100	452	0.94	25	27	31	33	28	30	32	33
	243		12	13	14	16	13	14	15	16
Fokker 50	205	0.59	9	11	13	14	11	12	13	13
	125		5	6	7	8	6	7	7	8
Fokker 60	226	0.62	10	13	14	16	13	14	14	15
	131		5	6	7	9	6	7	8	8
Fokker 70	410	0.81	22	24	27	30	24	26	27	29
	225		10	11	13	15	12	13	13	14
Fokker F27 Friendship	205	0.57	9	11	13	14	11	12	13	13
	120		5	5	6	8	6	6	7	7
Fokker F28 Fellowship	325	0.53	14	17	20	23	17	18	20	21
	175		6	8	9	11	8	9	9	10
Gulfstream Ⅱ	294	1.01	17	18	20	22	20	21	21	22
	163		8	9	10	11	10	10	11	11
Gulfstream Ⅲ	312	1.21	19	20	22	23	22	23	24	24
	170		9	9	10	12	11	11	12	12
Gulfstream Ⅳ	334	1.21	20	22	24	25	24	25	25	26
	189		10	11	12	13	12	13	13	14

飞 机 类 型	重量 最大/最小 （kN）	胎压 （MPa）	柔性道面土基 CBR				刚性道面土基 k（MN/m^2）			
			高	中	低	特低	高	中	低	特低
			A	B	C	D	A	B	C	D
			15	10	6	3	150	80	40	20
Gulfstream Ⅴ	405	1.37	26	28	30	31	31	32	33	33
	215		12	13	14	15	14	15	16	16
Hercules C-130,082,182,282,382	778	0.67	29	34	37	43	33	36	39	42
	360		12	14	16	17	14	15	16	18
Hercules L-100 （Commercial）	693	0.74	27	30	33	38	30	33	35	38
	340		12	14	15	16	14	15	16	17
HS/BAe 125 （All Series to 600）	112	0.84	6	6	7	8	7	7	8	8
	61		3	3	3	4	3	4	4	4
HS/BAe 700	114	0.88	6	7	7	8	7	8	8	8
	62		3	3	3	4	4	4	4	4
HS/BAe 748	227	0.51	9	11	14	16	11	13	14	14
	120		4	5	6	7	5	6	6	7
Ilyushin IL-18	625	0.8	16	17	21	29	13	16	20	23
	350		7	8	9	12	6	7	9	11
Hyushin IL-32,62M	1 648	1.65	52	58	68	83	51	59	68	77
	651		16	17	19	24	18	18	20	22
Ilyushin IL-76T	1 677	0.64	24	27	34	45	29	33	30	34
	822		9	10	12	16	11	13	15	14
Ilyushin IL-76TD	1 775	0.66	27	30	37	49	32	35	32	37
	920		11	12	14	19	13	15	18	16
Ilyushin IL-86	2 054	0.88	34	36	43	61	26	31	38	46
	1 089		15	16	18	23	13	14	16	19
Jetstream 31,32（BAe）	69	0.39	3	4	5	6	4	5	5	5
	56		3	3	4	5	4	4	4	4
Jetstream 41（BAe）	107	0.83	5	5	6	7	6	6	7	7
	63		3	3	3	4	3	3	4	4
KC-10 （Mcdonnel Doouglas）	2 593	1.22	59	65	79	107	50	59	72	84
	1 800		38	40	46	64	32	36	43	51
KC-135 Stratotanker （Boeing）	1 342	1.38	38	41	49	64	35	41	48	55
	800		20	21	24	31	19	21	24	28
L-1011-1 Tristar	1 913	1.35	52	56	66	90	45	52	62	72
	1 070		26	27	30	38	24	25	29	33

飞 机 类 型	重量 最大/最小 （kN）	胎压 （MPa）	柔性道面土基 CBR				刚性道面土基 k（MN/m^2）			
			高	中	低	特低	高	中	低	特低
			A	B	C	D	A	B	C	D
			15	10	6	3	150	80	40	20
L-1011-100,200 Tristar	2 073	1.35	57	63	75	101	49	58	69	81
	1 090		26	28	31	39	24	26	29	34
L-1011-250 Tristar	2 269	1.35	64	71	86	114	56	66	79	91
	1 108		27	28	31	40	25	26	30	35
L-1011-500 Tristar	2 295	1.35	65	72	87	116	56	67	80	93
	1 070		26	27	30	38	24	25	29	33
Learjet 24F	62	0.79	3	3	4	4	4	4	4	4
	56		3	3	4	4	4	4	4	4
Learjet 25D,25F	69	0.79	3	4	4	5	4	5	5	5
	56		3	3	3	4	3	4	4	4
Learjet 25G	75	0.79	4	4	5	5	5	5	5	5
	56		3	3	3	4	3	4	4	4
Learjet 28,29 （Longhorn）	69	0.79	3	4	4	5	4	5	5	5
	56		3	3	3	4	3	4	4	4
Learjet 31A,35A,36A	83	0.79	4	5	5	6	5	6	6	6
	56		3	3	3	4	3	3	4	4
Learjet 45	91	0.79	5	5	6	7	6	6	6	7
	59		3	3	3	4	3	4	4	4
Learjet 55B,55C	97	1.24	6	6	7	7	7	7	7	8
	58		3	3	3	4	4	4	4	4
Learjet 60	106	1.24	6	7	7	8	8	8	8	8
	58		3	3	3	4	4	4	4	4
Lockheed 188 Eleetra	503	0.95	27	29	33	36	30	32	34	36
	255		12	13	14	17	13	14	15	16
MD-11	2 805	1.38	67	74	90	119	58	69	83	96
	1 200		24	25	27	34	22	23	26	30
MD-81	628	1.14	36	38	43	46	41	43	45	47
	350		18	19	21	24	20	21	23	24
MD-82	670	1.14	39	41	46	49	43	46	48	50
	350		18	18	20	24	20	21	22	24
MD-83	716	1.14	42	45	50	53	47	50	52	54
	355		18	19	21	24	20	22	23	24

飞 机 类 型	重量 最大/最小 （kN）	胎压 （MPa）	柔性道面土基 CBR				刚性道面土基 k（MN/m²）			
			高 A	中 B	低 C	特低 D	高 A	中 B	低 C	特低 D
			15	10	6	3	150	80	40	20
MD-87	628	1.14	36	38	43	46	41	43	45	47
	325		17	18	20	23	19	20	22	23
MD-88	670	1.14	39	41	46	50	44	46	48	50
	350		18	19	21	24	20	21	23	24
MD-9-30	699	1.14	41	43	48	52	46	48	50	52
	392		20	21	24	27	23	24	26	27
MD-9-30ER	739	1.14	44	47	52	55	49	52	54	56
	392		20	21	24	27	23	24	26	27
MD-9-50,55	772	1.14	46	50	54	57	52	54	57	58
	410		22	22	25	29	24	26	27	28
Saab 2000	226	0.69	11	13	14	16	13	14	15	15
	136		6	7	7	9	7	8	8	9
Saab 340 A,B	131	0.82	6	7	8	9	7	8	8	9
	81		4	4	4	5	4	5	5	5
Shorts 330	102	0.55	6	8	9	9	7	8	8	8
	66		4	5	6	6	5	5	5	5
Shorts 360	121	0.54	7	9	10	11	9	9	9	9
	77		5	6	7	7	6	6	6	6
Shorts Sherps	114	0.54	7	8	10	10	8	8	9	9
	80		5	6	7	7	6	6	6	6
Shorts Shkyvan	67	0.28	3	3	4	6	4	4	4	4
	56		3	3	4	4	3	3	4	4
Swearingen SJ30-2	60	1.07	3	3	3	4	4	4	4	4
	56		3	3	3	4	3	4	4	4
Transall C-160	500	0.38	8	10	13	18	10	10	10	13
	285		4	5	6	8	5	6	6	6
Tupolev TU-134	463	0.59	10	12	15	20	9	11	14	17
	285		5	6	7	10	5	6	7	8
Tupolev TU-154	961	0.93	19	22	28	37	18	24	30	36
	525		9	9	11	16	7	9	12	15
Tupolev TU-204,214,224,234	1 096	1.38	31	33	40	53	29	34	40	46
	560		14	14	16	20	13	14	16	19

续上表

飞 机 类 型	重量		胎压 （MPa）	柔性道面土基 CBR				刚性道面土基 k（MN/m²）			
	最大/最小 （kN）			高	中	低	特低	高	中	低	特低
				A	B	C	D	A	B	C	D
				15	10	6	3	150	80	40	20
VC10 Series	1 590		1.01	48	54	66	83	41	50	60	69
	785			19	21	24	31	18	19	22	26

参 考 文 献

[1] 中华人民共和国行业标准. MH 5001—2013 民用机场飞行区技术标准[S].

[2] 中华人民共和国行业标准. MH 5007—2000 民用机场飞行区工程竣工验收质量检验评定标准[S].

[3] 中华人民共和国行业标准. MH/T 6032—2003 机场跑道摩擦系数测试车使用技术规范[S].

[4] 中华人民共和国行业标准. MH 5006—2002 民用机场飞行区水泥混凝土道面面层施工技术规范[S].

[5] 中华人民共和国行业标准. MH 5011—1999 民用机场沥青混凝土道面施工技术规范[S].

[6] 中华人民共和国行业标准. MH/T 5004—2010 民用机场水泥混凝土道面设计规范[S].

[7] 中华人民共和国行业标准. MH 5010—1999 民用机场沥青混凝土道面设计规范[S].

[8] 中华人民共和国行业标准. MH 5014—2002 民用机场飞行区土(石)方与道面基础施工技术规范[S].

[9] 中华人民共和国行业标准. MH/T 5024—2009 民用机场道面评价管理技术规范[S].

[10] 中华人民共和国行业标准. AC-140-CA-2010-3 民用机场飞行区场地维护技术指南[S].

[11] 中华人民共和国行业标准. WM-CA-2000-8 民用机场飞行区场地维护手册[S].

[12] 中华人民共和国行业标准. JTG/T F20—2015 公路路面基层施工技术细则[S]. 北京：人民交通出版社,2015.

[13] 中华人民共和国行业标准. JTG F30—2003 公路水泥混凝土路面施工技术规范[S]. 北京:人民交通出版社,2003.

[14] 中华人民共和国行业标准. JTG/T F30—2014 公路水泥混凝土路面施工技术细则[S]. 北京:人民交通出版社,2014

[15] 中华人民共和国行业标准. JTG F40—2004 公路沥青路面施工技术规范[S]. 北京:人民交通出版社,2004.

[16] 中华人民共和国行业标准. JTG E30—2005 公路工程水泥及水泥混凝土试验规程[S]. 北京:人民交通出版社,2005.

[17] 中华人民共和国行业标准. JTG E20—2011 公路工程沥青及沥青混合料试验规程[S]. 北京:人民交通出版社,2011.

[18] 中华人民共和国行业标准. JTG E51—2009 公路工程无机结合料稳定材料试验规程[S]. 北京:人民交通出版社,2009.

[19] 国际民用航空组织. 机场设计手册[M]. 6版. 民航局机场司,译. 2013.

[20] 翁兴中,蔡良才. 机场道面设计[M]. 北京:人民交通出版社,2007.

[21] 黄晓明. 水泥路面设计[M]. 北京:人民交通出版社,2003.

[22] 申爱琴. 道路工程材料[M]. 北京:人民交通出版社,2010.

[23] 沙爱民. 路基路面工程[M]. 北京:高等教育出版社,2011.

[24] 翁兴中. 机场道面加铺沥青面层荷载应力计算[J]. 中国公路学报,1994(4).

[25] 沙庆林. 公路压实与压实标准[M]. 2版. 北京:人民交通出版社,1988.

[26] 姚祖康. 公路设计手册 路面[M]. 2版. 北京:人民交通出版社,1999.

[27] 邓学钧. 路基路面工程[M]. 北京:人民交通出版社,2000.

[28] JI. H. 高列茨基. 机场管理与维修[M]. 余定选,厉始一,译. 北京:中国铁道出版社,1989.

[29] 余定选,于龙,冷培义,等. 机场道面强度通报方法[M]. 北京:中国铁道出版社,1988.

[30] 何光武,周虎鑫. 机场工程特殊土地基处理技术[M]. 北京:人民交通出版社,2003.

[31] 吕伟民. 沥青混合料设计原理与方法[M]. 上海:同济大学出版社,2001.

[32] 姚祖康. 水泥混凝土路面设计[M]. 合肥:安徽科学技术出版社,1999.

[33] 资建民,龚文惠. 路基路面工程[M]. 广州:华南理工大学出版社,2002.

[34] 杨道骏,曹予丰,等,译. 按使用要求设计道面. 空军后勤部工程研究局,1980.

[35] E. J. Yoder,等. 路面设计原理[M]. 陈炳麟,等,译. 北京:人民交通出版社,1983.

[36] 方福森. 路面工程[M]. 北京:人民交通出版社,1990.

[37] 朱照宏,许志鸿. 柔性路面设计理论与方法[M]. 上海:同济大学出版社,1987.

[38] 朱照宏,等. 路面力学计算[M]. 北京:人民交通出版社,1985.

[39] 张登良. 沥青路面[M]. 北京:人民交通出版社,1998.

[40] 贺元勇. 水泥混凝土道面防冻层研究[J]. 土木工程学报,1985(11).

[41] 翁兴中,吴彰春,冷培义,等. 水泥混凝土板与基础共同作用的疲劳特性[J]. 土木工程学报,1996,29(3).

[42] 翁兴中,孙建斌. 军用机场沥青混凝土道面交通量换算[J]. 公路,2003(6).

[43] 孙建斌,翁兴中. 军用机场沥青混凝土道面设计指标的确定[J]. 空军工程大学学报,2005(1).

[44] 余定选,吴彰春,冷培义. 机场水泥混凝土道面用薄层混凝土加固方法的试验研究[J]. 空军工程学院学报,1987(1).

[45] 翁兴中,杜俭,洪建军,等. 机场道面大面积高填土沉降稳定分析[J]. 空军工程大学学报,2001(5).

[46] 交通部规划设计院,同济大学. 水泥混凝土路面理论与参数研究报告集,1982.

[47] 翡兴中,余定选. 机场水泥混凝土道面动载响应分析[J]. 空军工程学院学报,1989(1).

[48] 兰空勘察设计所. 飞机在道面上滑跑时荷载横向分布系数测试的分析研究,1990.

[49] 舒自恒. 军用机场水泥混凝土道面粗糙度与道面摩擦系数指标的研究,1990.

[50] 昊彰春,冷培义,翁兴中,等. 飞机尾喷气流对沥青道面影响分析[J]. 空军工程建设. 1991(40).

[51] 石小平,姚祖康,李华,等. 水泥混凝土弯曲疲劳特性[J]. 土木工程学报,1990,23(3).

[52] 何光武,周虎鑫. 机场工程特殊土地基处理技术[M]. 北京:人民交通出版社,2003.

[53] 邓学钧. 路基路面工程[M]. 北京:人民交通出版社,2002.

［54］蔡良才,余定选,杜俭.机场刚性道面下土基模量取值方法研究[J].中国公路学报,1992, 2(5).

［55］翁兴中,史保华,陈卫星,等.空军某机场沥青道面改性沥青加铺层设计与施工[J].中国公路学报,2000.

［56］杜俭,翁兴中,许亚东.振冲碎石桩在机场高填土软地基处理中的应用[J].公路,2003 (4).

［57］翁兴中.军用机场水泥混凝土道面表面技术要求研究[J].空军工程建设,1991(4).

责任编辑：丁润铎　任雪莲　周　凯
封面设计：水日方 装帧设计
张　涛：13621250887

机场工程系列教材

ISBN 978-7-114-12452-5

9 787114 124525 >

网上购书/www.jtbook.com.cn
定价：45.00元